剪映

高手速成

影视剪辑+视频调色+特效制作+栏目广告

龙　翔◎编著

中国铁道出版社有限公司
CHINA RAILWAY PUBLISHING HOUSE CO., LTD.

内 容 简 介

如何成为一名视频剪辑师 + 调色师 + 特效师 + 广告师？不会 Premiere Pro 与 After Effects 软件，有没有快速成长的方法？功能强大且操作简单的剪映，便能轻松帮助你实现梦想。本书可分为四大部分：

剪辑师篇：学会用剪映进行基础的影视剪辑操作和制作电影解说视频。

调色师篇：入门视频调色，学会自建调色预设，借用 LUT 预设调色及电影风格调色。

特效师篇：学会制作武侠片特效、科幻片特效和字幕特效。

广告师篇：掌握影视栏目片头制作、影视栏目片尾制作、综艺栏目特效制作和产品广告短片制作的操作方法。

本书内容完全从零开始，讲解了 80 多个案例，并赠送案例的素材、效果文件，以及 90 多集同步教学视频，适合对影视剪辑、特效制作、视频调色和制作栏目广告等感兴趣的读者阅读使用。

图书在版编目（CIP）数据

剪映高手速成：影视剪辑+视频调色+特效制作+栏目广告 / 龙翔编著.— 北京：中国铁道出版社有限公司，2022.9
ISBN 978-7-113-29212-6

Ⅰ.①剪… Ⅱ.①龙… Ⅲ.①视频编辑软件 Ⅳ.①TP317.53

中国版本图书馆CIP数据核字(2022)第095703号

书　　名：剪映高手速成：影视剪辑 + 视频调色 + 特效制作 + 栏目广告
JIANYING GAOSHOU SUCHENG: YINGSHI JIANJI+SHIPIN TIAOSE+TEXIAO ZHIZUO+LANMU GUANGGAO
作　　者：龙　翔

责任编辑：张亚慧　　**编辑部电话：**（010）51873035　　**邮箱：**lampard@vip. 163. com
编辑助理：张秀文
封面设计：宿　萌
责任校对：苗　丹
责任印制：赵星辰

出版发行：中国铁道出版社有限公司（100054，北京市西城区右安门西街 8 号）
印　　刷：北京铭成印刷有限公司
版　　次：2022 年 9 月第 1 版　2022 年 9 月第 1 次印刷
开　　本：700 mm×1 000 mm 1/16　**印张：**19　**字数：**308 千
书　　号：ISBN 978-7-113-29212-6
定　　价：99. 00 元

前　言

■ 软件优势

剪映电脑版相较于市场上的其他剪辑软件，如 Pr、AE 和达芬奇等软件来说，优势十分巨大。

尤其是对于新手，大部分没有剪辑经验的新人，都能快速驾驭这款软件，因为操作简单、上手快，所以，对于剪辑经验基础的要求几乎是零门槛的。

剪映对于设备的要求也不是很高，几百兆的存储空间，几乎大部分电脑都能稳定运行这款软件。

更为完美的是，剪映不仅界面简洁，功能全面，而且自带素材库，免去了下载插件和上传素材的烦琐步骤，让用户在剪辑视频的过程中更加得心应手。

最为主要的是免费下载和使用，而且剪辑导出的视频还能直接上传到抖音平台和西瓜视频平台，让视频发布更加省时省力。

剪映的优点是用户在上手的那一刻就能体会得到的，剪映中的功能，用户在使用中就能清楚地感受到其便捷和强大。相信剪映在未来也会越来越火，收获更多的视频剪辑用户。

■ 内容特点

许多精美的视频，获得百万点赞的作品，都离不开后期剪辑，尤其是大部分商业化的视频，如宣传视频和产品广告视频，其视频后期更加精细，剪映这款软件能满足大部分的剪辑需求。

本书从影视剪辑、视频调色、特效制作、栏目广告四个维度，由知识点到实际操作案例，帮助大家掌握视频剪辑核心技巧，快速成为剪辑高手。

本书具有以下主要特点：

（1）案例教学：介绍了剪映软件的基本功能及实际应用，以案例教学为主线，帮助大家掌握软件基础和核心操作技巧。

（2）图解形式：过程讲解一步一图，还有海量素材和效果提供使用，让大家在实践中了解软件，让操作技术越来越熟练。

（3）视频教学：步骤清晰，难点也能一目了然。通过观看教学视频，几乎所有年龄段的读者都能学会这些操作，使大家掌握视频剪辑技巧。

■ 温馨提示

在编写本书时，作者是基于当前软件截的实际操作图片，但图书从写作到出版需要一段时间，在这段时间里，软件界面与功能会有调整与变化，比如有的内容删除了、有的内容增加了，这是软件开发商做的更新，请在阅读时根据书中的思路，举一反三，进行学习即可。

■ 作者售后

本书由龙翔编著，参与的人员有邓陆英等，提供视频、图片素材和拍摄帮助的人员还有向小红、黄建波、许必文、巧慧、苏苏等，在此一并表示感谢。

由于作者知识水平有限，书中难免有一些错误和疏漏之处，恳请广大读者批评、指正，联系微信：2633228153。

作　者

2022 年 6 月

目　录

剪辑师篇

调色师篇

特效师篇

广告师篇

【剪辑师篇】

第1章 影视后期基本剪辑

本章主要介绍影视后期剪辑的基本操作，主要有基础影视剪辑操作和后期影视包装操作。首先介绍导入电影剪辑片段、编辑画面、定格电影、倒放电影及导出高清大片等操作方法；然后介绍影视科幻大片和综艺预告片的制作方法。学会这些操作，可以让大家在学习后面的内容时更加得心应手。

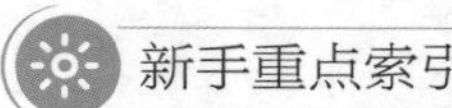

新手重点索引

- 基础影视剪辑操作
- 后期影视包装操作

效果图片欣赏

1.1 基础影视剪辑操作

在剪映专业版中剪辑影视素材，首先需要导入素材，导入之后进行简单的剪辑操作即可导出成品，导出时设置相关参数即可。以上这些操作就是基础的剪辑处理，本节主要为大家介绍这些操作方法。

1.1.1 导入电影，剪辑片段

【效果说明】在剪映中剪辑电影时长的方法有两种，通过剪辑片段，可以留下需要的片段，删除多余的片段。导入电影和剪辑之后的效果如图 1-1 所示。

扫码看案例效果

扫码看教学视频

图 1-1　导入电影和剪辑之后的效果

步骤 1　打开剪映专业版软件，在“本地草稿”面板中单击“开始创作”按钮，进入视频剪辑界面，在“本地”选项卡中单击“导入”按钮，如图 1-2 所示。

步骤 2　弹出“请选择媒体资源”对话框，❶选择相应的影视素材；❷单击“打开”按钮，如图 1-3 所示。

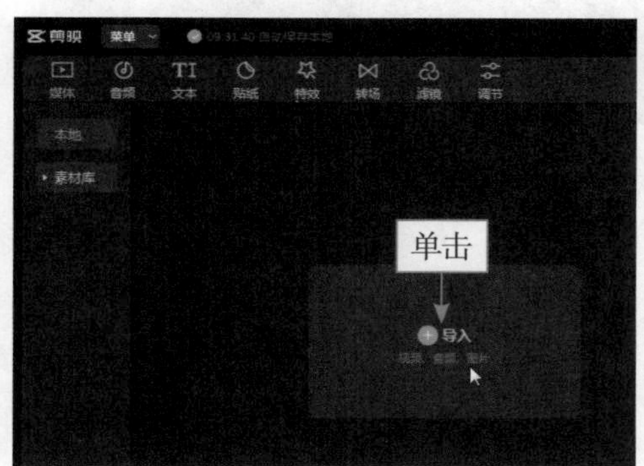

图 1-2　单击“导入”按钮

图 1-3　单击“打开”按钮

步骤 3　将素材导入“本地”选项卡中，单击素材右下角的“添加到轨道”按钮 ，如图 1-4 所示。

步骤 4　把影视素材添加到视频轨道中，如图 1-5 所示。

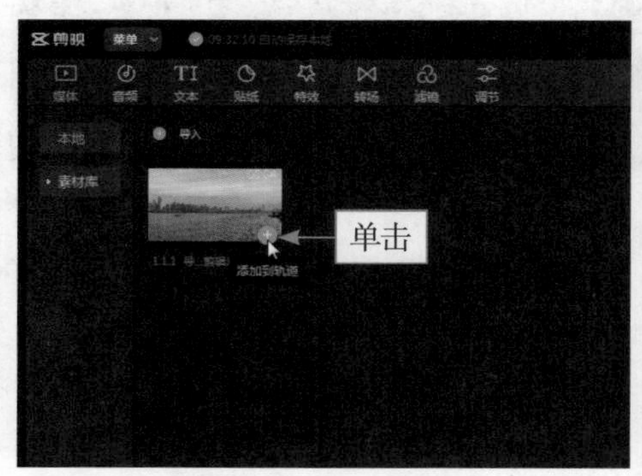

图 1-4　单击“添加到轨道”按钮

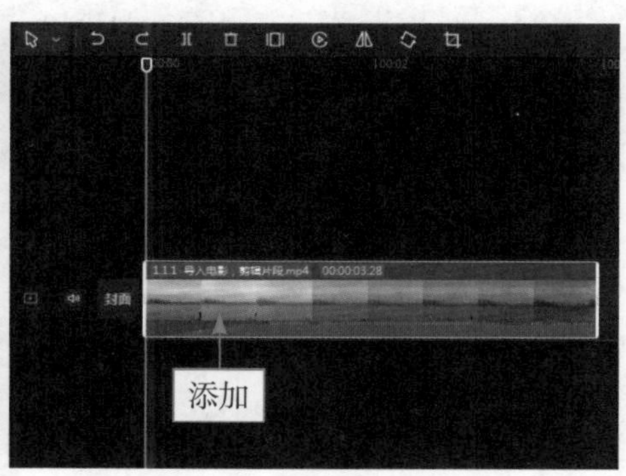

图 1-5　把素材添加到视频轨道中

▶▷ 步骤 5　向左拖动轨道中素材右侧的白框，调整其时长，使其时长为00:00:03:22，如图 1-6 所示。

▶▷ 步骤 6　按【Ctrl + Z】组合键撤销操作，❶拖动时间指示器至视频00:00:03:22 的位置；❷单击“分割”按钮，分割素材；❸单击“删除”按钮，如图 1-7 所示，即可删除多余的片段，剪辑时长。

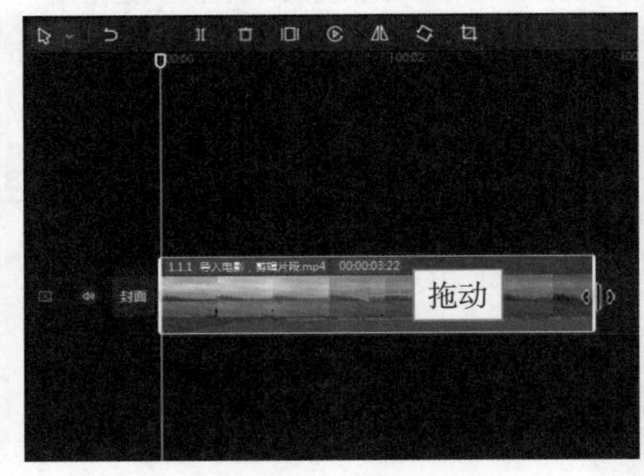

图 1-6　向左拖动素材右侧的白框

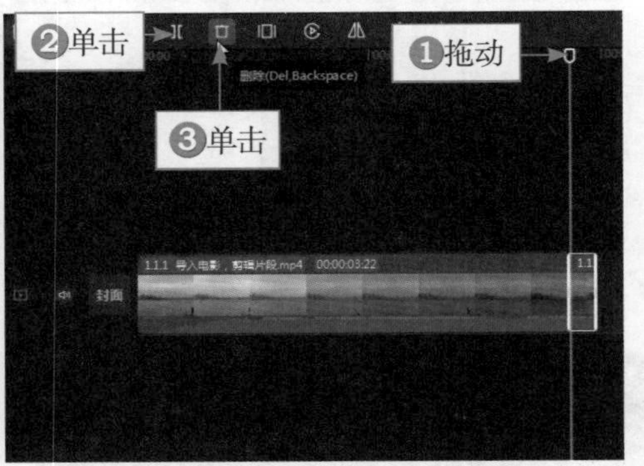

图 1-7　单击“删除”按钮

1.1.2　变速功能，倍数播放

【效果说明】有时候，视频播放速度过慢或者过快，可以运用剪映中的“变速”功能，实现倍速播放的效果。变速之后的效果如图 1-8 所示。

扫码看案例效果　扫码看教学视频

图 1-8　变速之后的效果

▶▷ 步骤 1　在剪映中将电影素材导入“本地”选项卡中，单击素材右下角的“添加到轨道”按钮，如图 1-9 所示。

▶▷ 步骤 2　将素材添加到视频轨道中，如图 1-10 所示。

图 1-9 单击“添加到轨道”按钮

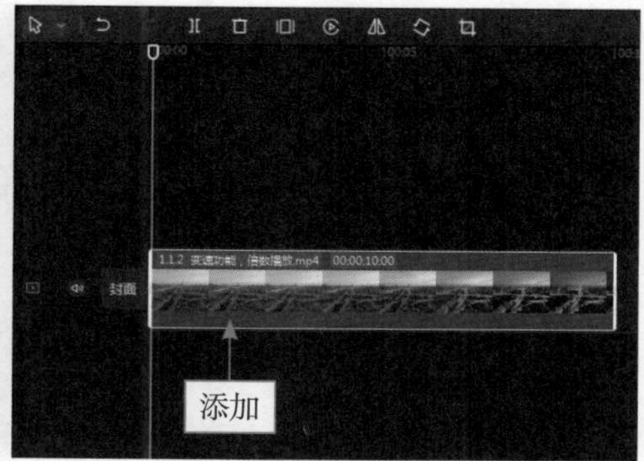

图 1-10 将素材添加到视频轨道中

▶▷ 步骤 3 ❶单击“变速”按钮；❷在“常规变速”选项卡中拖动滑块，设置“倍速”参数为 2.0x，如图 1-11 所示。

▶▷ 步骤 4 在视频轨道中查看素材时长，时长由 10s 变成 5s，实现了二倍速播放的效果，如图 1-12 所示。

图 1-11 设置“倍速”参数为 2.0x

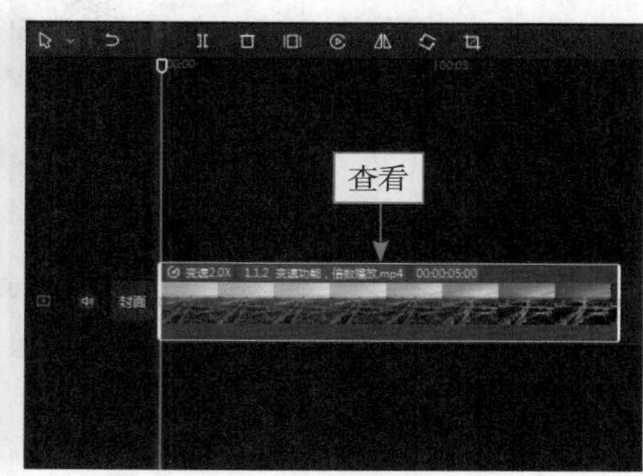

图 1-12 查看素材时长

1.1.3 编辑画面，镜像翻转

【效果说明】有时候画面角度不同，画面构图也会发生变化，通过剪映中的“镜像”功能，可以翻转视频画面。镜像翻转前后的效果如图 1-13 所示。

扫码看案例效果 扫码看教学视频

图 1-13　镜像翻转前后的效果

▶▷ 步骤 1　在剪映中将电影素材导入“本地”选项卡中，单击素材右下角的“添加到轨道”按钮，如图 1-14 所示。

▶▷ 步骤 2　将素材添加到视频轨道中，单击“镜像”按钮，如图 1-15 所示，翻转画面。

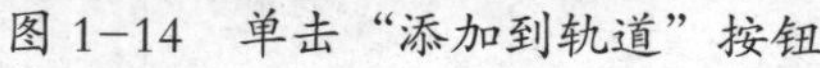

图 1-14　单击“添加到轨道”按钮

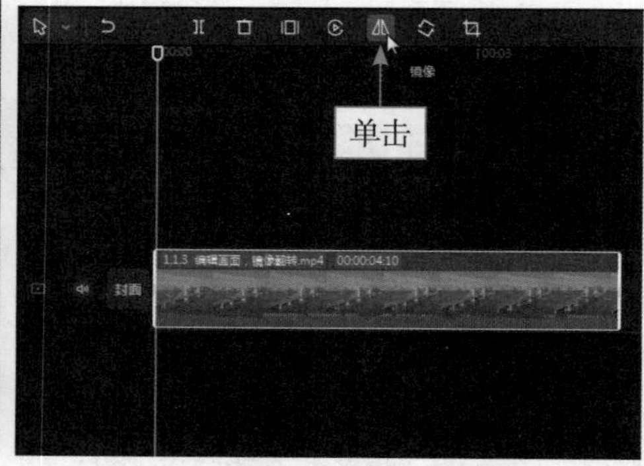

图 1-15　单击“镜像”按钮

专家指点：在剪映中通过“旋转”和“裁剪”功能，也可以编辑电影画面。

1.1.4　定格电影，替换内容

【效果说明】在剪映中通过“定格”功能可以定格电影画面，通过“替换片段”功能可以替换素材内容。定格和替换素材之后的效果如图 1-16 所示。

扫码看案例效果　扫码看教学视频

图 1-16　定格和替换素材之后的效果

▶▷ 步骤 1　单击“本地”选项卡中素材右下角的“添加到轨道”按钮，如图 1-17 所示。

▶▷ 步骤 2　添加素材到视频轨道中，❶拖动时间指示器至视频末尾位置；❷单击“定格”按钮，如图 1-18 所示，即可定格画面。

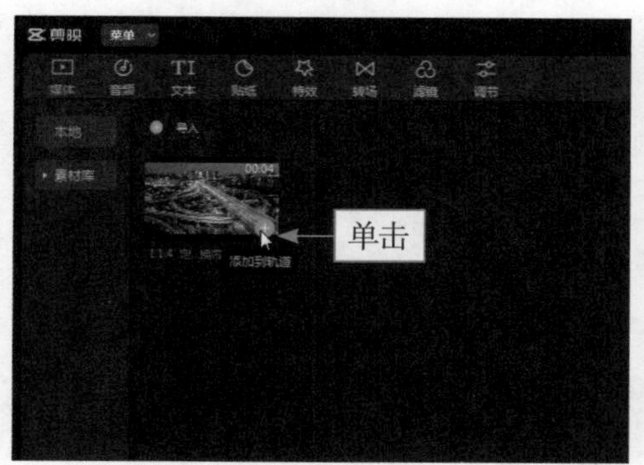

图 1-17　单击“添加到轨道”按钮

图 1-18　单击“定格”按钮

▶▷ 步骤 3　❶调整定格素材的时长为 00:00:02:22；❷选择定格素材并右击；❸在弹出的面板中选择“替换片段”选项，如图 1-19 所示。

▶▷ 步骤 4　弹出“请选择媒体资源”对话框，❶选择要替换的片尾素材；❷单击“打开”按钮，如图 1-20 所示。

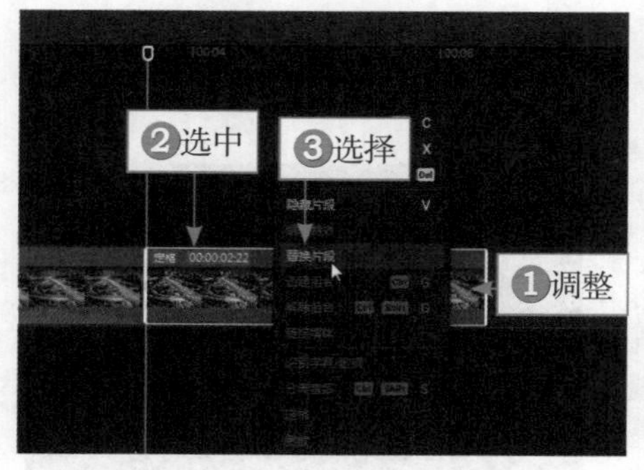

图 1-19　选择“替换片段”选项

图 1-20　单击“打开”按钮

▶▷ 步骤 5 弹出“替换”对话框，单击“替换片段”按钮，如图 1-21 所示。

▶▷ 步骤 6 替换完成之后，视频轨道中的定格素材显示成了片尾素材，如图 1-22 所示。

图 1-21 单击“替换片段”按钮

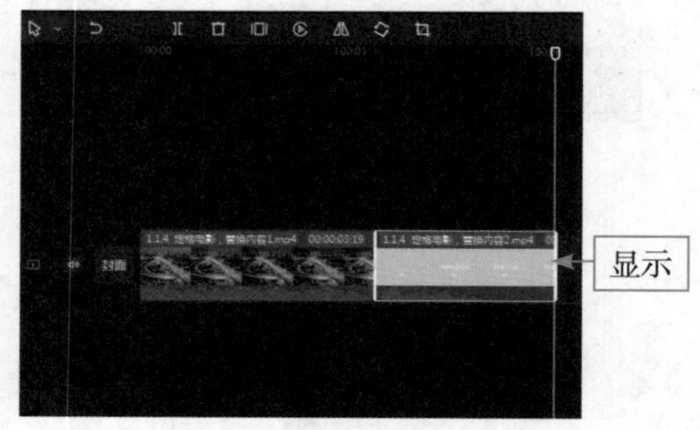

图 1-22 定格素材替换为片尾素材

1.1.5 电影倒放，时光倒流

【效果说明】剪映中的“倒放”功能可以倒放视频，让往前的画面变成往后，让车流往反方向走，实现时光倒流。倒放之后的效果如图 1-23 所示。

扫码看案例效果 扫码看教学视频

图 1-23 倒放之后的效果

▶▷ 步骤 1 把素材添加到视频轨道中，单击“倒放”按钮，如图 1-24 所示。

▶▷ 步骤 2 倒放画面之后，添加合适的背景音乐，如图 1-25 所示。

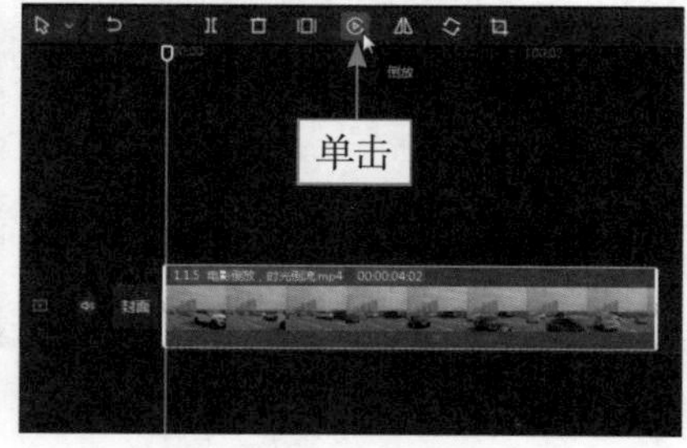

图 1-24 单击“倒放”按钮

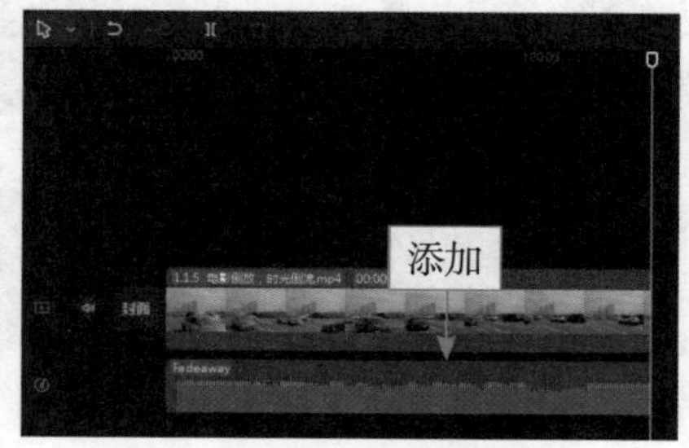

图 1-25 添加合适的背景音乐

1.1.6 视频防抖，稳定画面

【效果说明】如果拍摄时手没扶稳设备，画面出现微微抖动，可以在剪映中运用“视频防抖”功能稳定画面。视频防抖之后的效果如图 1–26 所示。

扫码看案例效果 扫码看教学视频

图 1–26 视频防抖之后的效果

步骤 1 在剪映中将电影素材导入“本地”选项卡中，单击素材右下角的“添加到轨道”按钮，如图 1–27 所示。

步骤 2 将素材添加到视频轨道中，如图 1–28 所示。

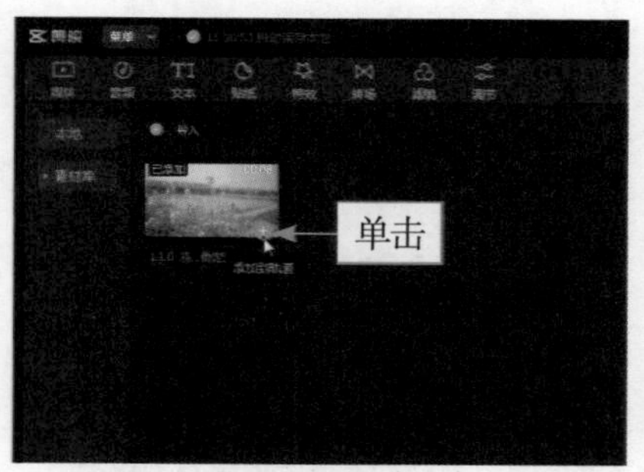

图 1–27 单击“添加到轨道”按钮

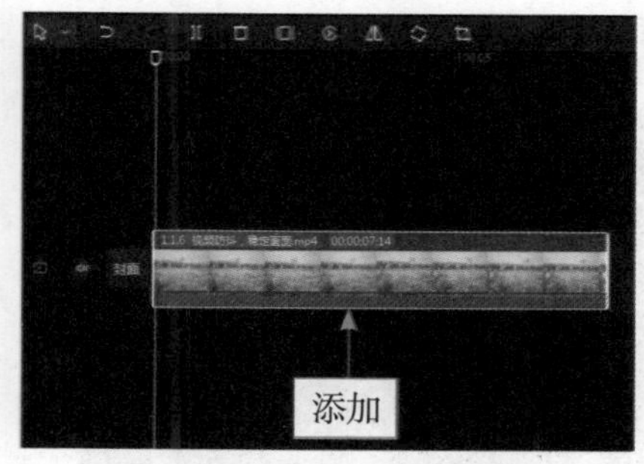

图 1–28 将素材添加到视频轨道中

步骤 3 在“画面”面板中选中“视频防抖”复选框，即可弹出视频防抖进度提示，如图 1–29 所示，处理完成之后，就可以使抖动的画面变得稳定一些。

图 1–29 选中“视频防抖”复选框

第 1 章 影视后期基本剪辑

1.1.7 磨皮瘦脸，美颜人像

【效果说明】剪映中的“磨皮”和“瘦脸”功能可以让人像视频中的人脸变得更好看，而且效果非常自然。磨皮瘦脸前后的对比效果如图 1-30 所示。

扫码看案例效果 扫码看教学视频

图 1-30　磨皮瘦脸前后的对比效果

步骤 1　在剪映中将人像素材导入“本地”选项卡中，单击素材右下角的“添加到轨道”按钮，如图 1-31 所示。

步骤 2　将素材添加到视频轨道中，拖动时间指示器至视频末尾位置，如图 1-32 所示。

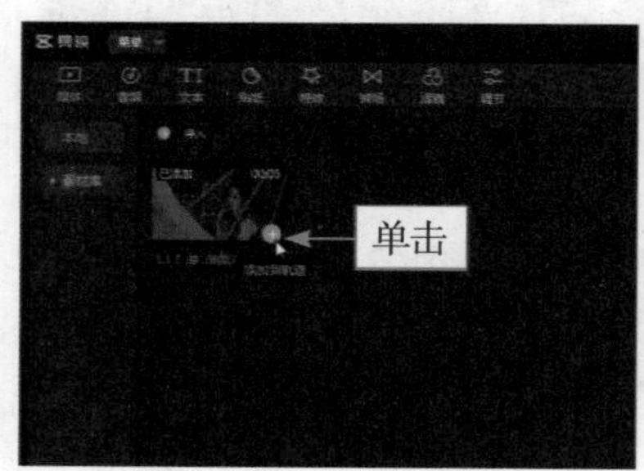

图 1-31　单击“添加到轨道”按钮

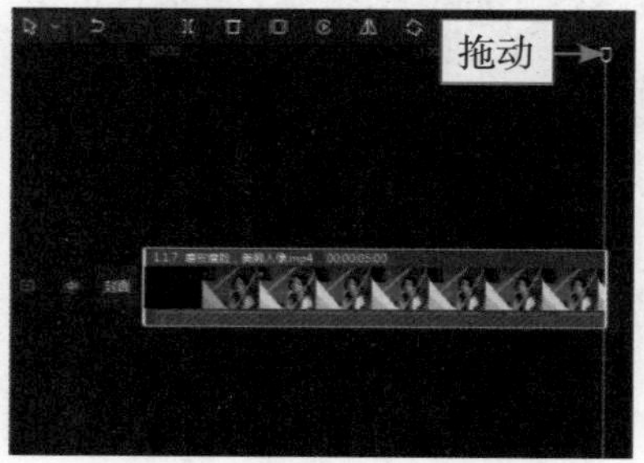

图 1-32　拖动时间指示器

步骤 3　在“美颜”面板中拖动滑块，设置“磨皮”参数为 100、“瘦脸”参数为 76，如图 1-33 所示，实现人脸美颜的效果。

图 1-33　设置相关的参数

1.1.8 高清设置，导出大片

【效果说明】素材处理完成之后就可以导出视频，在“导出”面板中设置相关参数，就可以让导出之后的视频画质更加高清。导出之后的效果如图 1-34 所示。

扫码看案例效果 扫码看教学视频

图 1-34 导出之后的效果

▷▷ 步骤 1 视频处理完成之后，单击右上角的“导出”按钮，如图 1-35 所示。

图 1-35 单击“导出”按钮（1）

▷▷ 步骤 2 ❶设置相应的“作品名称”；❷单击“导出至”右侧的□按钮，设置相应的保存路径；❸设置“分辨率”参数为 4K；❹设置“码率”参数为“更高”；❺设置“编码”参数为 HEVC；❻设置“帧率”参数为 60fps；❼单击“导出”按钮，如图 1-36 所示，让导出的视频画质更加高清、播放更加流畅。

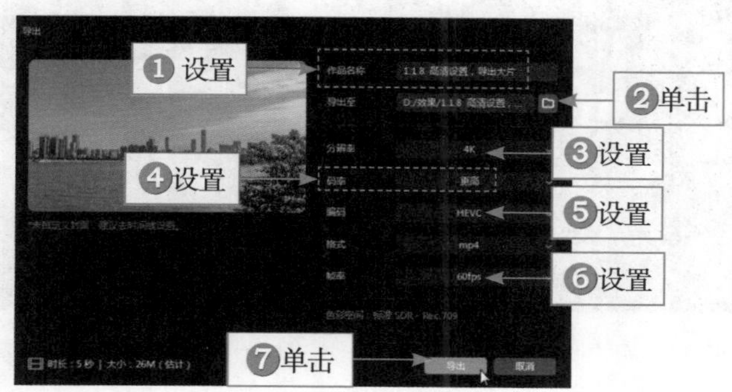

图 1-36 单击“导出”按钮（2）

1.2 后期影视包装操作

无论是电影、电视剧，还是综艺、新闻报道等，都需要在现有的拍摄素材上进行后期剪辑包装，只有经过后期包装后的视频，才能吸引更多的观众。本节主要向大家介绍影视科幻大片及综艺预告片的后期包装操作方法。

1.2.1 影视科幻大片

【效果说明】在剪映中，为拍摄的视频添加一个科幻特效，再添加一个电影开幕特效，就可以将一段平平无奇的视频包装成影视科幻大片。影视科幻大片效果如图 1-37 所示。

扫码看案例效果 扫码看教学视频

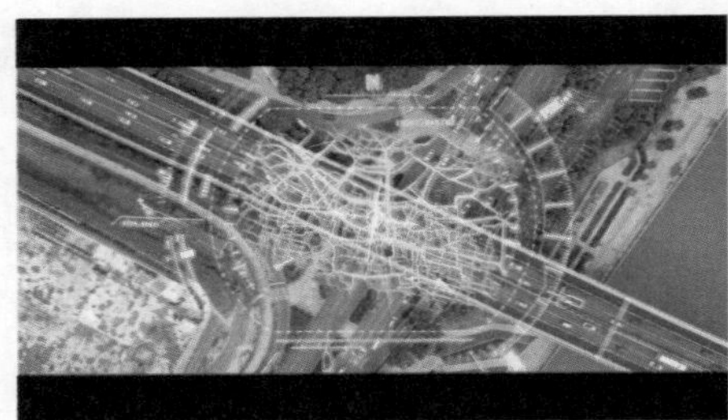

图 1-37 影视科幻大片效果

▶▷ 步骤 1 在剪映中将科幻特效素材和车流素材导入"本地"选项卡中，单击车流素材右下角的"添加到轨道"按钮，如图 1-38 所示，将素材添加到视频轨道中。

▶▷ 步骤 2 拖动科幻特效素材至画中画轨道中，如图 1-39 所示。

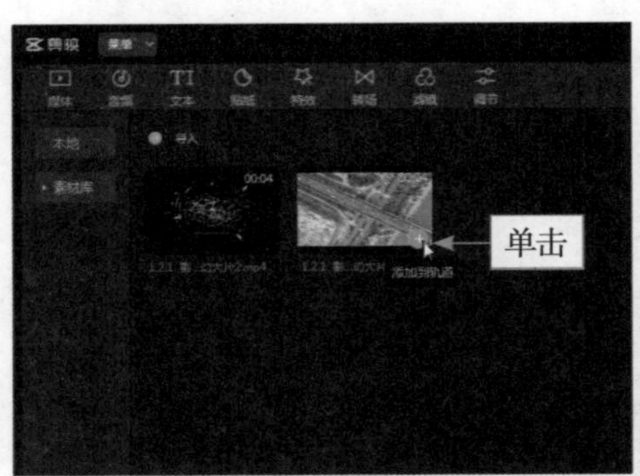

图 1-38 单击"添加到轨道"按钮（1）

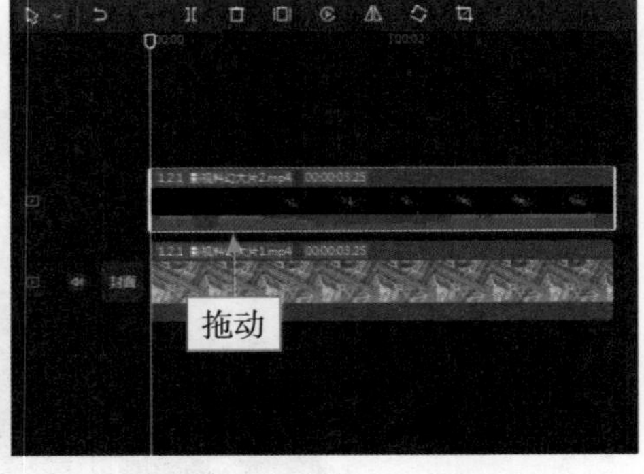

图 1-39 拖动科幻特效素材至画中画轨道中

▶▷ 步骤 3　在“混合模式”面板中选择“滤色”选项，如图 1–40 所示，可以将科幻特效素材中的特效样式抠出来。

图 1–40　选择“滤色”选项

▶▷ 步骤 4　❶单击“调节”按钮；❷拖动滑块，设置“饱和度”和“亮度”参数都为 50，如图 1–41 所示，让特效更加明显。

图 1–41　设置相应的参数

▶▷ 步骤 5　❶在视频起始位置单击“特效”按钮；❷切换至“基础”选项卡；❸单击“开幕”特效右下角的“添加到轨道”按钮，如图 1–42 所示。

▶▷ 步骤 6　即可在时间线面板中添加一条“开幕”特效，如图 1–43 所示。

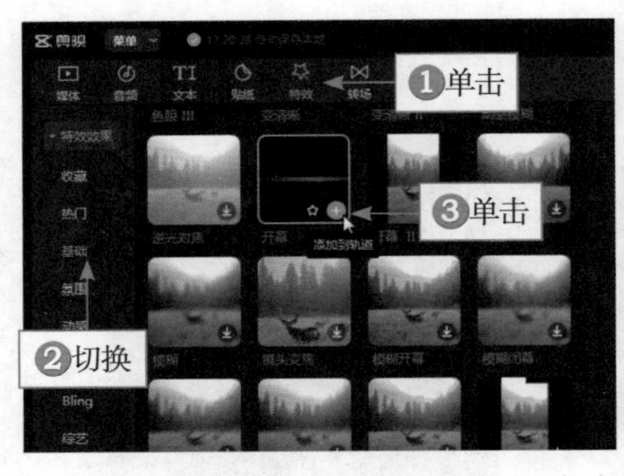

图 1-42　单击“添加到轨道”按钮（2）

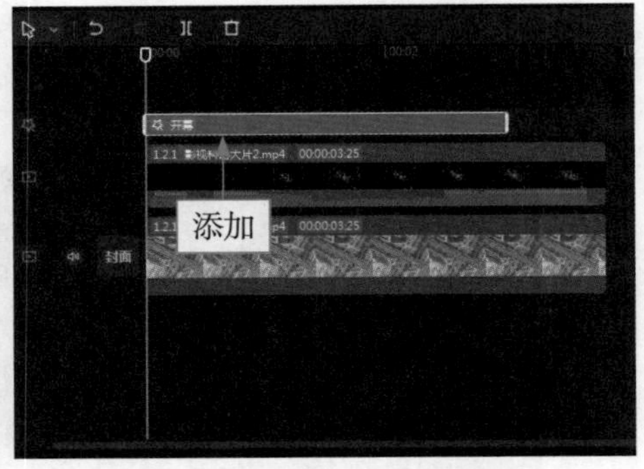

图 1-43　添加一条“开幕”特效

1.2.2　制作综艺预告

【效果说明】制作综艺预告宣传片，可以为作品增加人气，让作品备受关注。综艺预告片的效果如图 1-44 所示。

扫码看案例效果　扫码看教学视频

图 1-44　综艺预告片的效果

步骤 1　在剪映中将视频素材和笔刷特效素材导入“本地”选项卡中，单击视频素材右下角的“添加到轨道”按钮，如图 1-45 所示，把素材添加到视频轨道中。

步骤 2　拖动笔刷特效素材至画中画轨道中，如图 1-46 所示。

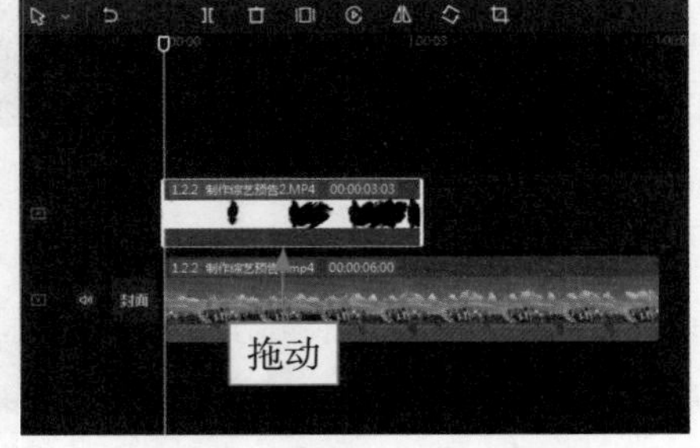

图 1-45　单击“添加到轨道”按钮（1）图 1-46　拖动笔刷特效素材至画中画轨道中

▶▷ 步骤 3 在“混合模式”面板中选择“滤色”选项，如图 1-47 所示。

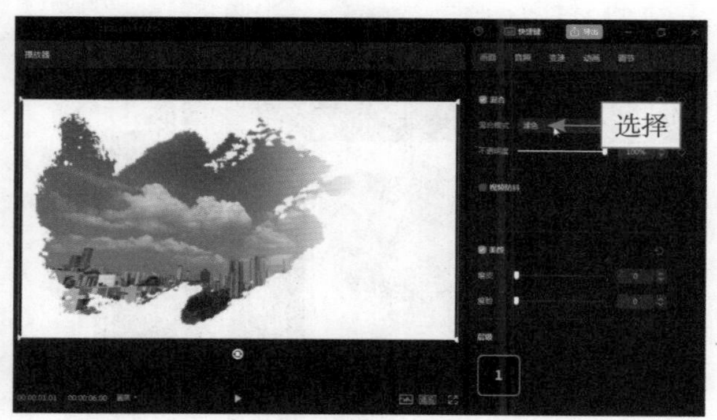

图 1-47 选择“滤色”选项

▶▷ 步骤 4 ❶在视频 00:00:00:28 的位置单击“文本”按钮；❷单击“默认文本”右下角的“添加到轨道”按钮，如图 1-48 所示，添加文本。

▶▷ 步骤 5 调整“默认文本”的时长，使其末端对齐笔刷特效素材的末尾位置，如图 1-49 所示。

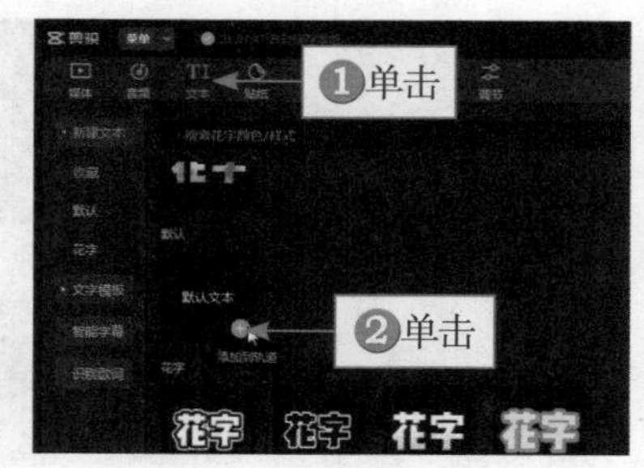

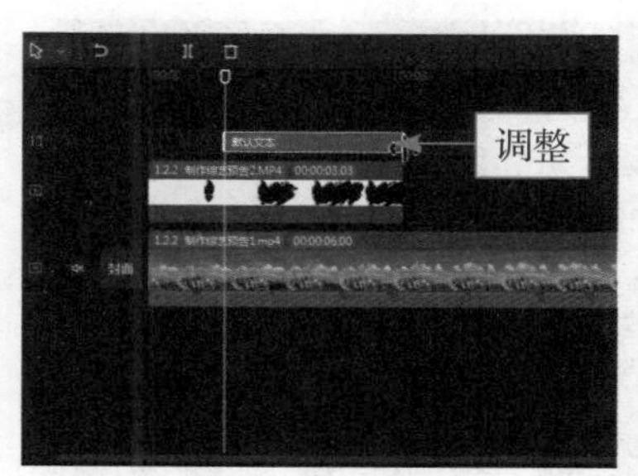

图 1-48 单击“添加到轨道”按钮（2） 图 1-49 调整“默认文本”的时长（1）

▶▷ 步骤 6 ❶在“基础”选项卡中输入综艺的名称；❷选择合适的字体；❸在“预设样式”选项区中选择第 2 个选项，如图 1-50 所示。

图 1-50 选择第 2 个选项

▶▷ 步骤 7　❶单击“动画”按钮；❷在“入场”选项卡中选择“打字机Ⅱ”动画；❸设置“动画时长”为 1.8s，如图 1-51 所示。

图 1-51　设置“动画时长”为 1.8s

▶▷ 步骤 8　在视频 00:00:03:08 的位置单击所选花字右下角的“添加到轨道”按钮，如图 1-52 所示，添加文本。

▶▷ 步骤 9　调整“默认文本”的时长，使其末端对齐视频素材的末尾位置，如图 1-53 所示。

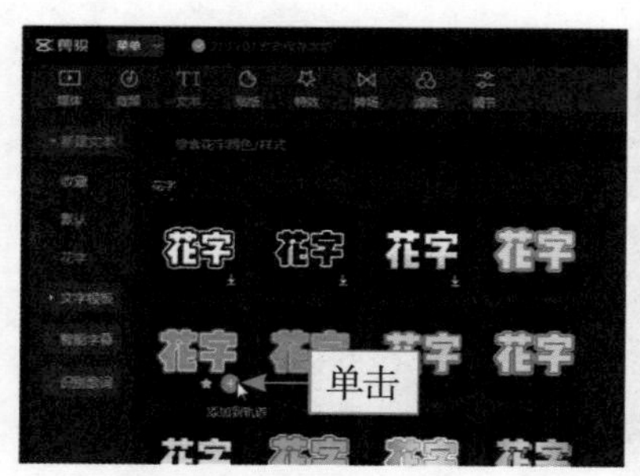

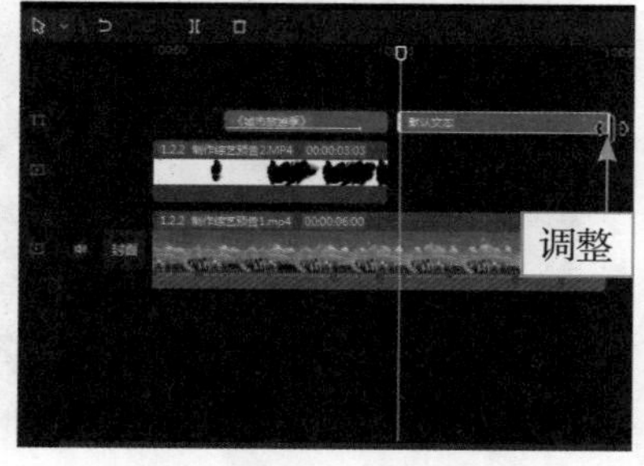

图 1-52　单击“添加到轨道”按钮（3）　图 1-53　调整“默认文本”的时长（2）

▶▷ 步骤 10　❶输入时间文字；❷选择合适的字体；❸调整文字的大小和位置，如图 1-54 所示。

图 1-54　调整文字的大小和位置（1）

▶▷ 步骤 11 ❶单击“动画”按钮；❷在“入场”选项卡中选择“旋转飞入”动画，如图 1–55 所示。

图 1–55 选择“旋转飞入”动画

▶▷ 步骤 12 ❶单击“朗读”按钮；❷选择“新闻男声”选项；❸单击“开始朗读”按钮，如图 1–56 所示，即可生成一段音频。

图 1–56 单击“开始朗读”按钮（1）

▶▷ 步骤 13 在音频结束位置单击第 2 款花字右下角的“添加到轨道”按钮 ，如图 1–57 所示。

▶▷ 步骤 14 调整“默认文本”的时长，使其末端对齐视频素材的末尾位置，如图 1–58 所示。

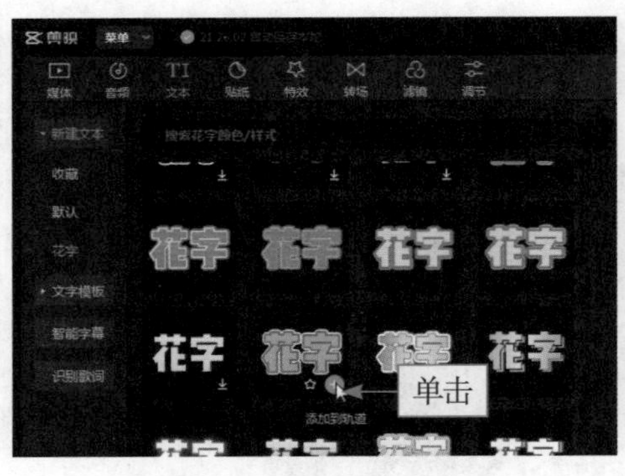

图 1-57　单击“添加到轨道”按钮（4）

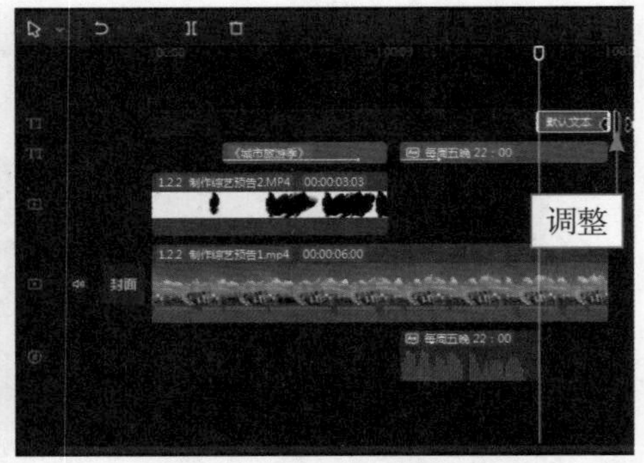

图 1-58　调整“默认文本”的时长（3）

▶▷ 步骤 15　❶输入“不见不散”文字；❷选择合适的字体；❸调整文字的大小和位置，如图 1-59 所示。

图 1-59　调整文字的大小和位置（2）

▶▷ 步骤 16　❶单击“动画”按钮；❷在“入场”选项卡中选择“故障打字机”动画，如图 1-60 所示。并用“朗读”功能，生成与上一段文字一样的“新闻男声”音频。

图 1-60　选择“故障打字机”动画

▷▷ 步骤 17 选择视频素材，❶拖动时间指示器至视频 00:00:03:06 的位置；❷单击“分割”按钮▮，如图 1-61 所示，分割视频素材。

▷▷ 步骤 18 选择分割后的第 2 段视频素材，❶单击“音频”按钮；❷拖动滑块，设置“音量”参数为 -10.0dB，如图 1-62 所示，让背景音乐的音量变小一些，突出朗读音频的声音。

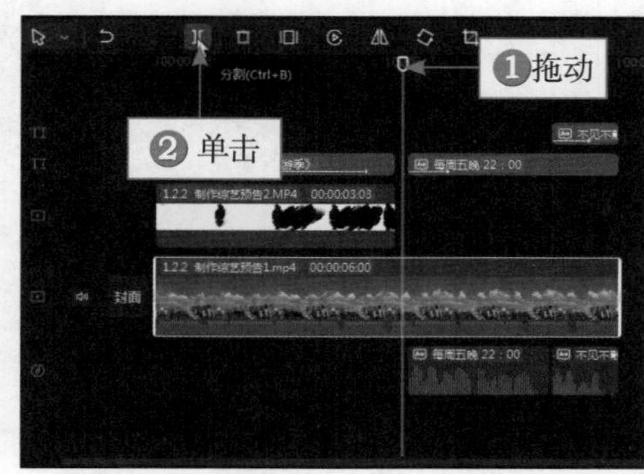

图 1-61 单击“分割”按钮

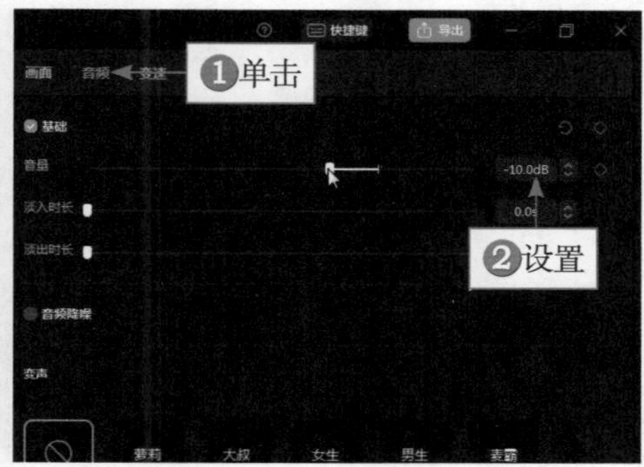

图 1-62 设置“音量”参数

第2章 电影剪辑与解说

快节奏的生活方式也促进了电影解说行业的兴起。在这个短视频流量时代，电影解说市场并不饱和，可以说是朝阳产业，机会也特别多。本章以举例的方式，为大家介绍如何制作电影解说视频。

新手重点索引

- 前期准备
- 后期制作
- 投放平台

效果图片欣赏

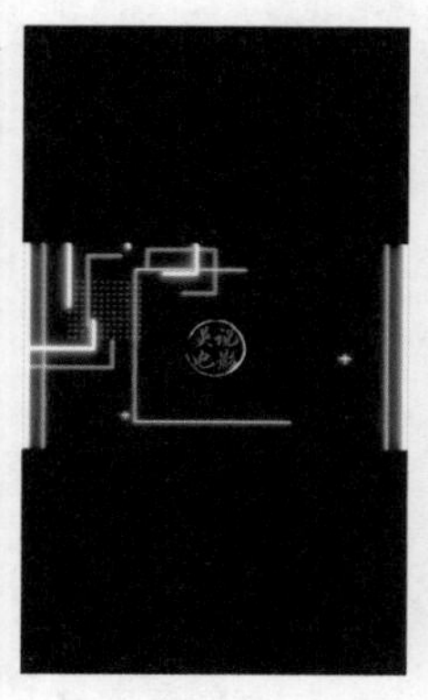

2.1 前期准备

在做电影解说视频之前，需要一些前期准备，这些准备也是方向，确定好方向之后就可以少走弯路。解说风格一定要提前确定好，这样才能有的放矢，风格确定好了之后就是获取电影素材、准备解说文案和解说配音了。毕竟巧妇难为无米之炊，有了这些前期准备，后期就能一步一步地制作出精美的电影解说视频。

2.1.1 确定解说风格

在街上有美容店、杂货店和饭店等商铺；在超市里则有食品区、生鲜区、百货区等货品分区，为什么会有这些分类商铺和超市分区呢？当然最重要的原因就是方便顾客根据需求来选择服务和购买货品。电影解说行业面对的观众和生活中的顾客是一个道理，他们的品位不同、需求不同，因此，电影解说市场中的风格也需要分门别类。

电影解说的风格有很多种，有吐槽搞笑类的风格，还有悬疑惊悚类的风格；

做剧情类风格的解说也有很多，他们往往都能解说到观众注意不到的细节，而且非常有深度。

当然做综合类电影解说的也有很多，不过能风格广又做得火的并不多。新人最好从某种风格入手，才是最快捷的，风格专一才能做得精，做出个人专属的特点，后续也能拓宽领域。

确定电影解说风格其实也是账号定位。当然，不知道该确定什么风格的，可以从个人兴趣出发，喜欢看什么类型的电影就做什么样的风格，这样更容易上手。

最直接的就是根据电影类型来确定风格。

2.1.2 获取电影素材

确定解说风格之后，就可以选择一部合适的电影素材开始了，前期最好选择大众一点儿、热门一点儿的电影先练练手，因为这类电影是观众所熟悉的，后期就可以找一些冷门精品电影，逐渐开拓受众。

当然做电影解说视频首先避免的就是侵权问题。由于近些年来人们的版权意识越来越强，为了避免侵权，自媒体方可以先向片方申请相关授权。当然，在剪辑和解说中不能曲解电影原意和主题，也不能有过多的负面评价。

2.1.3 准备解说文案

解说文案最重要的就是要做原创文案，只有原创才能做得更有特色，走得更远。当然，对于新人来说，一开始做电影解说的时候，可以模仿其他人的解说风格，但文案绝不能照抄，不然也是侵权行为。抄袭是做自媒体的大忌。

一篇好的解说文案不仅是把电影内容说出来，而且要说清楚，最重要的是要把重点说清楚，毕竟电影解说视频一般只有几分钟。

文案的风格也是根据电影风格而变的，比如惊悚电影的文案肯定是悬疑感十足的，剧情电影则比较偏现实或唯美。再者，还要根据电影的特点深挖不同的故事，比如电影的导演、演员有料可说或者背景故事值得详细展开，可以从这些方面出发，毕竟一部上座的电影都是各方面因素综合起来的结果。

写解说文案还要注意的就是语言的通俗性。在写论文或者报告时，语言文字可以专业一点儿，但就解说文案而言，文字越通俗越能让观众接受。毕竟电影解说视频多是带着娱乐性质的视频，晦涩难懂的解说词只会吃力不讨好。

解说文案除了上面提到的，更重要的是逻辑清晰、重点突出，让观众一听就能明白。在文案解说中不能有太多的个人情绪，因为观众需要的是客观的评价，过于强烈或者偏袒的解说会给观众留下不好的印象。

在文案的最后可以回归到生活，让观众从电影中得到启示或启迪，这样就能增加解说文案的深度，让观众有所收获。

当然，解说文案也需要熟能生巧，最好多写多练，才能写出自己的特色，让电影解说视频更有深度、更有内涵。

电影解说文案的质量能决定视频的好坏，因为一篇好的文案能让你的电影解说视频轻松上热门。

2.1.4 准备解说配音

写完电影解说文案之后，需要把文案转换为语音，然后制作成音频素材。配音的软件有很多，免费的却不多，笔者这里是运用 WPS 软件中的“朗读文档”功能进行配音，并同步录屏，后期在剪映中提取音频文件，并导入视频中。

▶▷ 步骤 1　在 WPS 中打开文案文档，下拉页面，点击设备中的录屏按钮 ◉，如图 2-1 所示，进行录屏。

▶▷ 步骤 2　❶切换至“查看”选项卡；❷点击“朗读文档”按钮，进行配音，如图 2-2 所示。

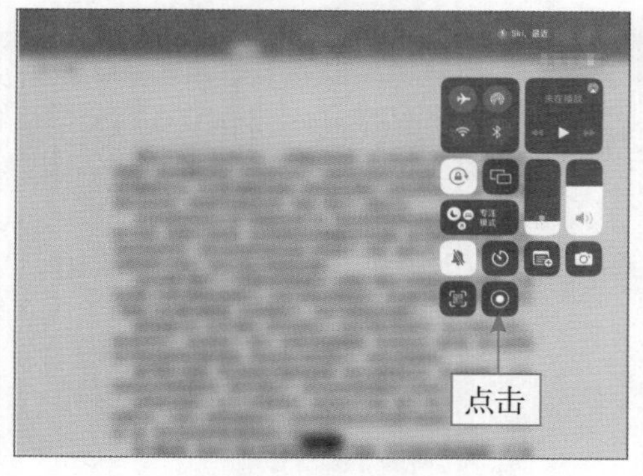

图 2-1　点击设备中的录屏按钮

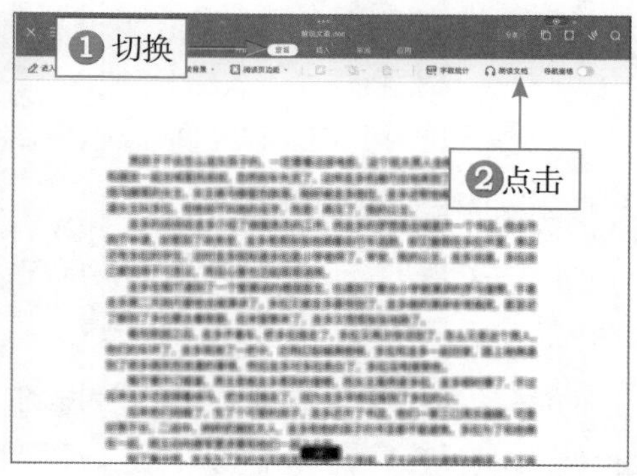

图 2-2　点击“朗读文档”按钮

专家指点：笔者这里是用 iPad 设备中的 WPS 软件进行配音，录屏操作也是 iPad 设备中自带的录屏功能，其他设备中的 WPS 软件也可以进行同样的操作。最新版本的剪映还有“录音”功能，按钮在时间线面板的右上角，大家也可以用原声制作解说配音。

步骤 3 WPS 中的系统人声朗读完所有文档内容之后，点击“退出”按钮，如图 2-3 所示。

步骤 4 最后点击设备中的录屏按钮◉，如图 2-4 所示，停止录屏，并保存录屏文件。

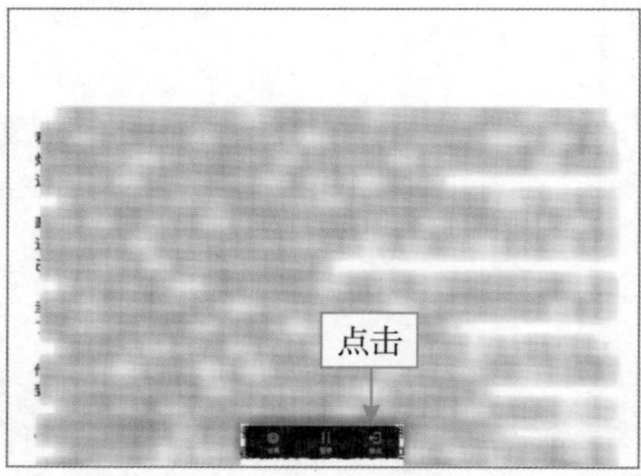

图 2-3 点击“退出”按钮

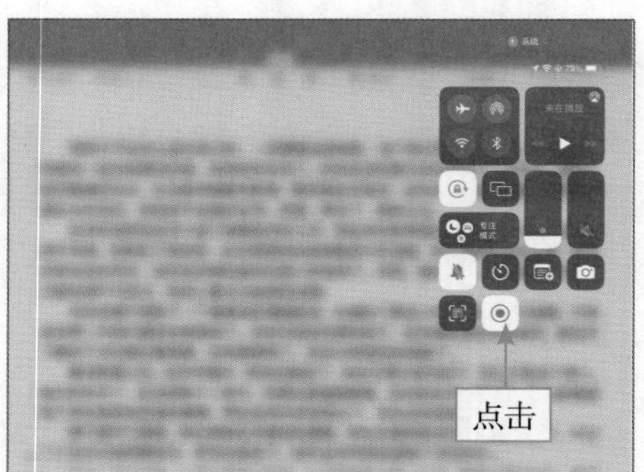

图 2-4 点击录屏按钮

2.2 后期制作

当我们做好前期准备之后，就可以着手制作电影解说视频了。本节介绍剧情类电影解说视频的后期制作方法，让大家从演示中学习制作方法。

2.2.1 导入电影素材

【效果说明】在剪映中制作电影解说视频的第一步就是导入电影素材，之后才能进行相应的操作。

步骤 1 打开剪映专业版软件，在“媒体”面板中单击“导入”按钮，如图 2-5 所示。

步骤 2 ❶在弹出的对话框中选择电影素材；❷单击“打开”按钮，如图 2-6 所示。

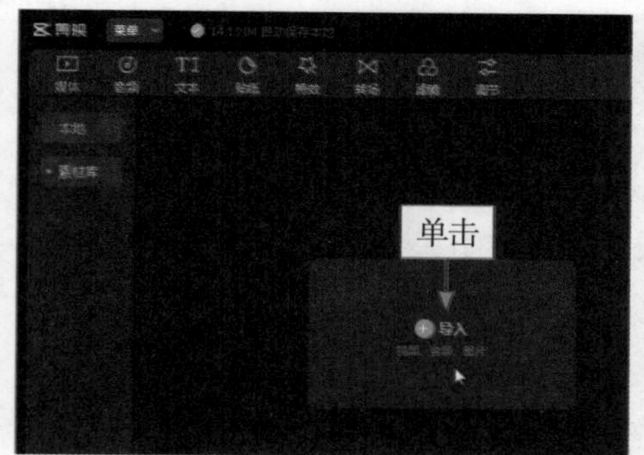

图 2-5　单击“导入”按钮

图 2-6　单击“打开”按钮

▷▷ 步骤 3　导入电影素材之后，单击电影右下角的“添加到轨道”按钮，如图 2-7 所示。

▷▷ 步骤 4　操作完成，即可把素材添加到视频轨道中，单击“关闭原声”按钮，把视频设置为静音，方便后期添加解说音频，如图 2-8 所示。

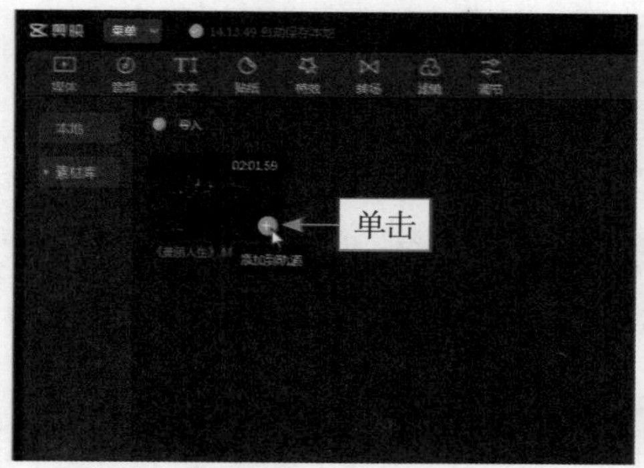

图 2-7　单击“添加到轨道”按钮

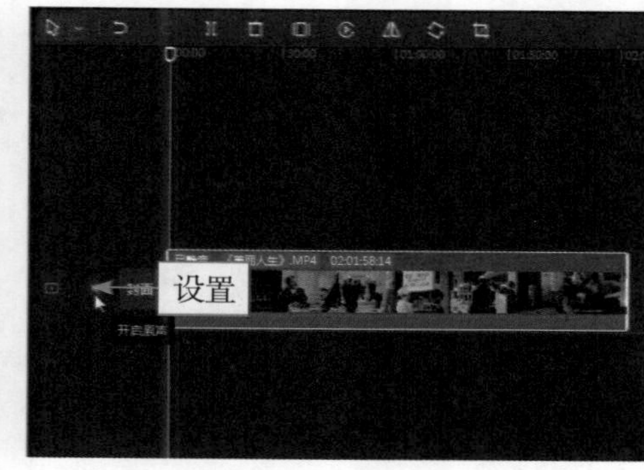

图 2-8　设置为静音

2.2.2　添加解说音频

【效果说明】导入电影素材之后就可以添加之前录制的解说配音了，因为是视频文件，所以要提取视频中的音频。

▷▷ 步骤 1　在“媒体”面板中单击“导入”按钮，如图 2-9 所示。

▷▷ 步骤 2　导入解说音频素材至“本地”选项卡中，❶拖动解说音频素材至画中画轨道中；❷右击，在弹出的列表框中选择“分离音频”选项，如图 2-10 所示。

图 2-9 单击“导入”按钮

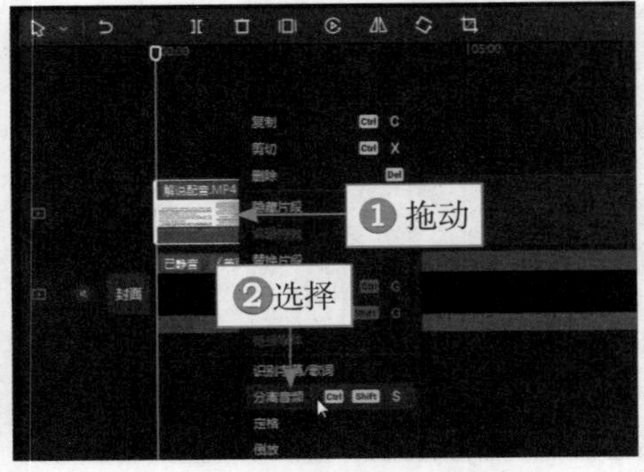

图 2-10 选择“分离音频”选项

步骤 3 提取音频轨道后，在“音频”面板中选择“女生”变声选项，让解说声音变成女生的声音，如图 2-11 所示。

步骤 4 ❶根据文案，调整音频的时长；❷选择解说音频素材；❸单击“删除”按钮，删除素材，如图 2-12 所示。

图 2-11 选择“女生”变声选项

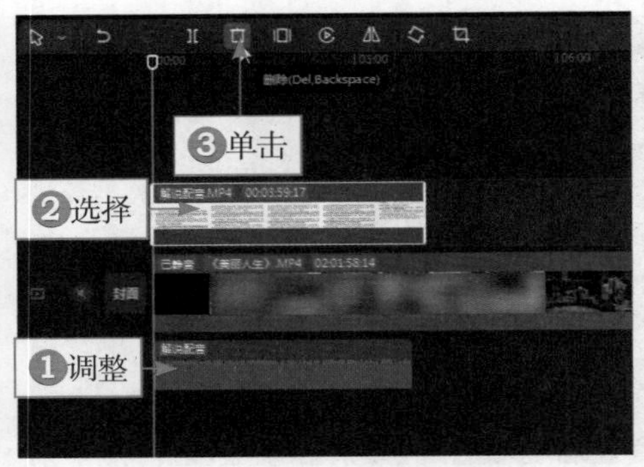

图 2-12 单击“删除”按钮

2.2.3 根据配音剪辑素材

【效果说明】添加解说音频之后，就需要根据配音剪辑素材了，把 100 多分钟的电影素材剪辑成只有 4 分钟左右的解说片段，而且还要保留电影的部分原声。

步骤 1 ❶拖动时间指示器至配音中提及的“男孩子追求女孩子”的画面位置上；❷单击“分割”按钮，如图 2-13 所示。

步骤 2 ❶拖动时间指示器至画面后 4 秒左右的位置；❷单击“分割”按钮，如图 2-14 所示，继续分割素材。

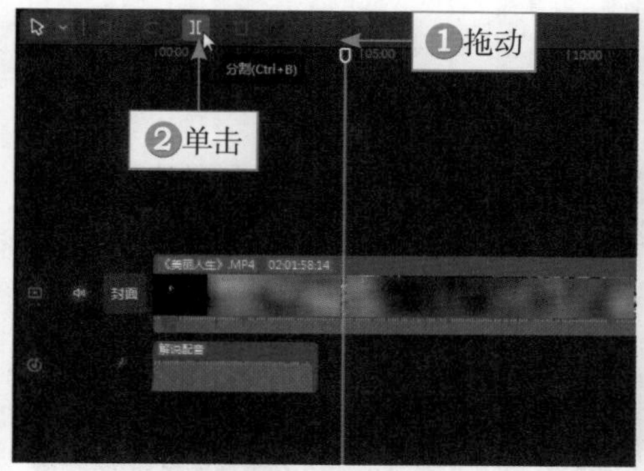

图 2-13　单击“分割”按钮（1）

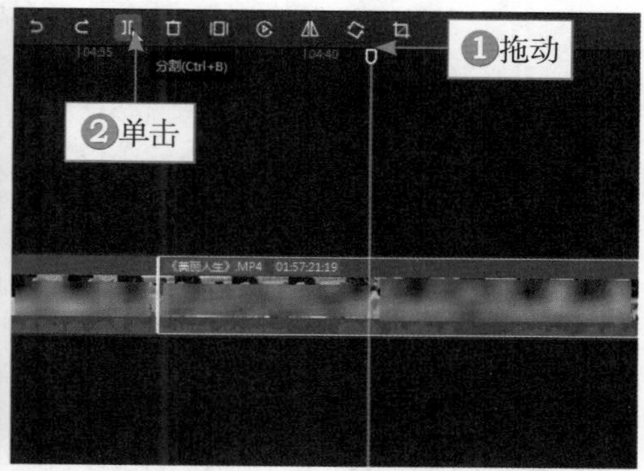

图 2-14　单击“分割”按钮（2）

步骤 3　长按并拖动分割后的“男孩子追求女孩子”的画面片段至第 1 段配音对应的位置，如图 2-15 所示。

步骤 4　用与上相同的方法，对剩下的素材进行同样的分割和拖动处理，把电影素材中的重要片段剪辑出来，与配音内容相对应，并留下一段原声片段。还可以拖动素材左右两侧的白框，调整素材的时长，如图 2-16 所示。剪辑电影素材的方法就是上面这两种，由于整部电影素材的时长很长，处理时间也差不多需要几个小时，所以，就不把剪辑和调整素材的过程全放上了。大家最好把电影多看几遍，这样能提升剪辑效率。

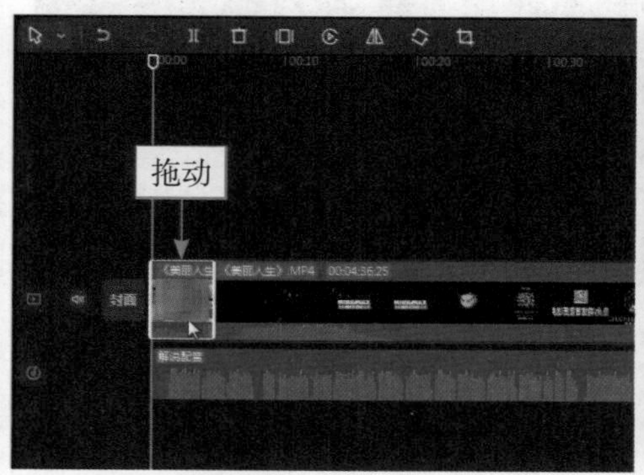

图 2-15　拖动片段至相应的位置

图 2-16　拖动左右两侧的白框

> 专家指点：剪辑过程需要非常耐心，因为要剪辑与配音同步的画面，而且要多次调整片段，这是慢工才能出细活儿。

步骤 5　❶单击“开启原声”按钮，恢复视频的声音；❷按【Ctrl + A】组合键全选视频素材和音频素材；❸取消选中两段音频素材，如图 2-17 所示。

步骤 6 在“音频”面板中拖动滑块，设置“音量”参数为 - ∞ dB，如图 2-18 所示，让所有片段为静音。

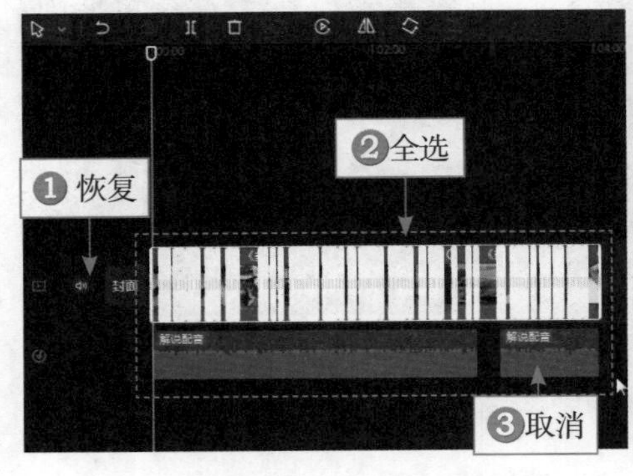

图 2-17　取消选中两段音频素材

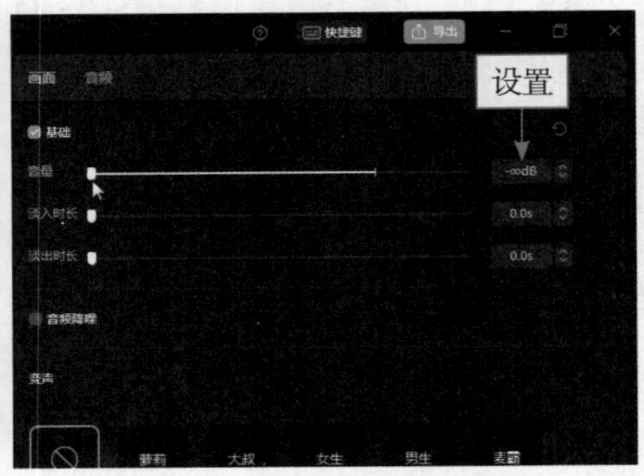

图 2-18　设置“音量”参数（1）

步骤 7 选中需要恢复原声的电影片段，如图 2-19 所示。

步骤 8 在“音频”面板中拖动滑块，设置“音量”参数为 0.0dB，如图 2-20 所示，使其恢复电影原声。

图 2-19　选中需要恢复原声的电影片段

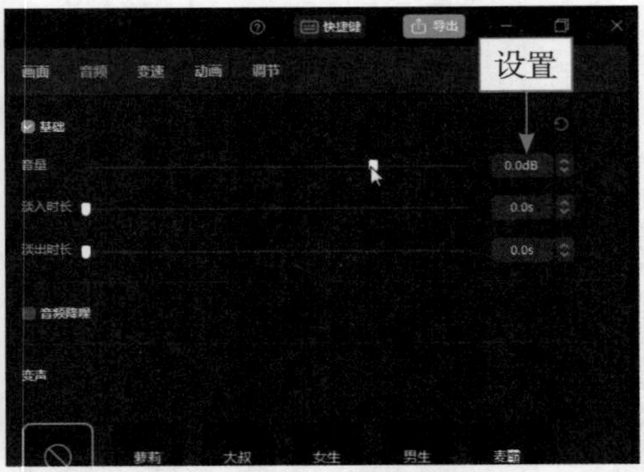

图 2-20　设置“音量”参数（2）

2.2.4　添加解说字幕

【效果说明】添加解说字幕能方便观众理解视频内容。由于制作的视频要投放到短视频平台，而且一般是用手机观看，所以也需要调整画面比例。

> 专家指点：剪映中的“朗读”功能可以把文本转换成语音，而且语音种类十分丰富。

▶▷ 步骤 1　❶在视频起始位置单击“文本”按钮；❷切换至“智能字幕”选项卡；❸在“文稿匹配”选项区中单击“开始匹配”按钮，如图 2-21 所示。

▶▷ 步骤 2　❶粘贴解说文案内容；❷单击“开始匹配”按钮，如图 2-23 所示。

▶▷ 步骤 3　匹配完成后，时间线面板上会生成文字轨道，❶设置画面比例为 9 ∶ 16；❷调整字幕的位置并选择合适的字体；❸单击“朗读”按钮；❹选择“亲切女生”选项；❺单击“开始朗读”按钮，如图 2-23 所示。

图 2-21　单击“开始匹配”按钮（1）

图 2-22　单击“开始匹配”按钮（2）

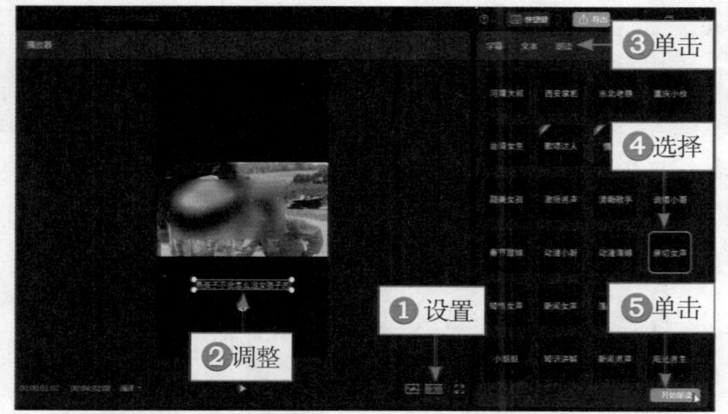

图 2-23　单击“开始朗读”按钮

▶▷ 步骤 4　在时间线面板中生成新的音频素材，❶选择原来的“解说配音”素材；❷单击“删除”按钮，如图 2-24 所示，删除音频，并调整新音频素材的轨道位置。

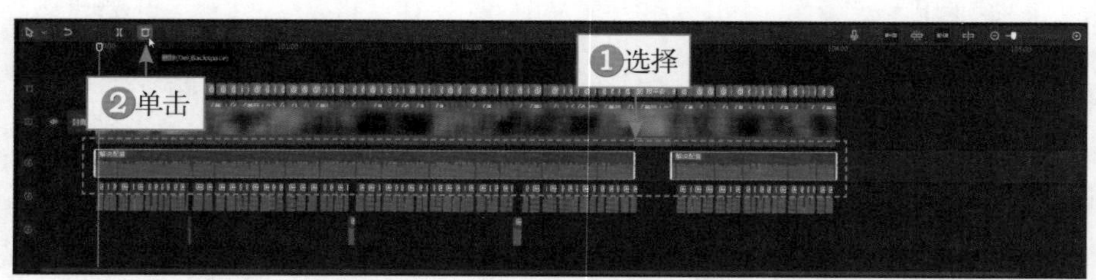

图 2-24 单击“删除”按钮

▶▷ 步骤 5 拖动时间指示器至末尾最后一段素材的位置，①单击“贴纸”按钮；②搜索“黑条”贴纸；③单击所选贴纸右下角的“添加到轨道”按钮＋，如图 2-25 所示。

▶▷ 步骤 6 调整贴纸的时长，使其末端对齐视频的末尾位置，如图 2-26 所示，并调整最后两段文本的轨道位置，使其处于贴纸的上面。

> 专家指点：对于原始字幕等，都可以用添加贴纸的方式遮盖住，并且要调整贴纸和文本的轨道位置。

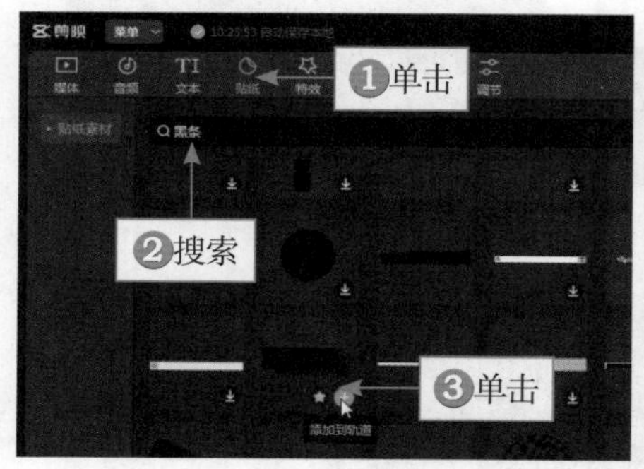

图 2-25 单击“添加到轨道”按钮

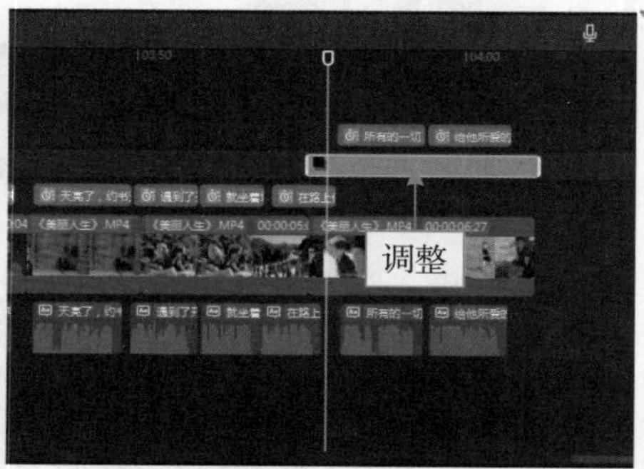

图 2-26 调整贴纸的时长

▶▷ 步骤 7 调整贴纸的大小和位置，使其盖住原始字幕，如图 2-27 所示。

图 2-27 调整贴纸的大小和位置

2.2.5 制作片头片尾

【效果说明】制作有特色、有个性的片头片尾，能让电影解说视频很有个人特色，还能提醒观众关注发布者，提升账号的粉丝量。

▶▷ 步骤 1　新建一个视频草稿，❶在“媒体”面板中切换至“素材库”选项卡；❷展开“片头”选项区；❸单击所选片头素材右下角的“添加到轨道”按钮，如图 2-28 所示，添加片头素材。

▶▷ 步骤 2　拖动片头素材右侧的白框，调整其时长为 4 秒，如图 2-29 所示。

图 2-28　单击“添加到轨道”按钮（1）

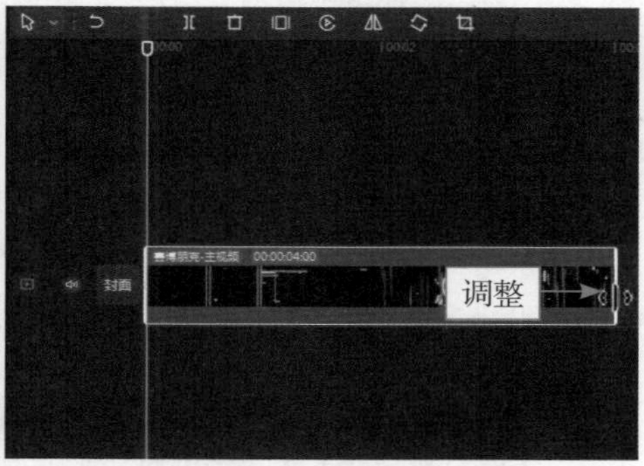

图 2-29　调整素材的时长

▶▷ 步骤 3　❶单击“文本”按钮；❷切换至“文字模板”选项卡；❸在“收藏”选项区中单击所选文字右下角的“添加到轨道”按钮，如图 2-30 所示，添加文本。

▶▷ 步骤 4　更换文字内容并调整文本的时长，使其对齐视频的时长，如图 2-31 所示。

图 2-30　单击“添加到轨道”按钮（2）

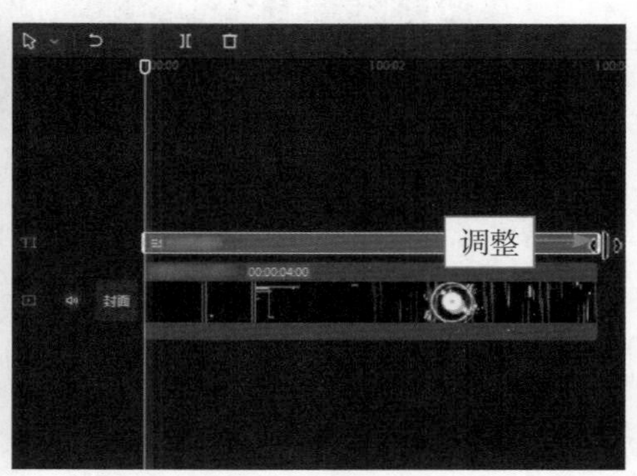

图 2-31　调整文本的时长

▶▷ 步骤 5 ❶单击“音频”按钮；❷切换至“音效素材”选项卡；❸搜索“影视开场音效”；❹单击所选音效右下角的“添加到轨道”按钮，如图 2-32 所示，添加音效。

▶▷ 步骤 6 调整音效的时长，使其对齐视频的时长，如图 2-33 所示。

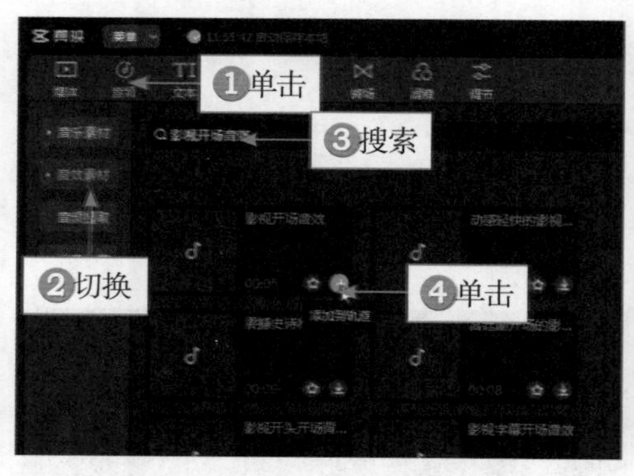

图 2-32 单击“添加到轨道”按钮（3）

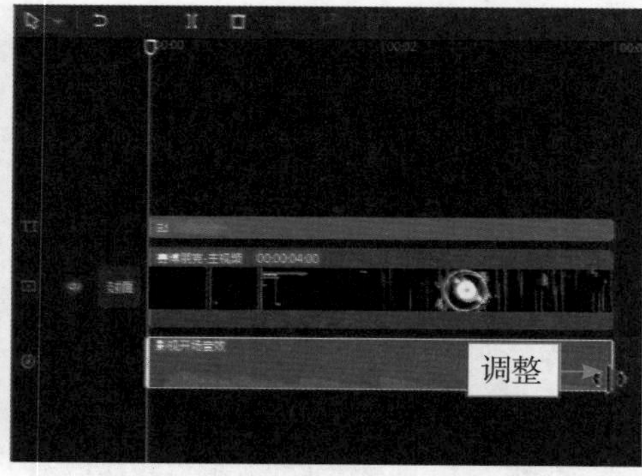

图 2-33 调整音效的时长

▶▷ 步骤 7 ❶调整文字的大小；❷单击“导出”按钮导出视频，如图 2-34 所示，这段片头视频，可以在后期添加到解说视频中。

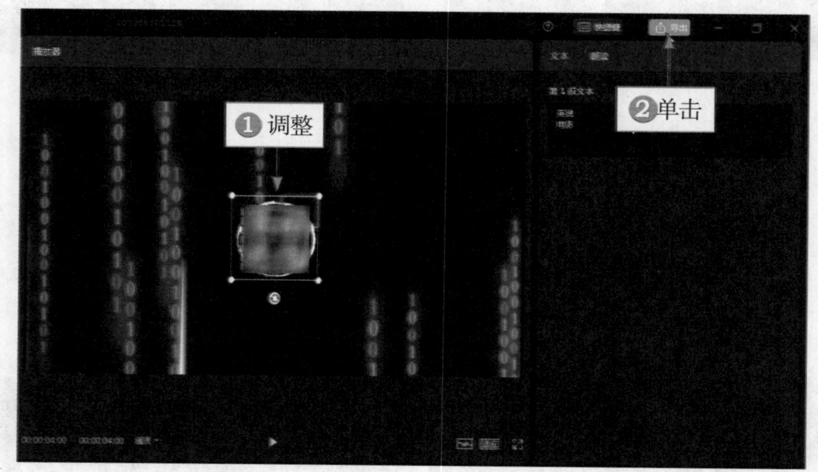

图 2-34 单击“导出”按钮

▶▷ 步骤 8 拖动时间指示器至解说视频末尾位置，如图 2-35 所示。

▶▷ 步骤 9 ❶单击“文本”按钮；❷切换至“文字模板”选项卡；❸在“热门”选项区中单击所选文字右下角的“添加到轨道”按钮，如图 2-36 所示，添加文本。

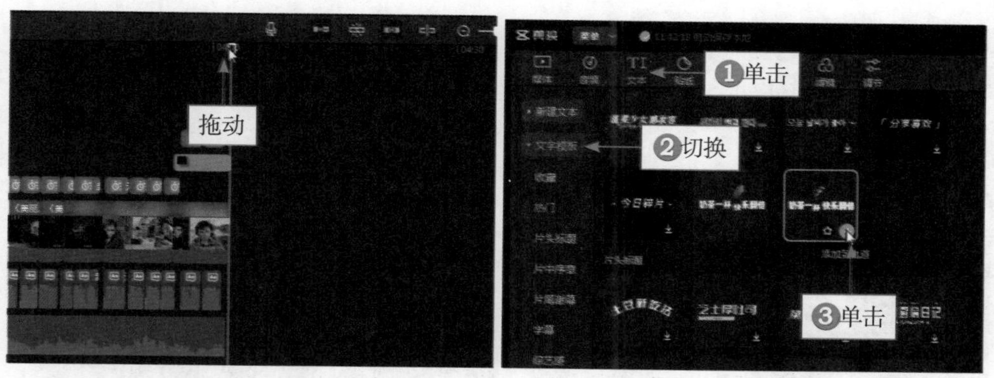

图 2-35　拖动时间指示器至相应的位置　　图 2-36　单击“添加到轨道”按钮（4）

步骤 10　更换文字内容，如图 2-37 所示，这里主要提醒观众关注视频发布者。

步骤 11　❶单击“音频”按钮；❷切换至“音效素材”选项卡；❸搜索“关注”；❹单击所选音效右下角的“添加到轨道”按钮，如图 2-38 所示，添加音效。

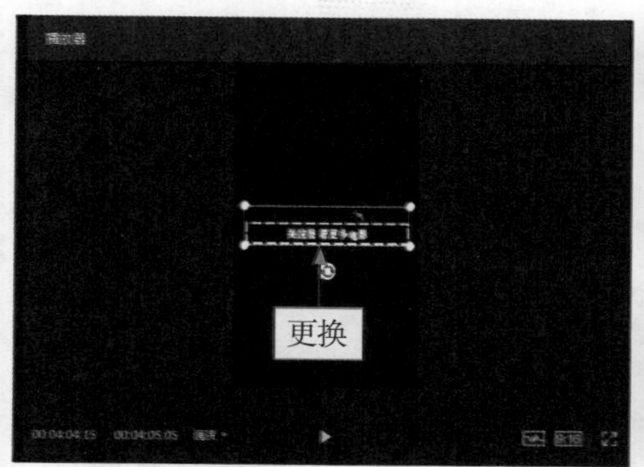

图 2-37　更换文字内容

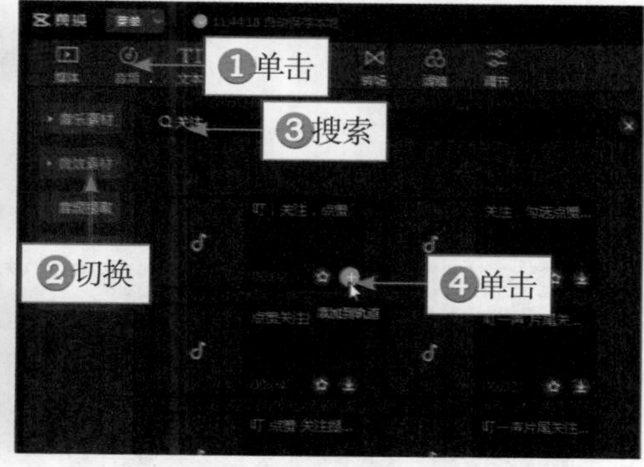

图 2-38　单击“添加到轨道”按钮（5）

专家指点：导出之后的片头素材，需要后期再次添加到成品视频的片头位置，然后再次导出。

2.2.6　添加背景音乐

【效果说明】如果视频中只有解说的声音会有些单调，这时可以添加纯音乐，让背景声音更加丰富，而且根据不同的情景可以添加不同类型的纯音乐，实现音画合一。

▶▷ 步骤 1 ❶单击“音频”按钮；❷切换至“纯音乐”选项卡；❸单击所选音乐右下角的“添加到轨道”按钮+，如图 2-39 所示，添加第 1 首音乐。

▶▷ 步骤 2 在“纯音乐”选项卡中单击第 2 首纯音乐右下角的“添加到轨道”按钮+，如图 2-40 所示，添加第 2 首音乐。

图 2-39 单击“添加到轨道”按钮（1）

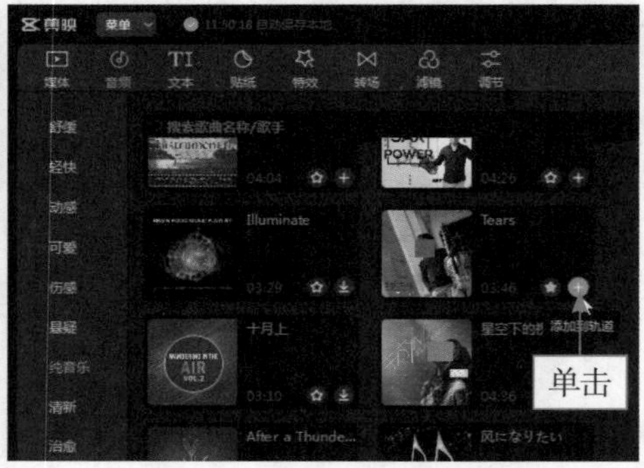

图 2-40 单击“添加到轨道”按钮（2）

▶▷ 步骤 3 调整两首音乐的时长和位置，如图 2-41 所示。前半部分为比较浪漫的部分，因此，可以添加浪漫一点儿的音乐，后半部分比较沉重，需要添加一些比较悲伤的纯音乐。在原声部分就不需要添加背景音乐，因为原声部分有影视背景音乐，再次添加音乐，就会显得声音混乱，而且无法突出原声的台词重点。

图 2-41 调整两首音乐的时长和位置

▶▷ 步骤 4 按住【Ctrl】键选择前面的 3 段背景音乐，如图 2-42 所示。

▶▷ 步骤 5 在“音频”面板中拖动滑块，设置“音量”参数为 -10.0dB，如图 2-43 所示，降低背景音乐的音量。

图 2-42　选择 3 段背景音乐

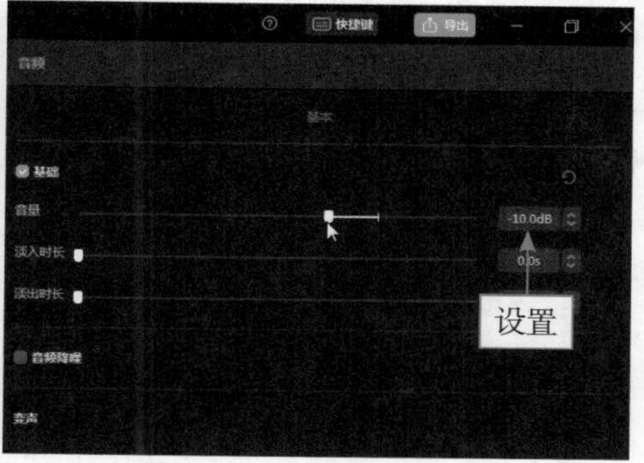

图 2-43　设置“音量”参数（1）

▶▷ 步骤 6　按住【Ctrl】键选择后面的 2 段背景音乐，如图 2-44 所示。

▶▷ 步骤 7　在“音频”面板中拖动滑块，设置“音量”参数为 -4.0dB，如图 2-45 所示，降低背景音乐的音量，突出解说的声音。

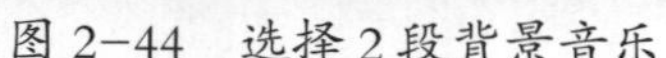
图 2-44　选择 2 段背景音乐

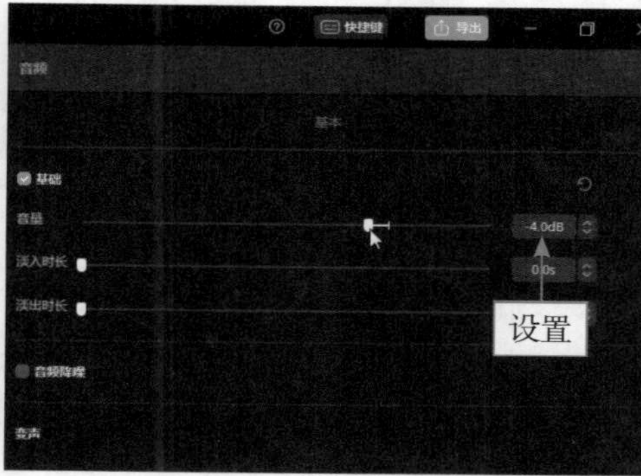

图 2-45　设置“音量”参数（2）

> 专家指点：除了设置“音量”参数调整音频外，还可以通过设置“淡入时长”和“淡出时长”，让音频前后过渡更加自然。

2.3　投放平台

电影解说视频剪辑完成之后，就需要投放到平台。在抖音平台上可以在线制作封面，在 B 站平台上需要额外制作封面，也可以选用电影截图作为封面。下面将介绍如何把视频投放到平台上。

2.3.1 投放抖音

抖音平台是短视频流量非常大的平台，想要解说视频被更多人看到，可以选择把视频投放到抖音上。下面介绍投放抖音的具体方法。

▶▷ 步骤 1 打开抖音 App，点击 + 按钮，添加视频，如图 2-46 所示。

▶▷ 步骤 2 在"视频"界面中点击"相册"按钮，进入手机相册界面，如图 2-47 所示。

图 2-46 点击相应按钮

图 2-47 点击"相册"按钮

▶▷ 步骤 3 选择解说视频之后，点击"下一步"按钮，如图 2-48 所示。

▶▷ 步骤 4 ❶输入文案内容并添加话题；❷点击"选封面"按钮，如图 2-49 所示，设置封面。

图 2-48 点击"下一步"按钮

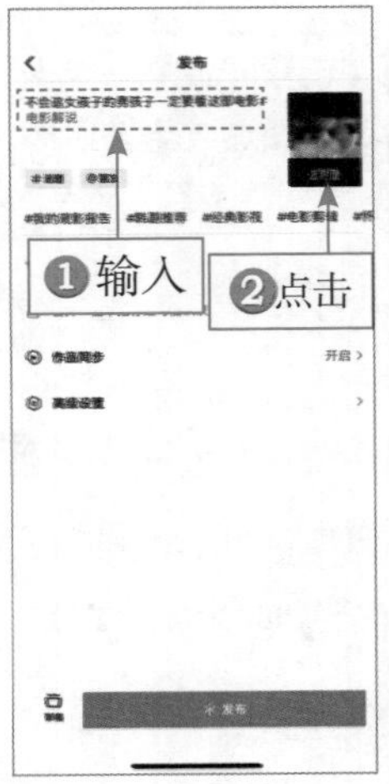

图 2-49 点击"选封面"按钮

▷▷ 步骤 5 ❶切换至“样式”选项卡；❷选择“几何”样式；❸输入封面文字并调整其位置和大小；❹点击“保存”按钮，如图 2-50 所示。

▷▷ 步骤 6 设置完封面之后，点击“发布”按钮，即可投放至抖音平台，如图 2-51 所示。

图 2-50 点击“保存”按钮

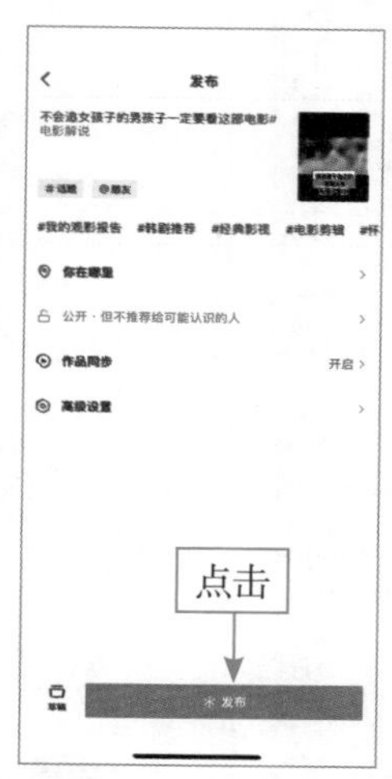

图 2-51 点击“发布”按钮

2.3.2 投放 B 站

B 站平台上有许多知名的影视剪辑 UP 主，因此，电影解说视频的流量很大。下面介绍投放 B 站的具体方法。

▷▷ 步骤 1 打开哔哩哔哩网页，❶将鼠标移至“投稿”按钮上；❷在弹出的面板中单击“视频投稿”按钮，如图 2-52 所示。

图 2-52 单击“视频投稿”按钮

▶▷ 步骤 2　进入“视频投稿”面板，单击“上传视频”按钮，如图 2-53 所示。

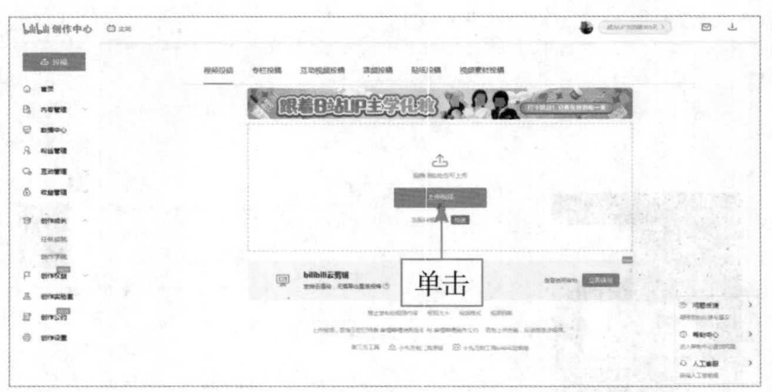

图 2-53　单击“上传视频”按钮

▶▷ 步骤 3　弹出相应的对话框，❶选择解说视频；❷单击“打开”按钮，如图 2-54 所示。

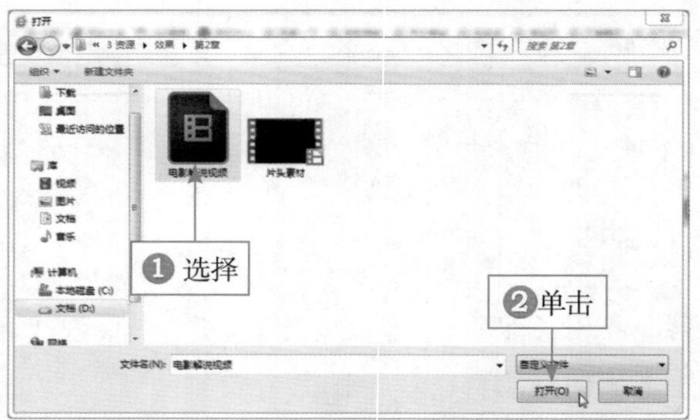

图 2-54　单击“打开”按钮

▶▷ 步骤 4　上传视频完成后，❶单击“上传封面”按钮，上传制作好的封面；❷输入“标题”内容；❸添加“标签”；❹输入“简介”内容；❺单击“立即投稿”按钮，如图 2-55 所示，即可将视频投放到 B 站。

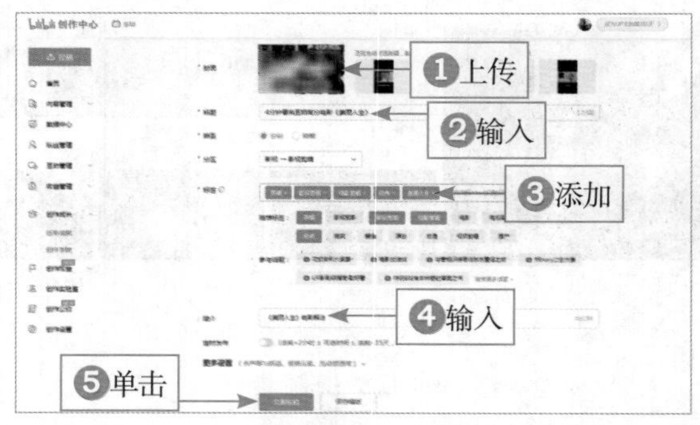

图 2-55　单击“立即投稿”按钮

【调色师篇】

第3章 视频调色快速入门

色彩在影视视频的编辑中，在某种程度上起着抒发情感的作用。但由于素材在拍摄和采集的过程中，经常会遇到一些很难控制的光照环境，使拍摄出来的源素材色感欠缺、层次不明。本章将详细介绍视频调色基础知识，让你快速入门！

新手重点索引

- 认识色彩：了解色彩的基本要素
- 一级校色：对画面色彩进行初步调整
- 二级调色：对局部、主体重点调色

效果图片欣赏

3.1 认识色彩：了解色彩的基本要素

自然界为什么是五彩斑斓的？原因就是色彩的存在。任何画面的色彩都具备三大基本要素的特征，色彩也可以根据这三大要素进行体系化归类。

3.1.1 色　　相

苹果是红色的，柠檬是黄色的，天空是蓝色的。考虑到不同色彩的时候，经常用色相来表示，如图 3-1 所示。因此，用色相这一术语将色彩区分为红色、黄色或蓝色等类别。

色相渐变条

图 3-1　色相图

色相是色彩的最大特征，色相是指能够比较确切地表示某种颜色的名称，也是各种颜色直接的区别，同样也是不同波长的色光被感觉的结果。

色相是由色彩的波长决定的。以红、橙、黄、绿、青、蓝、紫来代表不同特性的色彩相貌，构成了色彩体系中的最基本色相，色相一般由纯色表示，如上图所示分别为色相的纯色块表现形式和色相间的渐变过渡表现形式。

虽然红色和黄色是两种完全不同的色相，但可以混合它们来得到橙色。混合黄色和绿色可以得到黄绿色或青豆色，而绿色和蓝色混合则产生蓝绿色。因此，色相是互相关联的，我们把这些色相排列成圈，这个圈就是“色相环”，如图 3-2 所示。

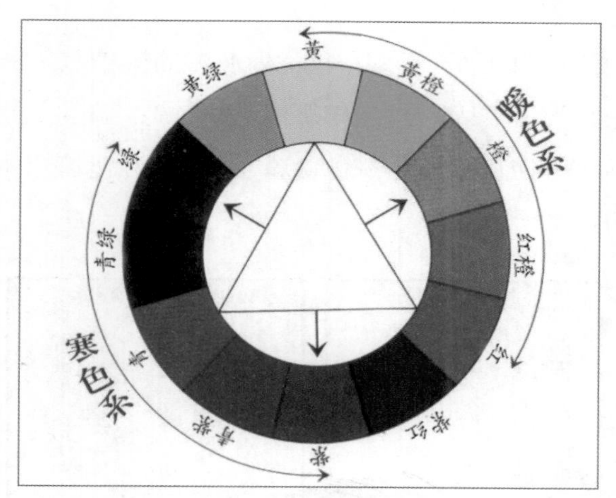

图 3-2　色相环

> 专家指点：在色相环中，红色、绿色和蓝色是三原色。相邻色和互补色指的是在色相环上颜色相邻，以及在色相环中间隔 180° 的颜色。三原色以不同比例相加就能出现不同颜色。

3.1.2 明　　度

有些颜色显得明亮，而有些却显得灰暗。这就是为什么亮度是色彩分类的一个重要属性。例如，柠檬的黄色就比葡萄柚的黄色显得更明亮一些。如果将柠檬的黄色与一杯红酒的红色相比呢？显然，柠檬的黄色更明亮。可见，明度可以用于对比色相不同的色彩，如图 3-3 所示。

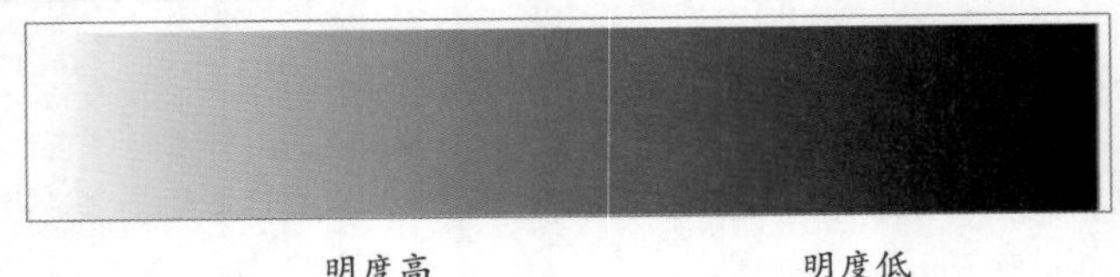

图 3-3　明度高低对比

明度是眼睛对光源和物体表面的明暗程度的感觉，主要是由光线强弱决定的一种视觉经验。简单来说，明度可以简单理解为颜色的亮度，不同的颜色具有不同的明度，任何色彩都存在明暗变化，其中黄色明度最高，紫色明度最低，绿、红、蓝、橙的明度相近，为中间明度。另外，在同一色相的明度中还存在深浅变化，如绿色中由浅到深有粉绿、淡绿、翠绿等明度变化。

3.1.3 纯　　度

纯度通常是指色彩的鲜艳程度，也称为色彩的饱和度、彩度、含灰度等，它是灰暗与鲜艳的对照，即同一种色相是相对鲜艳或灰暗的。纯度取决于该色中含色成分和消色成分的比例，其中灰色含量越少，饱和度值越大，图像的颜色越鲜艳，如图 3-4 所示。

图 3-4　纯度高低对比

如上图所示，用色相相同的颜色做比较，很难用明度来解释这两种颜色的不同，而纯度这一概念则可以很好地解释为什么我们看到的颜色如此不同。

有彩色的各种颜色都具有彩度值，无彩色的彩度值为 0，彩度由于色相的不同而不同，而且即使是相同的色相，因为明度的不同，彩度也会随之变化。

纯度是说明色质的名称，也称饱和度或彩度、鲜度。色彩的纯度强弱，是指色相感觉明确或含糊、鲜艳或混浊的程度。高纯度色相加白或黑，可以提高或减弱其明度，但会降低它们的纯度。如加入中性灰色，也会降低色相纯度。

专家指点：纯度用来表现色彩的鲜艳和深浅，色彩的纯度变化，可以产生丰富的强弱不同的色相，而且使色彩产生韵味与美感。

同一色相的色彩，没有掺杂白色或者黑色，则被称为纯色。在纯色中加入不同明度的无彩色，会出现不同的纯度，如图 3-5 所示。

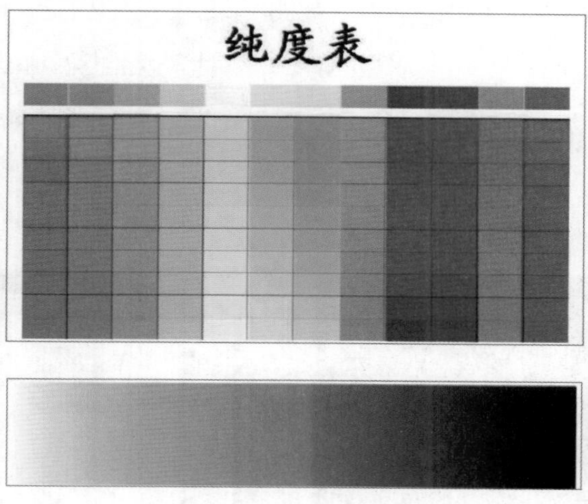

图 3-5　纯度表

专家指点：以红色为例，向纯红色中加入一点白色，纯度下降而明度上升，变为淡红色。继续加入白色，颜色会越来越淡，纯度下降，而明度持续上升。向纯红色中加入一点黑色，纯度和明度都会下降，变为深红色。继续加入黑色，颜色会越来越暗，纯度和明度都持续下降。

3.2　一级校色：对画面色彩进行初步调整

一级校色是调色的基础，通过色彩校正，控制整体的色调，从而展现视频画面的情感氛围。本节主要向读者介绍在剪映中对视频画面进行色彩校正的方法。

3.2.1 调整视频的亮度

【效果说明】当素材画面过暗时，用户可以在剪映中通过调节“亮度”参数来调整素材的亮度，让画面变得明亮。原图与效果对比如图 3-6 所示。

扫码看案例效果 扫码看教学视频

图 3-6 原图与效果对比

步骤 1 进入视频剪辑界面，在“媒体”功能区中单击“导入”按钮，如图 3-7 所示。

步骤 2 弹出“请选择媒体资源”对话框，❶选择相应的视频素材；❷单击“打开”按钮，如图 3-8 所示。

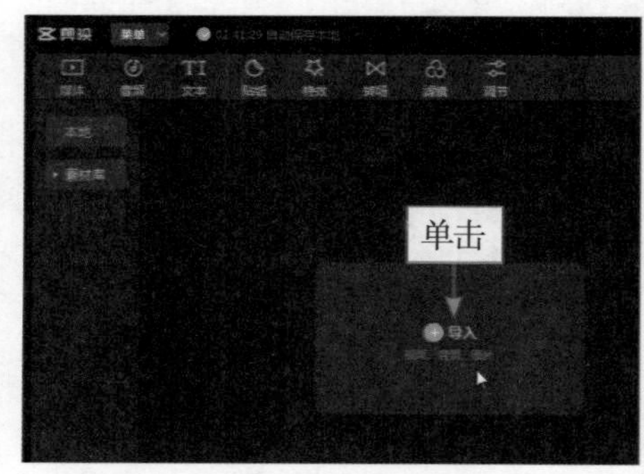

图 3-7 单击“导入”按钮

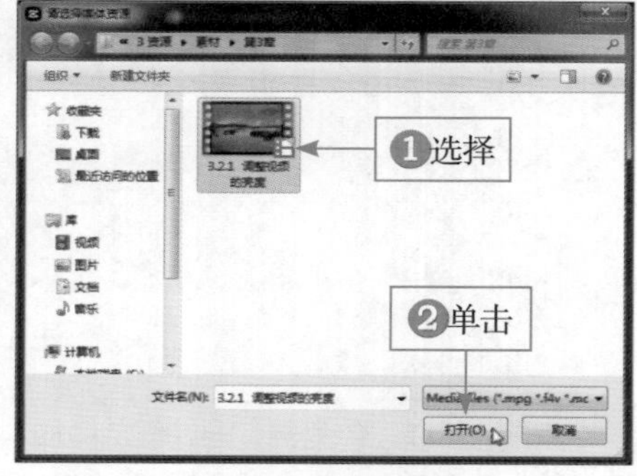

图 3-8 单击“打开”按钮

步骤 3 将视频素材导入“本地”选项卡中，单击视频素材右下角的“添加到轨道”按钮，如图 3-9 所示。

步骤 4 执行操作后，即可将视频素材添加到视频轨道中，如图 3-10 所示。

步骤 5 在预览窗口中预览画面，可以看到视频整体画面亮度偏暗。单击“调节”按钮，进入“基础”调节面板，如图 3-11 所示。

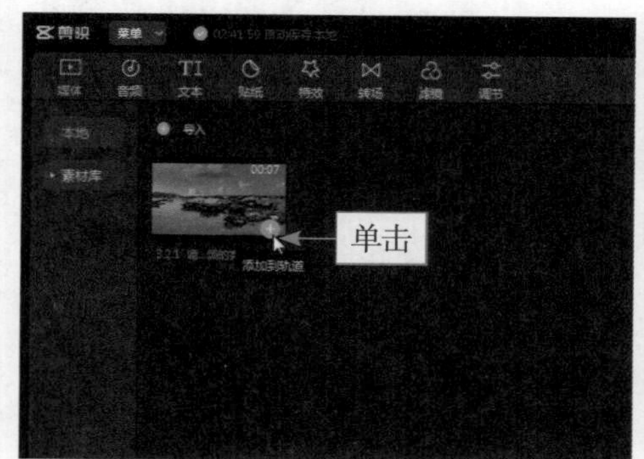

图 3-9　单击“添加到轨道”按钮

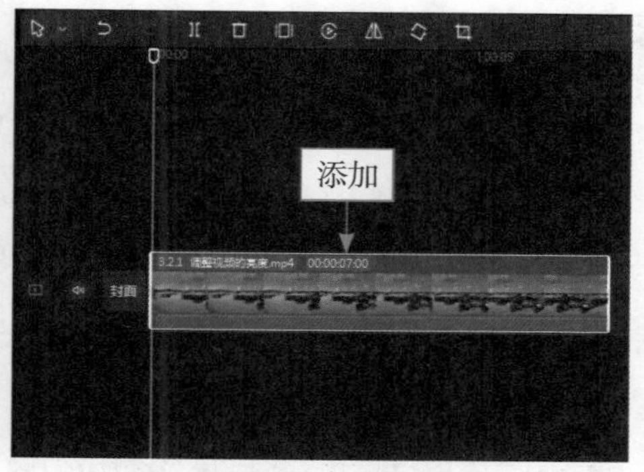

图 3-10　将视频素材添加到视频轨道中

图 3-11　单击“调节”按钮

▷▷ 步骤 6　向右拖动滑块，设置“亮度”参数为 14，提高曝光，调整画面明度，如图 3-12 所示，操作完成后，即可让画面变得明亮。

图 3-12　设置“亮度”参数

3.2.2 调整视频的对比度

【效果说明】当视频画面对比度过低时，就会出现图像不清晰和画面色彩暗淡的情况，这时用户可以在剪映中调节“对比度”参数来提高画面的清晰度，突出明暗反差，让色彩更完整，从而突出画面细节。原图与效果对比如图 3-13 所示。

扫码看案例效果

扫码看教学视频

图 3-13 原图与效果对比

步骤 1 在剪映中将视频素材导入“本地”选项卡中，单击视频素材右下角的“添加到轨道”按钮，如图 3-14 所示。

步骤 2 执行操作后，即可将视频素材添加到视频轨道中，拖动时间指示器至视频 00:00:03:00 的位置，如图 3-15 所示。

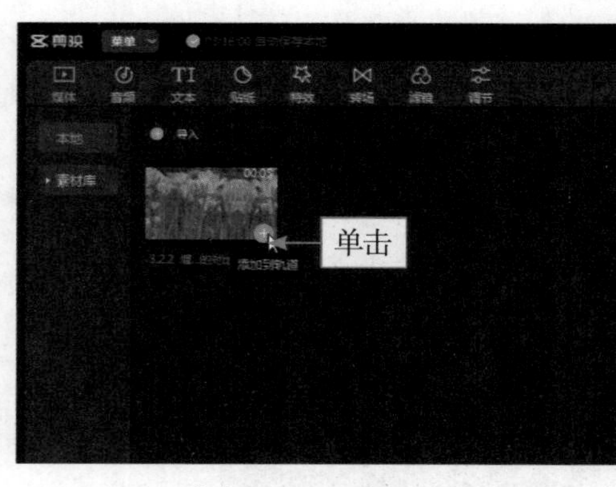

图 3-14 单击“添加到轨道”按钮

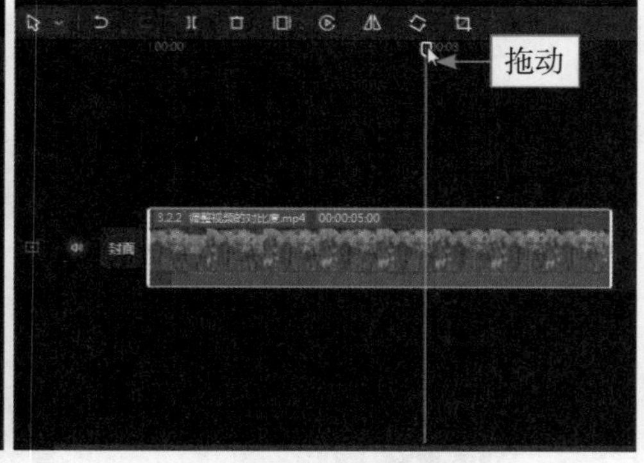

图 3-15 拖动时间指示器

步骤 3 单击“调节”按钮，进入“基础”调节面板，如图 3-16 所示。

步骤 4 向右拖动滑块，设置“对比度”参数为 23，提高画面的清晰度，如图 3-17 所示，执行所有操作后，即可让画面色彩对比更加明显，细节更加突出。

图 3-16　单击“调节”按钮

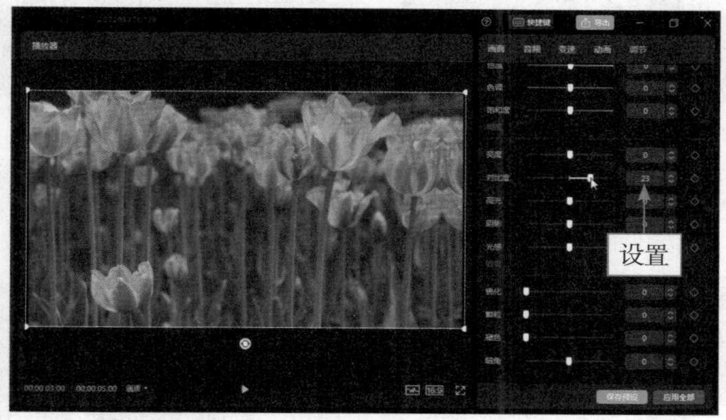

图 3-17　设置“对比度”参数

3.2.3　调整视频曝光过度

【效果说明】当拍摄视频离光源太近或者逆光拍摄时，就会出现曝光过度的现象，用户可以在剪映中通过调整“亮度”和“光感”参数来补救画面。原图与效果对比如图 3-18 所示。

扫码看案例效果　扫码看教学视频

图 3-18　原图与效果对比

步骤 1 在剪映中将视频素材导入“本地”选项卡中，单击视频素材右下角的“添加到轨道”按钮，如图 3-19 所示。

步骤 2 执行操作后，即可将视频素材添加到视频轨道中，如图 3-20 所示。

图 3-19 单击“添加到轨道”按钮

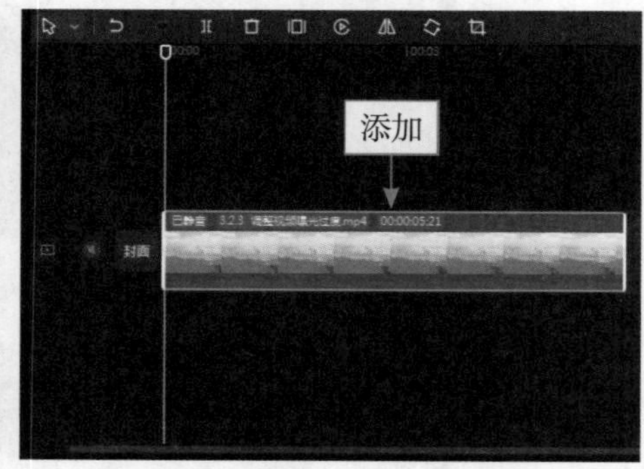

图 3-20 将视频素材添加到视频轨道中

步骤 3 在预览窗口中可以看到视频画面曝光过度，单击“调节”按钮，进入“基础”调节面板，如图 3-21 所示。

图 3-21 单击“调节”按钮

步骤 4 ❶向左拖动滑块，设置“亮度”参数为 -13；❷向左拖动滑块，设置“光感”参数为 -15，降低画面曝光，如图 3-22 所示，执行所有操作后，即可让画面更清晰，突出色彩的细节。

图 3-22　设置“光感”参数

3.2.4　调整视频的色彩饱和度

【效果说明】在剪映中调整视频的“饱和度”参数，可以让画面色彩变得鲜艳，让灰淡的视频变得通透，让风景变得更美丽。原图与效果对比如图 3-23 所示。

扫码看案例效果　扫码看教学视频

图 3-23　原图与效果对比

▶▷ 步骤 1　在剪映中将视频素材导入“本地”选项卡中，单击视频素材右下角的“添加到轨道”按钮 ，如图 3-24 所示。

▶▷ 步骤 2　执行操作后，即可将视频素材添加到视频轨道中，如图 3-25 所示。

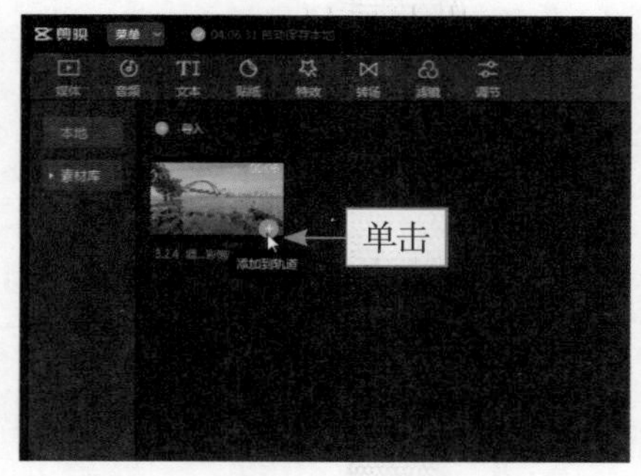

图 3-24　单击“添加到轨道”按钮

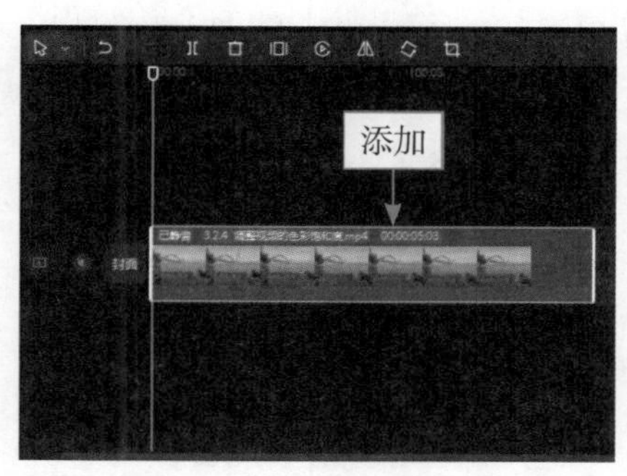

图 3-25　将视频素材添加到视频轨道中

▶▷ 步骤 3 单击“调节”按钮，进入“基础”调节面板，如图 3-26 所示。

图 3-26 单击“调节”按钮

▶▷ 步骤 4 向右拖动滑块，设置“饱和度”参数为 37，让画面色彩更鲜艳，如图 3-27 所示，执行所有操作后，即可让风景变得更加美丽。

图 3-27 设置“饱和度”参数

3.2.5 调整视频的色温和色调

扫码看案例效果 扫码看教学视频

【效果说明】调整色温可以调整冷暖光源，调整色调则是调整画面整体的色彩倾向，使其偏暖色调或者偏冷色调。当画面偏暖色调时，在剪映中降低“色温”和“色调”参数，可以让画面偏冷色调，让湖水和天空变得更蓝。原图与效果对比如图 3-28 所示。

图 3-28　原图与效果对比

▶▷ 步骤 1　在剪映中将视频素材导入“本地”选项卡中，单击视频素材右下角的“添加到轨道”按钮，如图 3-29 所示。

▶▷ 步骤 2　执行操作后，即可将视频素材添加到视频轨道中，如图 3-30 所示。

图 3-29　单击“添加到轨道”按钮

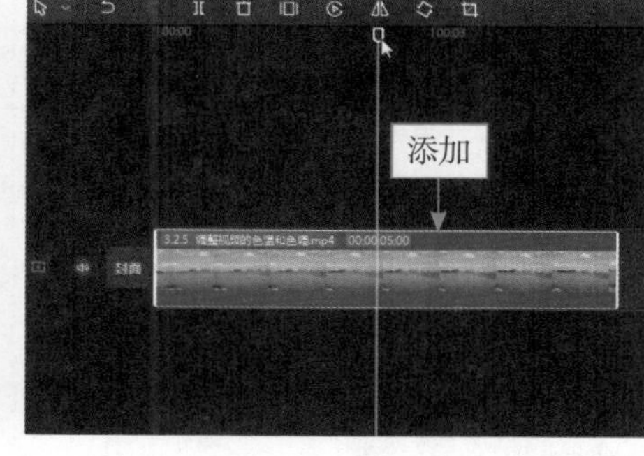

图 3-30　将视频素材添加到视频轨道中

▶▷ 步骤 3　单击“调节”按钮，进入“基础”调节面板，如图 3-31 所示。

图 3-31　单击“调节”按钮

▶▷ 步骤 4　❶向左拖动滑块，设置“色温”参数为 −32；❷向左拖动滑块，设置“色调”参数为 −19，让画面偏冷色调，如图 3-32 所示，执行所有操作后，即可让风景变得更加纯净。

图 3-32　设置“色调”参数

专家指点：在剪映中进行一级校色除了调整上述参数外，还可以调整“锐化”“颗粒”“褪色”“暗角”等参数，对画面色彩进行初步校正。

3.2.6　通过调整曲线进行调色

【效果说明】通过“曲线”功能调整色彩，可以让调色过程变得更加方便。本例的效果主要是通过“曲线”功能让背景色更绿一些，增加冷暖色对比，从而突出花朵主体的色彩。原图与效果对比如图 3-33 所示。

扫码看案例效果　扫码看教学视频

图 3-33　原图与效果对比

▶▷ 步骤 1　在剪映中将视频素材导入“本地”选项卡中，单击素材右下角的“添加到轨道”按钮，如图 3-34 所示。

▶▷ 步骤 2　将素材添加到视频轨道中，拖动时间指示器至视频末尾位置，如图 3-35 所示。

图 3-34　单击“添加到轨道”按钮

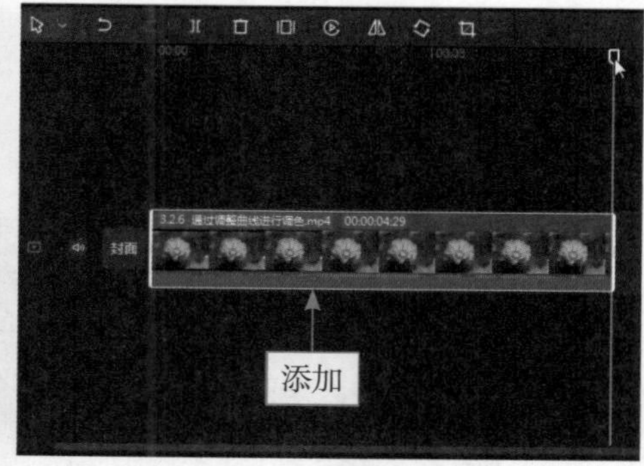

图 3-35　将素材添加到视频轨道中

步骤 3　❶单击“调节”按钮；❷切换至“曲线”选项卡，如图 3-36 所示。

图 3-36　切换至“曲线”选项卡

步骤 4　在“亮度”面板中向左上拖动白色曲线中间的点，如图 3-37 所示，就可以提高画面亮度，向下拖动则降低画面亮度。

图 3-37　拖动白色曲线

▶▷ 步骤 5 把白色曲线复原至原始位置，在“红色通道”面板中向左上拖动红色曲线中间的点，如图 3-38 所示，则会增加画面中的红色，反向拖动则是增加绿色。

图 3-38 拖动红色曲线

▶▷ 步骤 6 把红色曲线复原至原始位置，在“绿色通道”面板中向左上拖动绿色曲线中间的点，如图 3-39 所示，则会增加画面中的绿色，反向拖动则是增加红色。

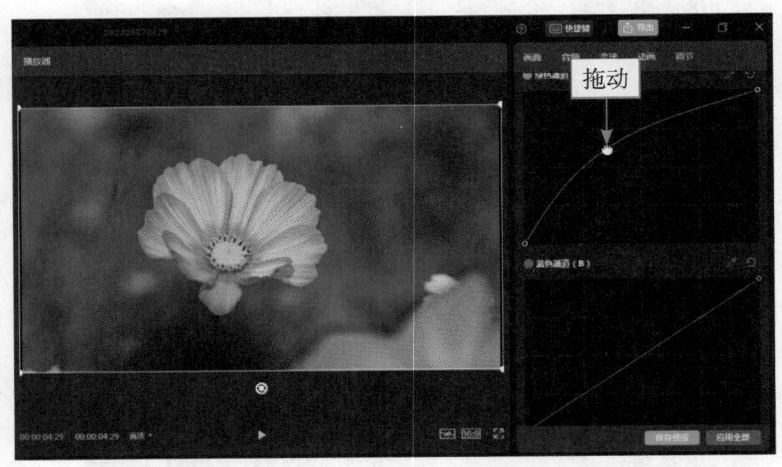

图 3-39 拖动绿色曲线

▶▷ 步骤 7 把绿色曲线复原至原始位置，在“蓝色通道”面板中向左上拖动蓝色曲线中间的点，如图 3-40 所示，则会增加画面中的洋红色，反向拖动则是增加黄色。

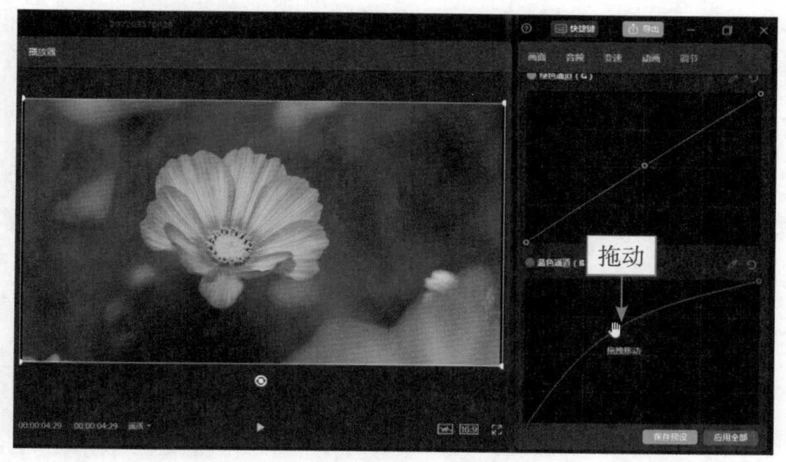

图 3-40　拖动蓝色曲线

▶▷ 步骤 8　把蓝色曲线复原至原始位置，向上微微拖动绿色曲线和蓝色曲线，如图 3-41 所示，让背景变得绿一些，让花朵变得偏洋红一些。

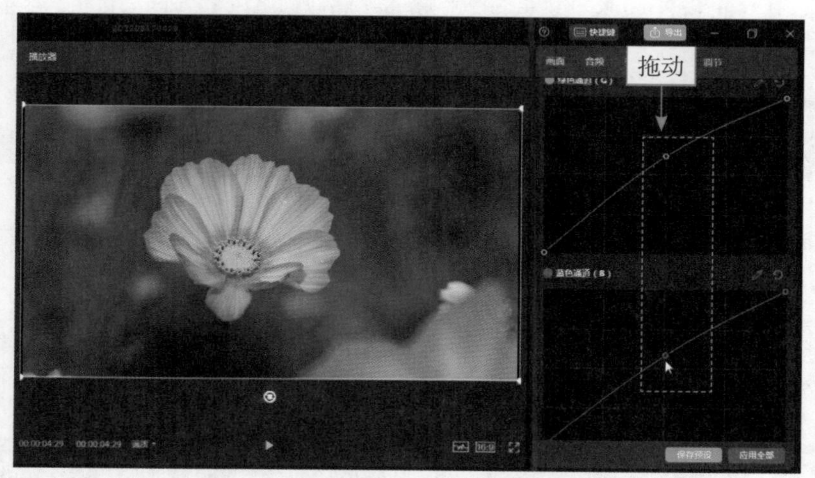

图 3-41　拖动绿色曲线和蓝色曲线

3.3　二级调色：对局部、主体重点调色

什么是二级调色？在回答这个问题之前，首先需要大家了解一下一级调色。在对素材图像进行调色操作前，需要对素材图像进行一个简单勘测，比如图像是否有过度曝光、灯光是否太暗、是否偏色、饱和度浓度如何、是否存在色差、色调是否统一等，用户针对上述问题对素材图像进行曝光、对比度、色温等校色调整，便是一级调色。

二级调色则是在一级调色处理的基础上，对素材图像的局部画面进行细节处理，比如物品颜色突出、肤色深浅、服装搭配、去除杂物、抠像等细节，并对素材图像的整体风格进行色彩处理，保证整体色调统一。如果一级调色在进行校色调整时没有处理好，会影响到二级调色。因此，用户在进行二级调色前，一级调色可以处理的问题，不要留到二级调色时再处理，这样就能提高调色效率和质量。

3.3.1 调整视频局部细节

【效果说明】在剪映中，可以运用蒙版功能对图像进行局部调色，重点调整局部细节的色彩。原图与效果对比如图 3–42 所示。

扫码看案例效果 扫码看教学视频

图 3–42 原图与效果对比

▶▷ 步骤 1 在剪映中将视频素材导入“本地”选项卡中，单击视频素材右下角的“添加到轨道”按钮，如图 3–43 所示。

▶▷ 步骤 2 执行操作后，即可将视频素材添加到视频轨道中，并复制该视频素材粘贴至画中画轨道中，如图 3–44 所示。

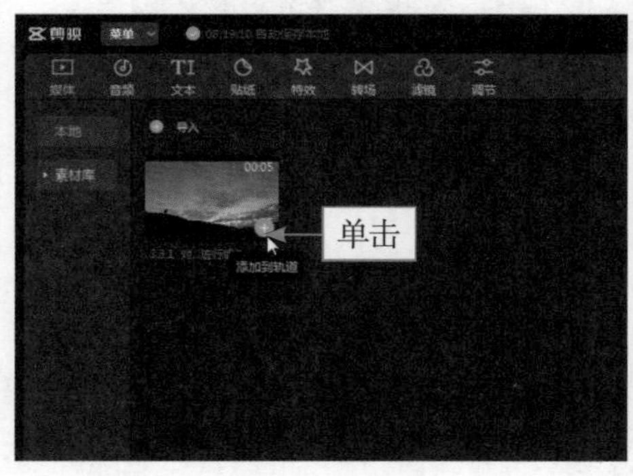

图 3–43 单击“添加到轨道”按钮

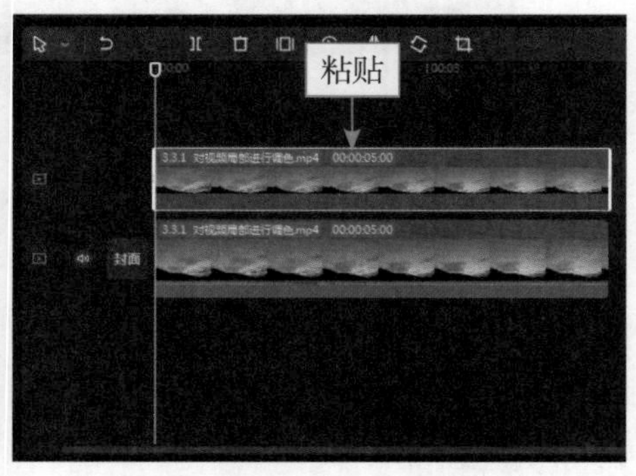

图 3–44 复制视频素材粘贴至画中画轨道中

▶▷ 步骤 3 为了只调整天空的色彩。❶切换至“蒙版”选项卡；❷选择“线性”选项；❸调整蒙版线的位置和角度，如图 3-45 所示。

图 3-45 调整蒙版线的位置和角度

▶▷ 步骤 4 ❶单击“调节”按钮；❷在“基础”调节面板中拖动滑块，设置“色调”参数和“饱和度”参数都为 50，调整局部色彩，使天空中的夕阳更加漂亮，如图 3-46 所示，执行所有操作后，即可调整局部的色彩。

图 3-46 设置相关参数

3.3.2 利用抠像突出主体

【效果说明】在剪映中，可以运用“智能抠像”功能抠出人像，然后再对人像进行磨皮瘦脸，以及调节色彩的操作。在不大改环境色彩的情况下，突出人像主体，让人像更加完美。原图与效果对比如图 3-47 所示。

扫码看案例效果 扫码看教学视频

图 3-47　原图与效果对比

步骤 1　在剪映中将素材导入“本地”选项卡中，单击素材右下角的“添加到轨道”按钮，如图 3-48 所示。

步骤 2　执行操作后，即可将素材添加到视频轨道中，并复制该素材粘贴至画中画轨道中，如图 3-49 所示。

图 3-48　单击“添加到轨道”按钮

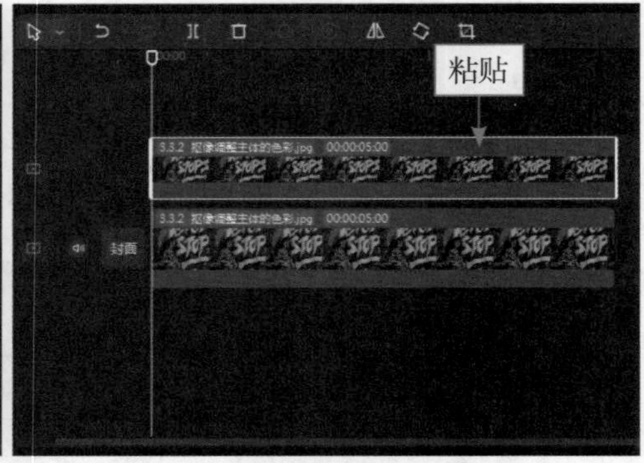

图 3-49　复制视频素材粘贴至画中画轨道中

步骤 3　可以看到人像面部色彩比较暗淡。❶切换至“抠像”选项卡；❷选中“智能抠像”复选框，如图 3-50 所示，抠出人像。

图 3-50　选中“智能抠像”复选框

▶▷ 步骤 4　在“基础”选项卡中拖动滑块，设置“磨皮”参数和“瘦脸”参数都为 100，如图 3-51 所示，美化人像脸部。

图 3-51　设置相关参数（1）

▶▷ 步骤 5　❶单击“调节”按钮；❷在“基础”调节面板中拖动滑块，设置“亮度”参数为 11、设置“光感”参数为 6，提亮人像的皮肤色彩，如图 3-52 所示。

图 3-52　设置相关参数（2）

▶▷ 步骤 6　❶单击“特效”按钮；❷在“氛围”选项卡中单击“星火Ⅱ”特效右下角的“添加到轨道”按钮＋，如图 3-53 所示，添加特效并调整特效的时长。

▶▷ 步骤 7 ❶单击“音频”按钮；❷在“收藏”选项区中单击所选音乐右下角的“添加到轨道”按钮，为视频添加合适的背景音乐，如图 3-54 所示。

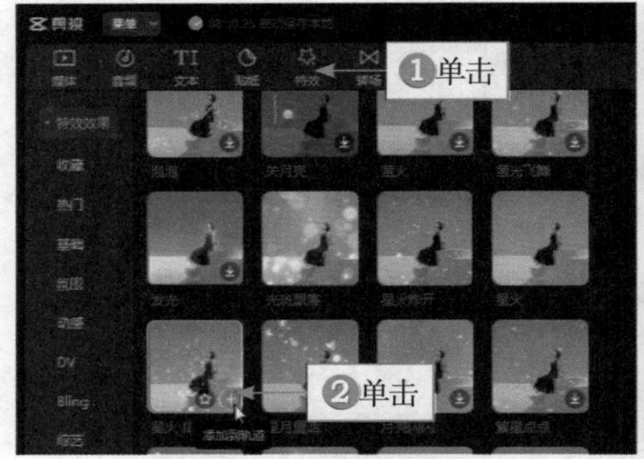

图 3-53 单击“添加到轨道”按钮（2）

图 3-54 单击“添加到轨道”按钮（3）

第4章 自建调色预设

在剪映中，通过自建调色预设可以节省调色的时间，还可以自建有个人风格的调色模板，对于用户来说，方便又实用。本章主要介绍如何调出复古森系色调、浪漫粉紫色调、梦幻漫画色调和唯美明艳色调，再通过创建预设保存色调。

新手重点索引

- 认识和设置预设
- 调色案例

效果图片欣赏

4.1 认识和设置预设

预设在字面上的意思是指前提、先设和前设，也就是在某件事情发生之前的假设，在调色层面则是指提前设定好的调节色彩参数，作为套用的调色模板。在剪映中设置预设通常是指设置“自定义调节”参数，用户可以根据自己的调色喜好来设置相关参数。

扫码看教学视频

4.1.1 预设的原理

剪映中的预设在“我的预设”选项区中，如图 4-1 所示。其工作原理就是通过保存预设的不同设置组合，在之后的调色过程中能够快速获得视频调色效果。按照喜欢的方式设置预设参数后，就可以保存和使用，甚至可以在其他视频中重复使用。

预设可以节省调色的时间，对于初学者来说，是一个非常方便和快捷的工具，学会预设调色，可以极大地提高你的调色技能。

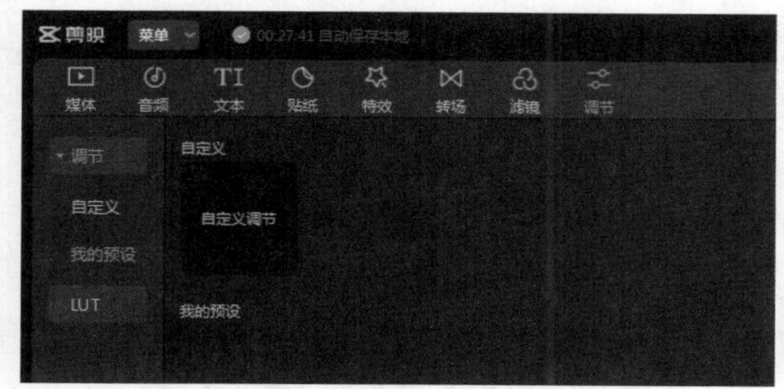

图 4-1 “我的预设”选项区

在剪映中单击“调节”按钮，在“基础”“HSL”“曲线”和“色轮”面板中设置相关参数后，单击“保存预设”按钮即可设置预设，如图 4-2 所示。通常只要改变一个参数就可以设置预设，但具体的参数还是要根据实际的视频画面来设置。

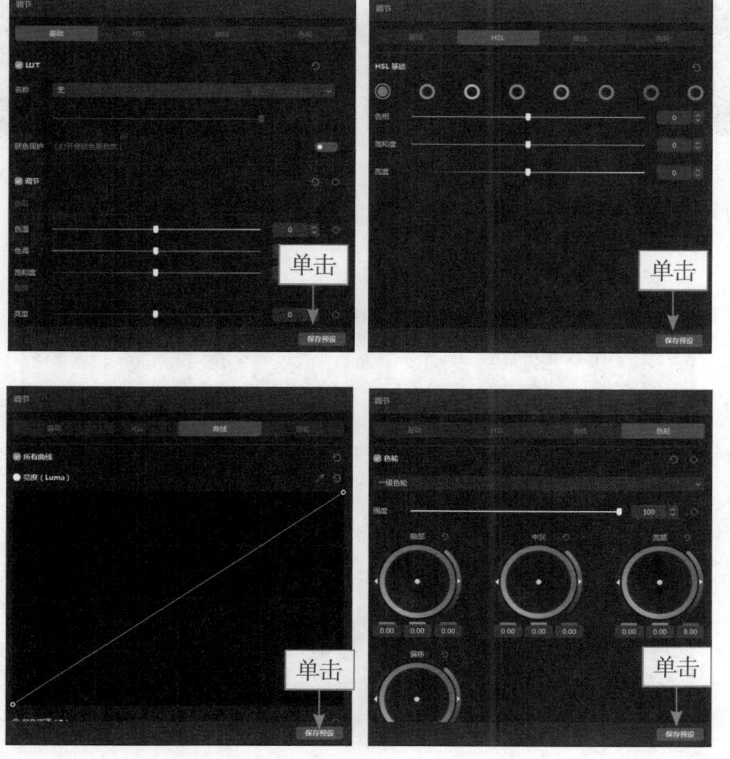

图 4-2 单击“保存预设”按钮

4.1.2 如何使用预设调色

扫码看教学视频

保存好的预设是固定不变的，但后期可以根据画面的需要，编辑和调整相关参数，让画面色彩呈现出理想的效果。下面将介绍如何使用预设调色。

▶▷ 步骤 1 在剪映中将素材导入“本地”选项卡中，单击视频素材右下角的“添加到轨道”按钮+，将素材添加到视频轨道中，如图 4-3 所示。

▶▷ 步骤 2 ❶单击“调节”按钮；❷在“我的预设”选项区中单击“清新”预设右下角的“添加到轨道”按钮+，如图 4-4 所示。

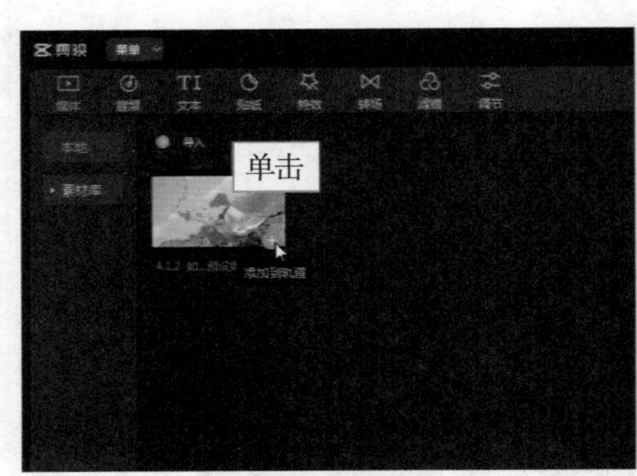

图 4-3 单击相应按钮（1）

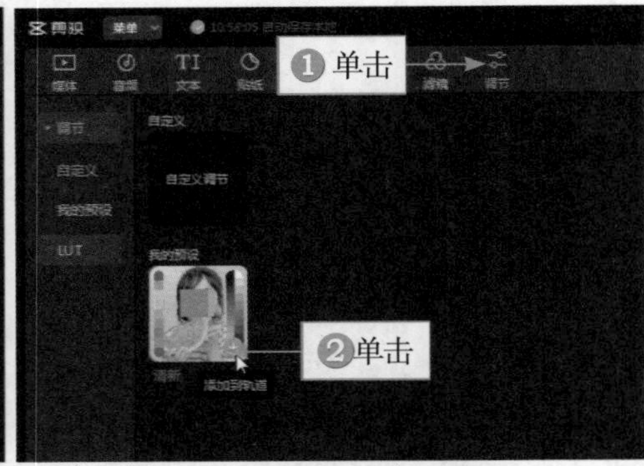

图 4-4 单击相应按钮（2）

▶▷ 步骤 3 时间线面板中会生成一条“调节 1”轨道，在“调节”复选框中则会显示相关调节参数，这些参数就是“清新”预设中的参数，如图 4-5 所示。

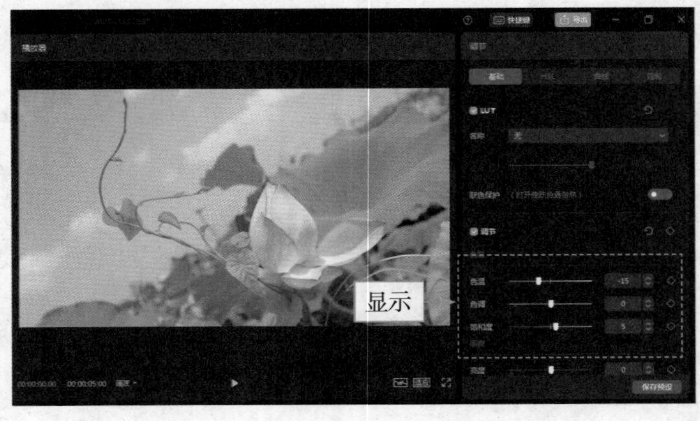

图 4-5 显示相关调节参数

▶▷ 步骤 4　为了让画面色彩更加理想，在“调节”面板中拖动滑块，设置“色温”参数为 -22、“饱和度”参数为 17、“亮度”参数为 -13、“对比度”参数为 10、“光感”参数为 10，如图 4-6 所示，调整画面的色彩和明度。

▶▷ 步骤 5　❶切换至 HSL 选项卡；❷选择洋红色选项◎；❸拖动滑块，设置“色相”参数为 -100、“饱和度”参数为 71、“亮度”参数为 19，如图 4-7 所示，调整花朵的色彩。

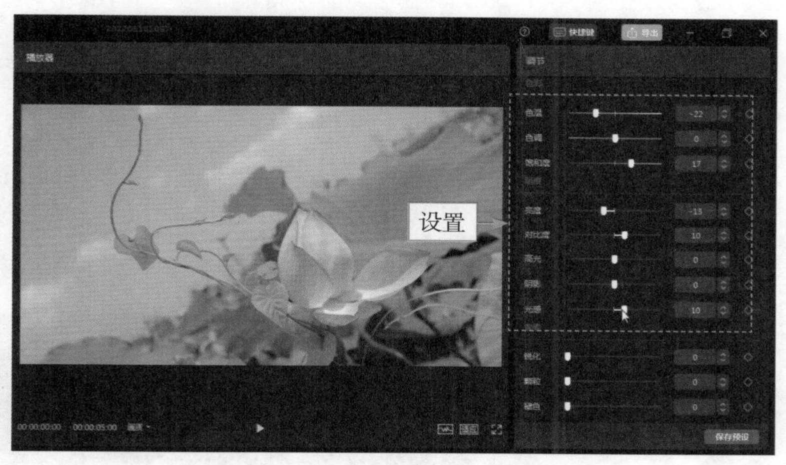

图 4-6　设置相应的参数（1）

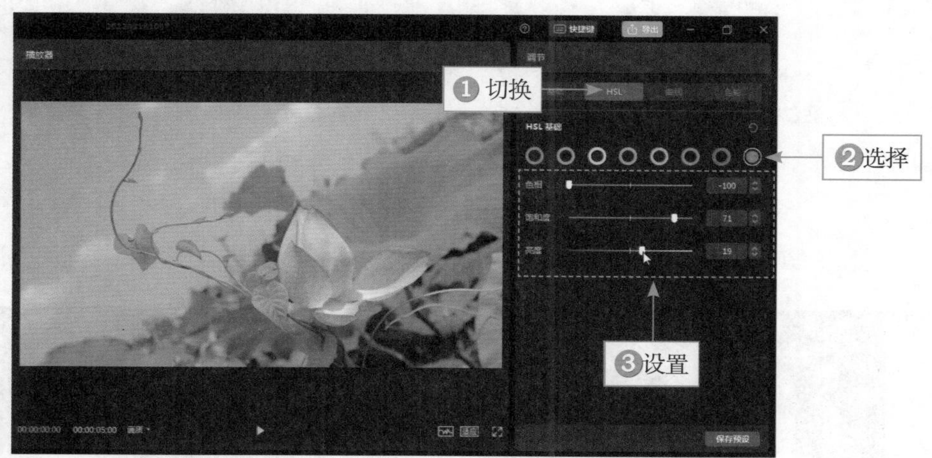

图 4-7　设置相应的参数（2）

> 专家指点：进行 HSL 调色的诀窍在于分析画面中的色彩构成，然后从色彩着手进行调色，就能快速调出理想的色调。

4.2 调色案例

调色完成后，可以自建调色预设，下次遇到类似场景时，就可以直接套用预设进行调色，节省调色的时间。下面以案例的方式介绍复古森系色调、浪漫粉紫色调、梦幻漫画色调和唯美明艳色调的调色方法。

4.2.1 复古森系色调

【效果说明】复古森系色调是比较清新、偏森林的颜色，很适合用在有植物元素出现的视频中。复古森系色调最重要的就是处理绿色，方法主要是降低绿色饱和度，使其偏墨绿色，至于画面中的其他颜色，可以根据具体画面调整参数。原图与效果对比如图 4-8 所示。

扫码看案例效果

扫码看教学视频

图 4-8 原图与效果对比

▶▷ 步骤 1 在剪映中将视频素材导入“本地”选项卡中，单击视频素材右下角的“添加到轨道”按钮，把素材添加到视频轨道中，如图 4-9 所示。

▶▷ 步骤 2 ❶单击“滤镜”按钮；❷切换至“风景”选项卡；❸单击“京都”滤镜右下角的“添加到轨道”按钮，如图 4-10 所示，给视频进行初步调色。

图 4-9 单击“添加到轨道”按钮（1）

图 4-10 单击“添加到轨道”按钮（2）

▶▷ 步骤 3 在时间线面板中调整"京都"滤镜的时长，使其末端对齐视频素材的末尾位置，如图 4-11 所示。

▶▷ 步骤 4 在"滤镜"面板中拖动滑块，设置"强度"参数为 80，如图 4-12 所示，减淡滤镜效果。

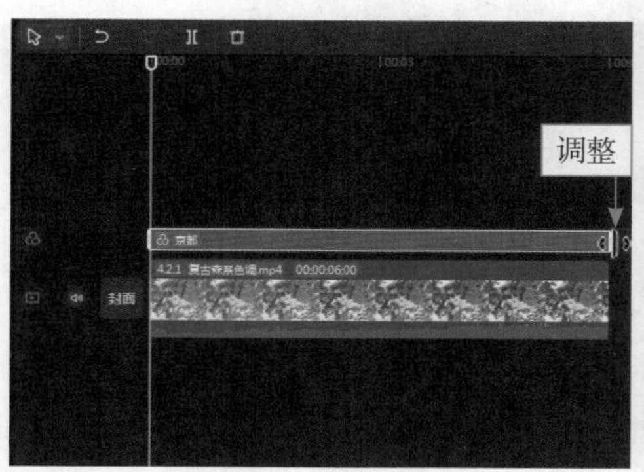

图 4-11 调整"京都"滤镜的时长

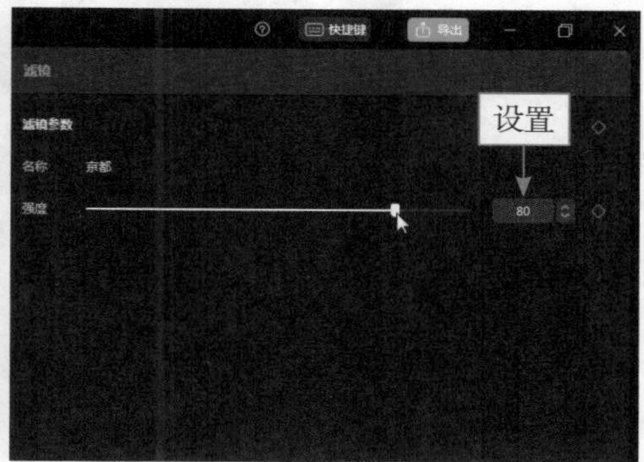

图 4-12 设置"强度"参数

▶▷ 步骤 5 选择视频素材，❶单击"调节"按钮；❷在"调节"面板中拖动滑块，设置"亮度"参数为 -8、"对比度"参数为 6、"高光"参数为 -10、"阴影"参数为 -8、"光感"参数为 -8，如图 4-13 所示，调整画面的明度，降低曝光。

▶▷ 步骤 6 拖动滑块，设置"色温"参数为 -9、"色调"参数为 -9、"饱和度"参数为 -10，如图 4-14 所示，使画面色彩偏冷色调。

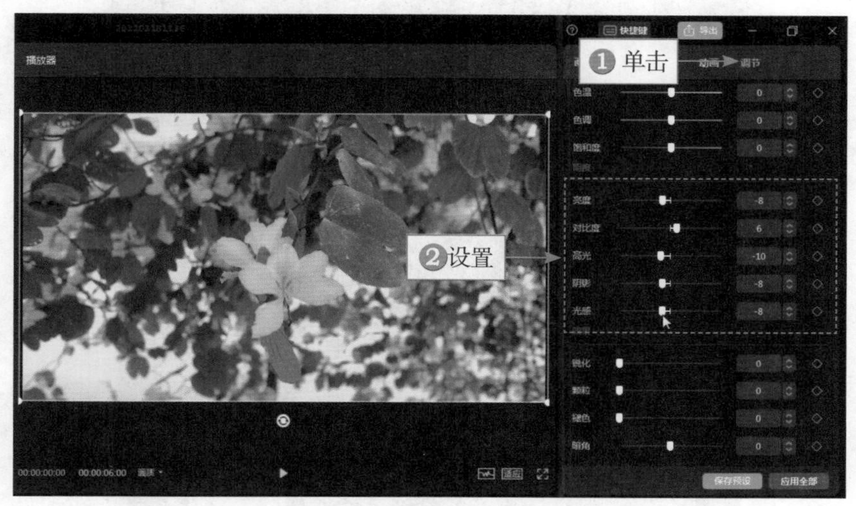

图 4-13 设置相应的参数（1）

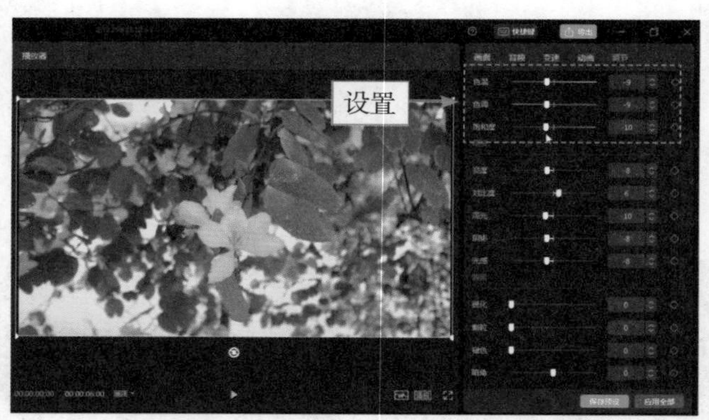

图 4-14　设置相应的参数（2）

▶▷ 步骤 7　❶切换至 HSL 选项卡；❷选择黄色选项◎；❸拖动滑块，设置“色相”参数为 14、“饱和度”参数为 -13、“亮度”参数为 -11，降低画面中的黄色，如图 4-15 所示。

图 4-15　设置相应的参数（3）

▶▷ 步骤 8　❶选择绿色选项◎；❷拖动滑块，设置“色相”参数为 17、“饱和度”参数为 -16、“亮度”参数为 -17，让画面中的绿色变得低饱和，如图 4-16 所示。

图 4-16　设置相应的参数（4）

▶▷ 步骤 9　❶选择青色选项◎；❷拖动滑块，设置“色相”参数为 17、“饱和度”参数为 -16、“亮度”参数为 -17，使画面偏墨绿色，如图 4-17 所示。

图 4-17　设置相应的参数（5）

▶▷ 步骤 10　❶选择橙色选项◎；❷拖动滑块，设置“饱和度”参数为 -100，使背景中的橙色消失，如图 4-18 所示。

▶▷ 步骤 11　❶选择蓝色选项◎；❷拖动滑块，设置“饱和度”参数为 -100，使背景中的蓝色消失；❸单击“保存预设”按钮设置预设，如图 4-19 所示。

图 4-18　设置相应的参数（6）

▶▷ 步骤 12　❶在弹出的面板中输入“复古森系”文字；❷单击“保存”按钮，如图 4-20 所示。

▶▷ 步骤 13　之后即可在“我的预设”选项区中设置“复古森系”预设，如图 4-21 所示。

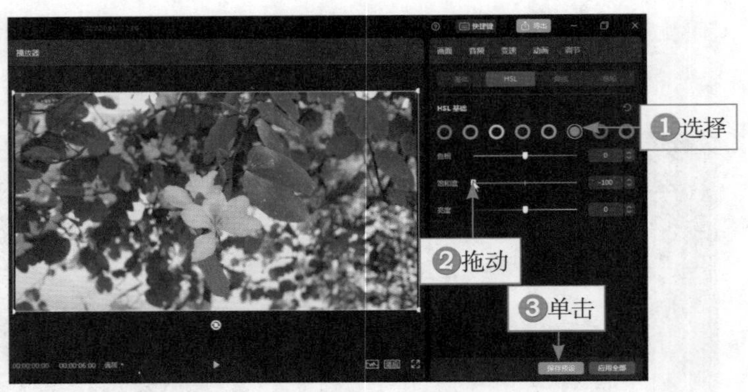

图 4-19　单击“保存预设”按钮

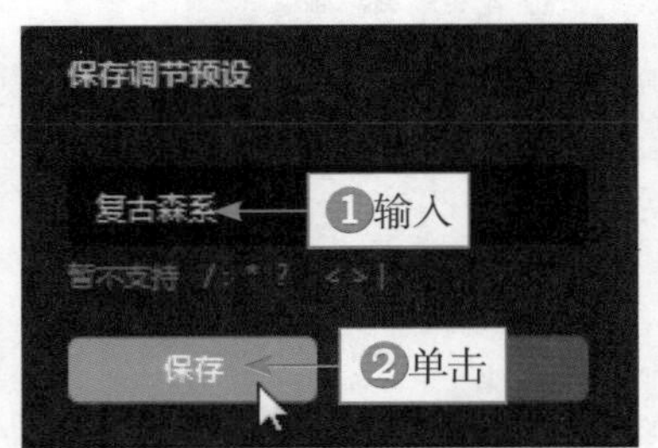

图 4-20　单击“保存”按钮

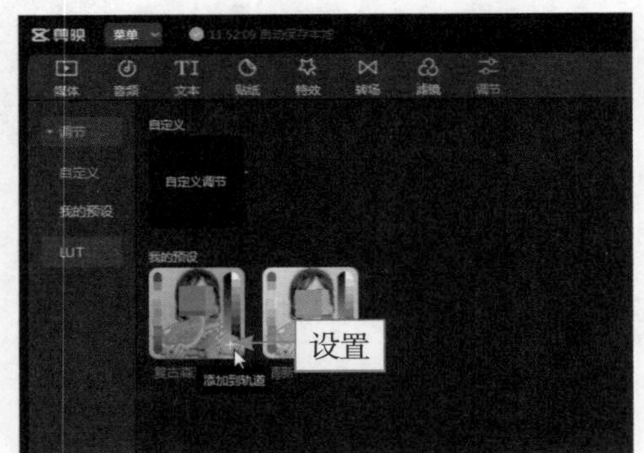

图 4-21　设置“复古森系”预设

4.2.2　浪漫粉紫色调

【效果说明】浪漫粉紫色调非常适合用在天空和大海视频中，尤其是有夕阳云彩的天空，这种色调十分浪漫，并且令人感到平和。原图与效果对比如图 4-22 所示。

扫码看案例效果　扫码看教学视频

图 4-22　原图与效果对比

▷▷ 步骤 1 在剪映中将视频素材导入“本地”选项卡中，单击视频素材右下角的“添加到轨道”按钮＋，如图 4-23 所示。

▷▷ 步骤 2 把素材添加到视频轨道中，如图 4-24 所示。

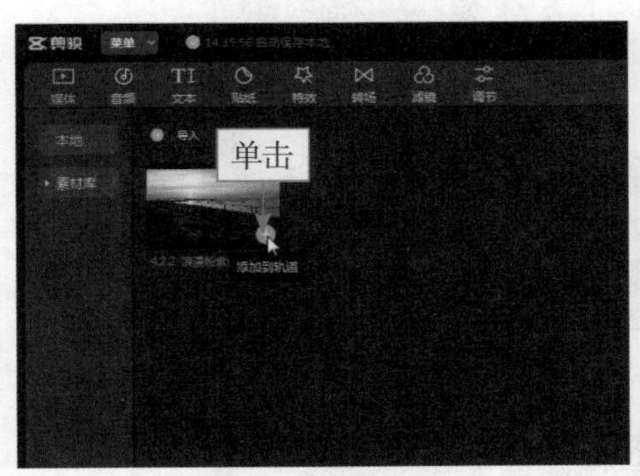

图 4-23 单击“添加到轨道”按钮（1）

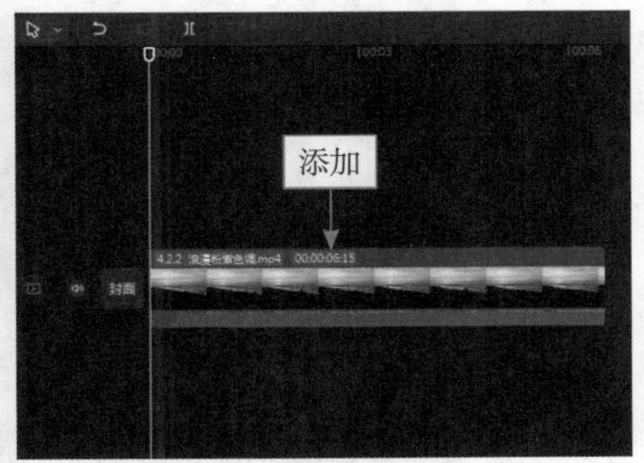

图 4-24 把素材添加到视频轨道中

▷▷ 步骤 3 ❶单击“滤镜”按钮；❷切换至“风景”选项卡；❸单击“暮色”滤镜右下角的“添加到轨道”按钮＋，如图 4-25 所示。

▷▷ 步骤 4 在时间线面板中调整“暮色”滤镜的时长，使其末端对齐视频素材的末尾位置，如图 4-26 所示。

图 4-25 单击“添加到轨道”按钮（2）

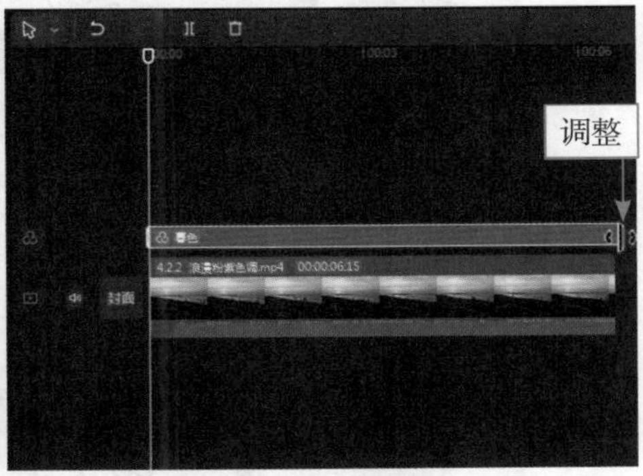

图 4-26 调整“暮色”滤镜的时长

▷▷ 步骤 5 选择视频素材，❶单击“调节”按钮；❷在“调节”面板中拖动滑块，设置“亮度”参数为 3、“对比度”参数为 4、“高光”参数为 5、“锐化”参数为 5，如图 4-27 所示，调整画面的明度，提高画面的清晰度。

▷▷ 步骤 6 拖动滑块，设置“色温”参数为 4、“色调”参数为 5、“饱和度”参数为 13，如图 4-28 所示，调整画面的色彩。

图 4-27　设置相应的参数（1）

图 4-28　设置相应的参数（2）

▶▷ 步骤 7　切换至“曲线”选项卡，在“蓝色通道”选项区中向上微微拖动蓝色曲线，增加画面中的紫色，如图 4-29 所示。

图 4-29　拖动蓝色曲线

▶▷ 步骤 8 ❶切换至 HSL 选项卡；❷选择洋红色选项●；❸拖动滑块，设置“色相”参数为 -50、“饱和度”参数为 23，微微调整画面中的粉紫色；❹单击“保存预设”按钮设置预设，如图 4-30 所示。

图 4-30 单击“保存预设”按钮

▶▷ 步骤 9 ❶在弹出的面板中输入“浪漫粉紫”文字；❷单击“保存”按钮，如图 4-31 所示。

▶▷ 步骤 10 之后即可在“我的预设”选项区中设置“浪漫粉紫”预设，如图 4-32 所示。

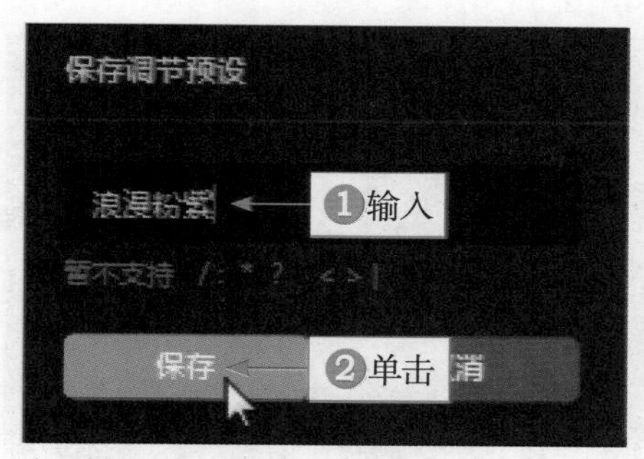

图 4-31 单击“保存”按钮

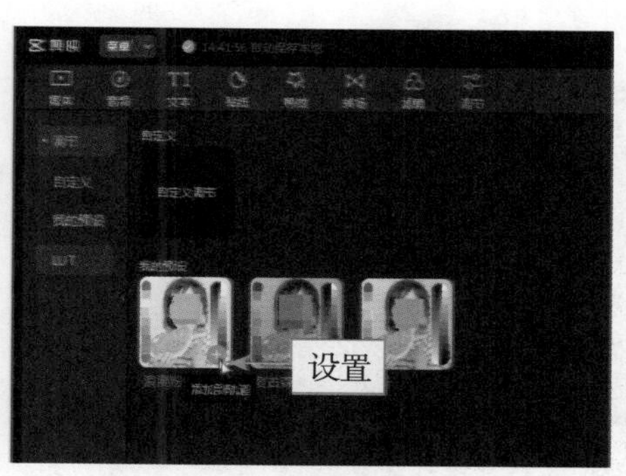

图 4-32 设置“浪漫粉紫”预设

4.2.3 梦幻漫画色调

【效果说明】梦幻漫画色调的特点就是光线明亮，暗部细节非常清晰，冷暖色对比十分强烈，颜色较为鲜艳，天空也非常蓝，这种色调常用在建

扫码看案例效果

扫码看教学视频

筑和风景视频中，能让现实中的画面变成如动漫中的画面一般。原图与效果对比如图 4-33 所示。

图 4-33　原图与效果对比

▶▷ 步骤 1　在剪映中将视频素材导入“本地”选项卡中，单击视频素材右下角的“添加到轨道”按钮，如图 4-34 所示。

▶▷ 步骤 2　把素材添加到视频轨道中，如图 4-35 所示。

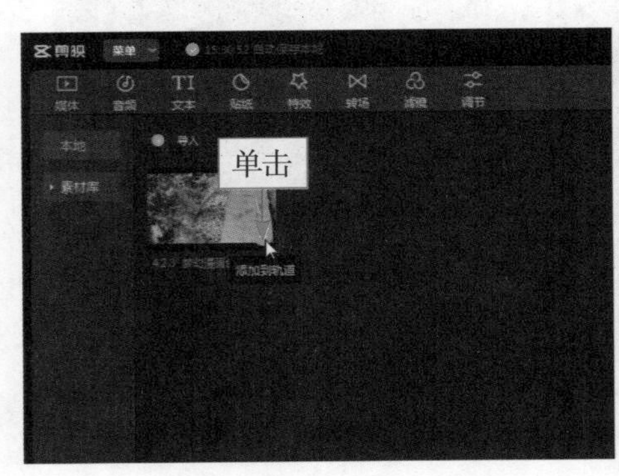

图 4-34　单击“添加到轨道”按钮（1）

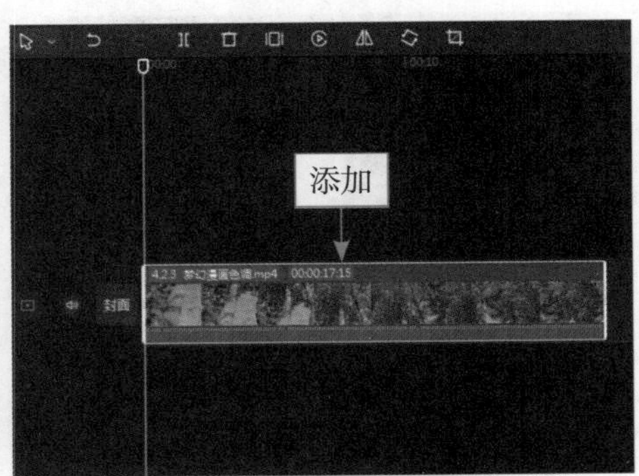

图 4-35　把素材添加到视频轨道中

▶▷ 步骤 3　❶单击“滤镜”按钮；❷切换至“风景”选项卡；❸单击“仲夏”滤镜右下角的“添加到轨道”按钮，如图 4-36 所示。

▶▷ 步骤 4　在时间线面板中调整“仲夏”滤镜的时长，使其末端对齐视频素材的末尾位置，如图 4-37 所示。

图 4-36 单击“添加到轨道”按钮（2）

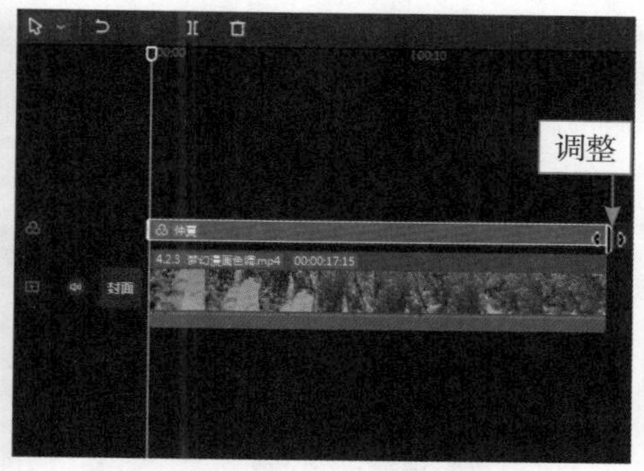

图 4-37 调整“仲夏”滤镜的时长

▶▷ 步骤 5 选择视频素材，❶单击“调节”按钮；❷在“调节”面板中拖动滑块，设置“对比度”参数为 -7、“高光”参数为 9、“阴影”参数为 4、“锐化”参数为 13，如图 4-38 所示，调整画面的明度，提高画面清晰度。

图 4-38 设置相应的参数（1）

▶▷ 步骤 6 拖动滑块，设置“色温”参数为 -10、“色调”参数为 4、“饱和度”参数为 7，如图 4-39 所示，使画面偏冷色调。

图 4-39 设置相应的参数（2）

▶▷ 步骤 7　❶切换至 HSL 选项卡；❷选择青色选项◎；❸拖动滑块，设置“色相”参数为 30、“饱和度”参数为 15、“亮度”参数为 20，使天空偏青色，如图 4-40 所示。

图 4-40　设置相应的参数（3）

▶▷ 步骤 8　❶选择绿色选项◎；❷拖动滑块，设置“色相”参数为 18、“饱和度”参数为 13、“亮度”参数为 14，使树叶的色彩更加饱满；❸单击“保存预设”按钮设置预设，如图 4-41 所示。

图 4-41　单击“保存预设”按钮

▶▷ 步骤 9　❶在弹出的面板中输入“梦幻漫画”文字；❷单击“保存”按钮，如图 4-42 所示。

▶▷ 步骤 10　之后即可在“我的预设”选项区中设置“梦幻漫画”预设，如图 4-43 所示。

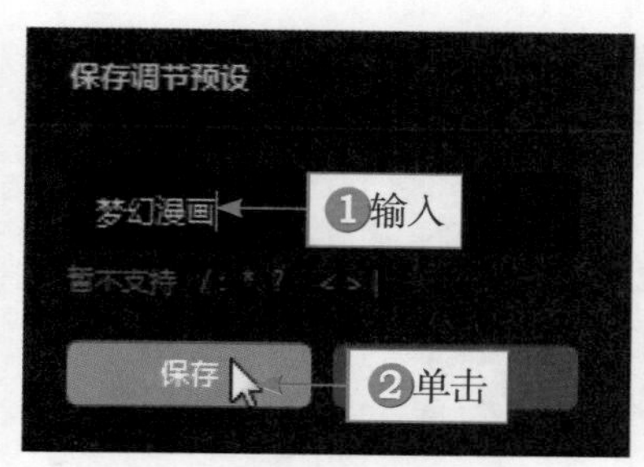

图 4-42　单击“保存”按钮

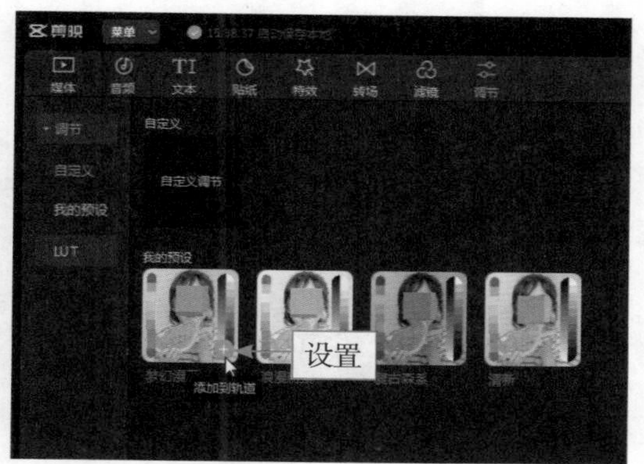

图 4-43　设置“梦幻漫画”预设

▶▷ 步骤 11　拖动时间指示器至视频 00:00:10:22 的位置，❶单击“贴纸”按钮；❷搜索“你好春天”贴纸；❸单击所选贴纸右下角的“添加到轨道”按钮+，如图 4-44 所示。

▶▷ 步骤 12　调整贴纸的时长，使其末端对齐视频素材的末尾位置，如图 4-45 所示。

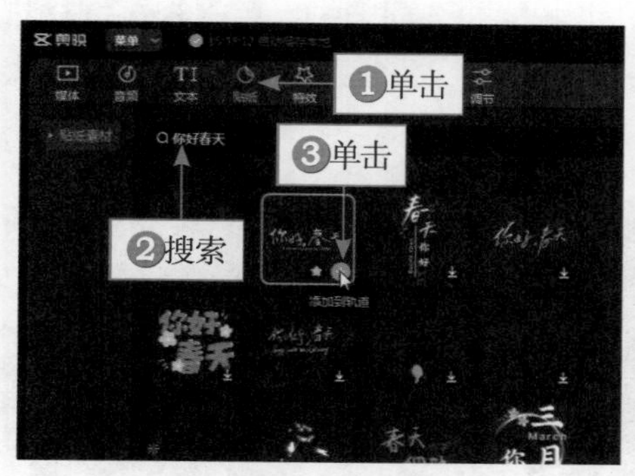

图 4-44　单击“添加到轨道”按钮（3）

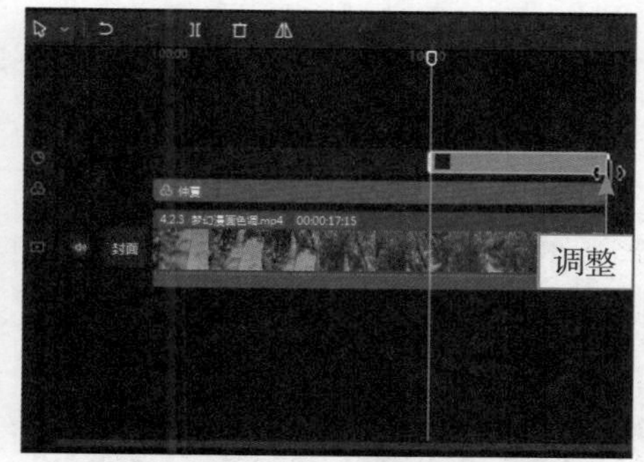

图 4-45　调整贴纸的时长

专家指点：在剪映中调完色后，可以运用剪映中的其他功能，为视频添加特效、文字或者贴纸等元素，让视频画面效果更加完美。对于后期调色，举一反三十分重要，强记参数和硬套预设并不是万能的，先掌握方法，再调出自己的特色才是最实用的。

4.2.4　唯美明艳色调

扫码看案例效果

扫码看教学视频

【效果说明】唯美明艳色调非常适合用在花朵等五颜六色的视频中，能让原本光线不好的画面变得明亮鲜艳，增强视觉上的冲击力，从而突出画面中的各种细节，展示不一样的画面色彩。原图与效果对比如图 4-46 所示。

图 4-46　原图与效果对比

▶▷ 步骤 1　在剪映中将视频素材导入“本地”选项卡中，单击视频素材右下角的“添加到轨道”按钮，如图 4-47 所示。

▶▷ 步骤 2　把素材添加到视频轨道中，如图 4-48 所示。

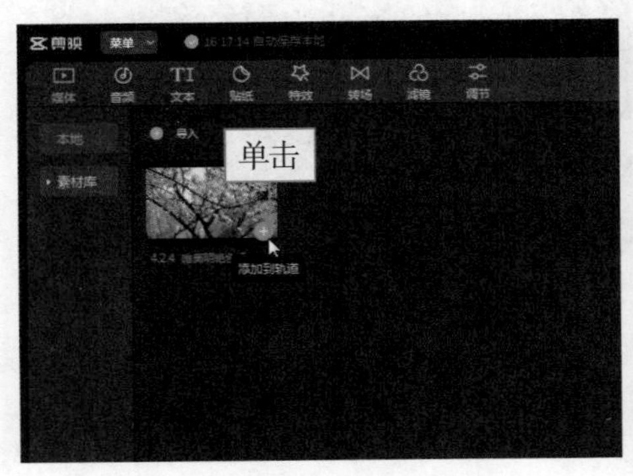

图 4-47　单击“添加到轨道”按钮（1）

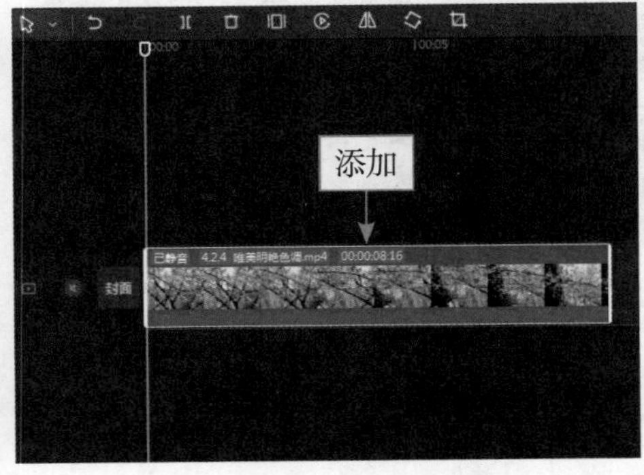

图 4-48　把素材添加到视频轨道中

▶▷ 步骤 3　选择视频素材，❶单击“调节”按钮；❷在“调节”面板中拖动滑块，设置“亮度”参数为 5、“对比度”参数为 5、“阴影”参数为 4、“光感”参数为 4、“锐化”参数为 5，如图 4-49 所示，调整画面的明度，提高画面清晰度。

▶▷ 步骤 4　拖动滑块，设置“色温”参数为 -9、“色调”参数为 13、“饱和度”参数为 25，如图 4-50 所示，使花朵色彩更加饱满。

图 4-49　设置相应的参数（1）

图 4-50　设置相应的参数（2）

步骤 5　❶切换至 HSL 选项卡；❷选择红色选项◎；❸拖动滑块，设置“饱和度”参数为 17、“亮度”参数为 8，使画面中的红色更加鲜艳，如图 4-51 所示。

图 4-51　设置相应的参数（3）

步骤 6　❶选择橙色选项◎；❷拖动滑块，设置“色相”参数为 9、

“饱和度”参数为 12、“亮度”参数为 12，使画面中橙色叶子的颜色更鲜艳，如图 4-52 所示。

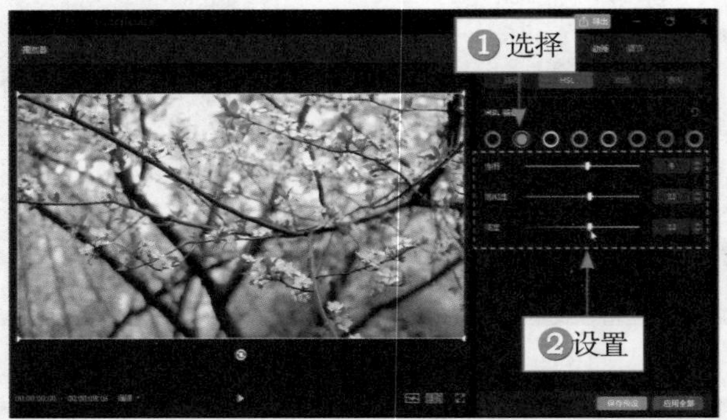

图 4-52 设置相应的参数（4）

▶▷ 步骤 7 ❶选择绿色选项◎；❷拖动滑块，设置“饱和度”参数为 9、“亮度”参数为 6，使画面中绿色叶子的颜色更鲜艳一些，如图 4-53 所示。

图 4-53 设置相应的参数（5）

▶▷ 步骤 8 ❶选择洋红色选项◎；❷拖动滑块，设置“色相”参数为 6、“饱和度”参数为 12、“亮度”参数为 8，使花朵更加粉嫩；❸单击“保存预设”按钮设置预设，如图 4-54 所示。

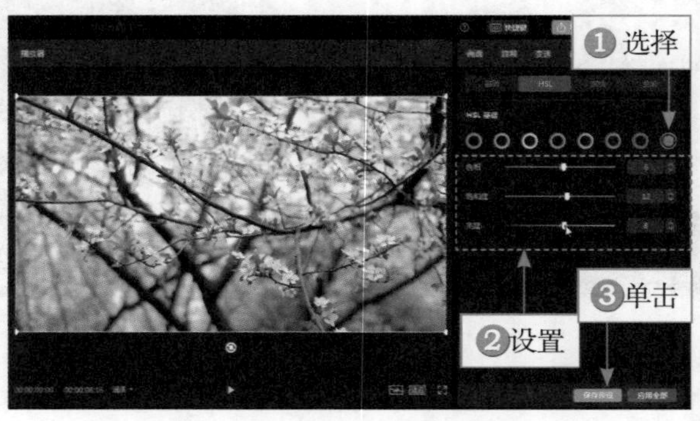

图 4-54 单击“保存预设”按钮

▷▷ 步骤 9　❶在弹出的面板中输入“唯美明艳”文字；❷单击“保存”按钮，如图 4-55 所示。

▷▷ 步骤 10　之后即可在“我的预设”选项区中设置“唯美明艳”预设，如图 4-56 所示。

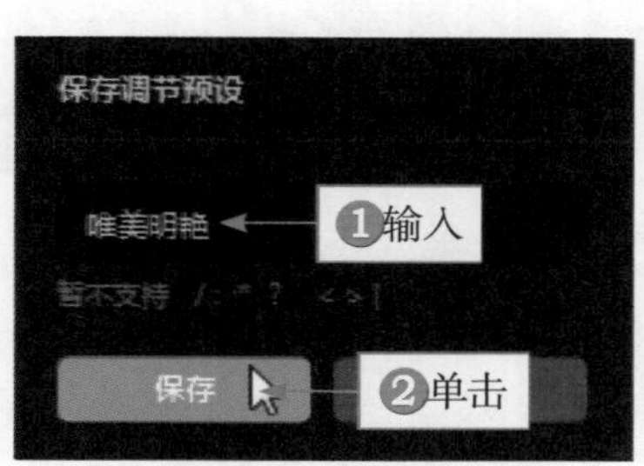

图 4-55　单击“保存”按钮

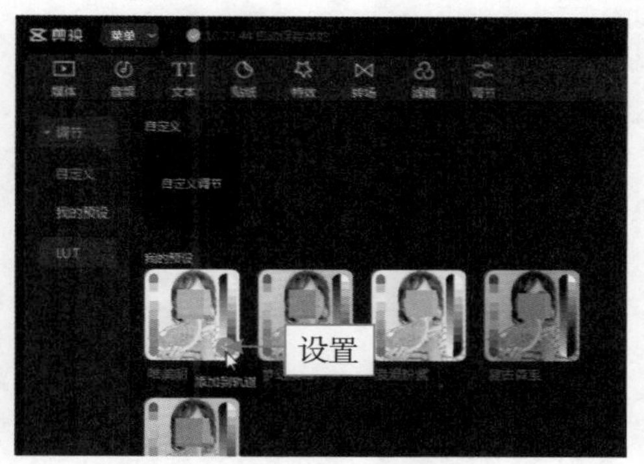

图 4-56　设置“唯美明艳”预设

▷▷ 步骤 11　❶单击“特效”按钮；❷切换至“自然”选项卡；❸单击“落樱”特效右下角的“添加到轨道”按钮，如图 4-57 所示。

▷▷ 步骤 12　调整“落樱”特效的时长，使其末端对齐视频素材的末尾位置，如图 4-58 所示。

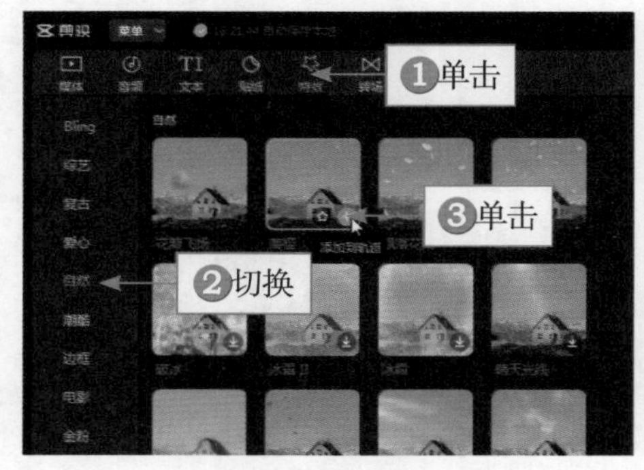

图 4-57　单击“添加到轨道”按钮（2）

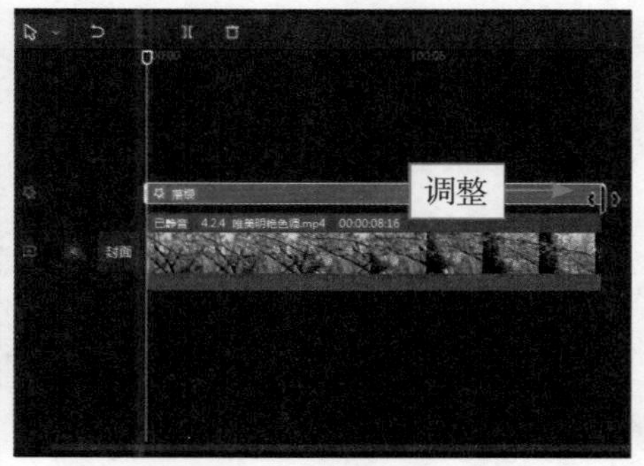

图 4-58　调整“落樱”特效的时长

第 5 章

借用 LUT 预设调色

LUT 调色是剪映中的特色和亮点，这个功能让视频的专业化调色有了更多选择。本章主要带领大家认识 LUT 工具，介绍如何在剪映中导入和应用 LUT 工具，以及利用 LUT 渲染青蓝色调、青黄色调和青橙色调。

新手重点索引

- 认识 LUT 工具
- 在剪映中添加 LUT
- 利用 LUT 渲染色彩

效果图片欣赏

5.1 认识 LUT 工具

LUT 这个工具看起来很复杂，其实和滤镜有部分相似，它们都是调色的模板，不同之处在于滤镜是对画面的整体产生影响，如黄色的画面不可能通过添加滤镜而变绿，相反，LUT 工具则是非常自由的，可以改变色相、明度和饱和度等参数。本节主要介绍 LUT 是什么和 LUT 的格式。

5.1.1 LUT 是什么

LUT 是指显示查找表（Look-Up-Table），用简明易懂的说法就是：用户添加 LUT 后，可以将原始的 RGB 值输出为设定好的 RGB 值，从而改变画面的色相与明度。还可以用模型的方式来理解，如图 5-1 所示。

如果我们规定：

当原始R值为0时，输出R值为5；

当原始R值为1时，输出R值为6；

当原始R值为2时，输出R值为8；

当原始R值为3时，输出R值为10；

…

一直到R值为255

当原始G值为0时，输出G值为10；

当原始G值为1时，输出G值为12；

当原始G值为2时，输出G值为13；

当原始G值为3时，输出G值为15；

…

一直到G值为255

当原始B值为0时，输出B值为0；

当原始B值为1时，输出B值为0；

当原始B值为2时，输出B值为1；

当原始B值为3时，输出B值为1；

…

一直到B值为255

图 5-1　用模型的方式来理解

例如，输出之前的三原色是 RGB（2,3,1），设置 LUT 之后的输出值则是 RGB（8,15,0）。简而言之，LUT 工具就是帮助我们把原始 RGB 值转化为输出 RGB 值。

如果还是觉得很深奥，可以把 LUT 工具看作一种预设或者滤镜，通过应用 LUT 就能渲染画面色彩。LUT 在照片和视频领域中应用广泛，就算是跨平台的 LUT，通过视频编辑软件或者修图软件也可以通用。比如，在剪映中添加 LUT，可以将其他平台中的 LUT 应用到视频中。如图 5-2 所示，应用其他平台中的 LUT 之后，视频画面变得更有电影感。

图 5-2　应用 LUT 之后的画面对比

5.1.2 LUT 的格式

目前 LUT 应用最多的主要有 3D LUT 和 1D LUT，不管什么 LUT，它们的主要作用就是校准、技术转换和制作创意 LUT。校准 LUT 主要修正显示器不准确的方面，从而确保显示器能够显示准确的图像；技术转换 LUT 主要是用在单反和摄像机中，用来还原色彩；制作创意 LUT 也就是风格化调色，和滤镜发挥一样的作用。

1D LUT 映射 RGB 三个通道，也是在视频调色软件中比较常用的 LUT。

LUT 主要来源于厂商和部分商业性的网站，主要格式有：3DL、cube、CSP、ICC 配置文件。通常在剪映中应用最多的 LUT 格式是 cube，当然由于设备的差异，格式表现会有所不同。

> 专家指点：在 LUTCalc 网站可以下载和调试技术转换类的 LUT。

5.2 在剪映中添加 LUT

在部分调色网站中可以下载 LUT 文件，下载到电脑中之后，就可以把 LUT 文件导入剪映中，之后就可以应用 LUT 工具调色了。

扫码看教学视频

5.2.1 导入 LUT 文件

在其他网站把 LUT 文件下载至电脑中后，需要导入剪映软件中，这样才能应用 LUT 工具。下面介绍如何导入 LUT 文件。

步骤 1 ❶在剪映中单击“调节”按钮；❷切换至 LUT 选项卡；❸单击“导入 LUT”按钮，如图 5-3 所示。

步骤 2 ❶在弹出的对话框中选择 The LUT Bundle 文件夹；❷单击“打开”按钮，如图 5-4 所示，打开该文件夹。

步骤 3 ❶选择 @aaronbhall 文件夹；❷单击“打开”按钮，如图 5-5 所示。

步骤 4 ❶全选文件夹中的 .cube 文件；❷单击“打开”按钮，如图 5-6 所示。

步骤 5 剪映界面中弹出“导入素材”进度提示对话框，如图 5-7 所示。

▶▷ 步骤 6　导入成功后，即可在 LUT 选项卡中查看导入的 LUT 文件，如图 5-8 所示。

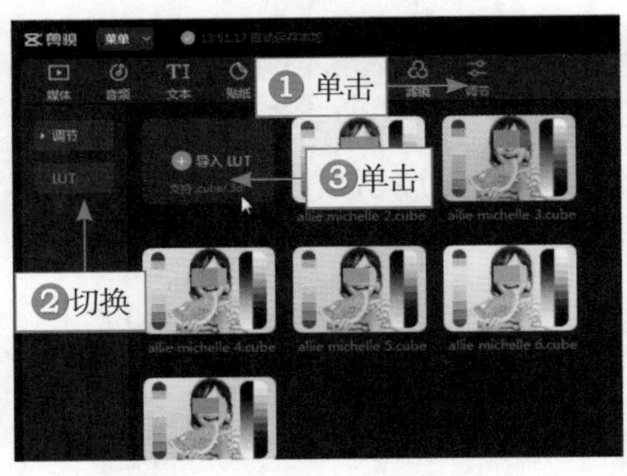

图 5-3　单击“导入 LUT”按钮

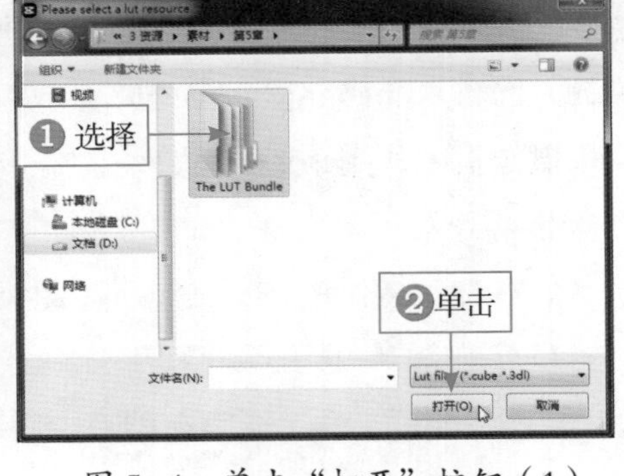

图 5-4　单击“打开”按钮（1）

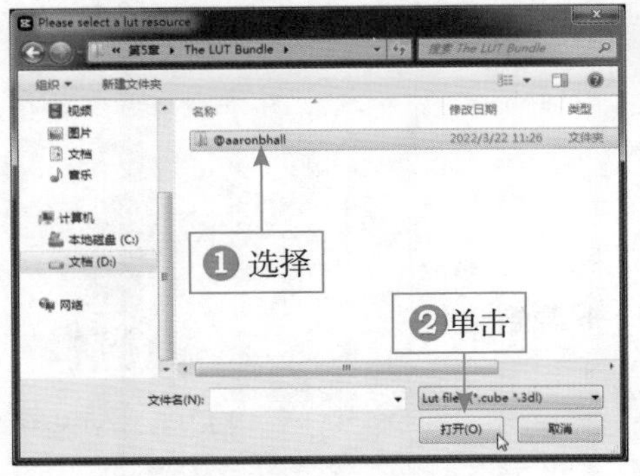

图 5-5　单击“打开”按钮（2）

图 5-6　单击“打开”按钮（3）

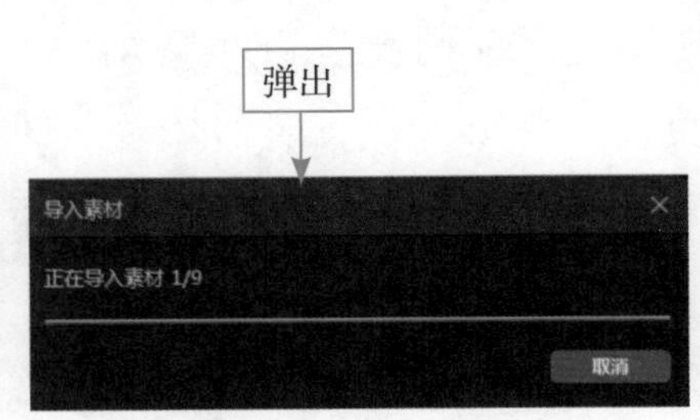

图 5-7　弹出“导入素材”对话框

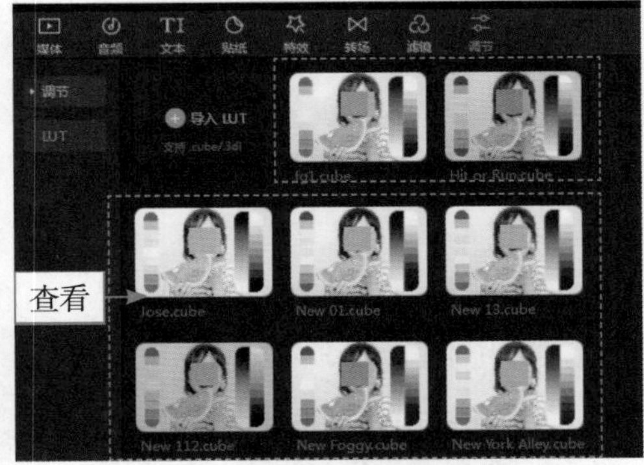

图 5-8　查看导入的 LUT 文件

5.2.2 应用 LUT 工具

多种多样的 LUT，能够快速渲染图像的色彩，帮助用户处理图像，提升图像的质感。下面介绍如何应用 LUT 工具。

扫码看教学视频

▷▷ 步骤 1 在剪映中将素材导入“本地”选项卡中，单击素材右下角的“添加到轨道”按钮，把素材添加到视频轨道中，如图 5-9 所示。

▷▷ 步骤 2 ❶在剪映中单击“调节”按钮；❷切换至 LUT 选项卡；❸单击 Alen Palander-Big Sur.cube 右下角的“添加到轨道”按钮，应用 LUT，如图 5-10 所示。

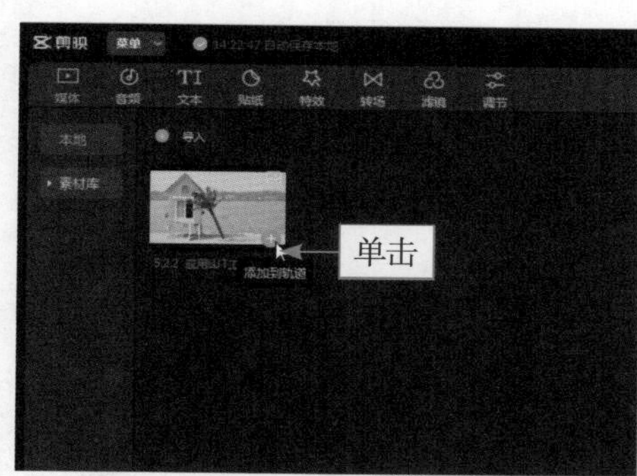

图 5-9 单击“添加到轨道”按钮（1）

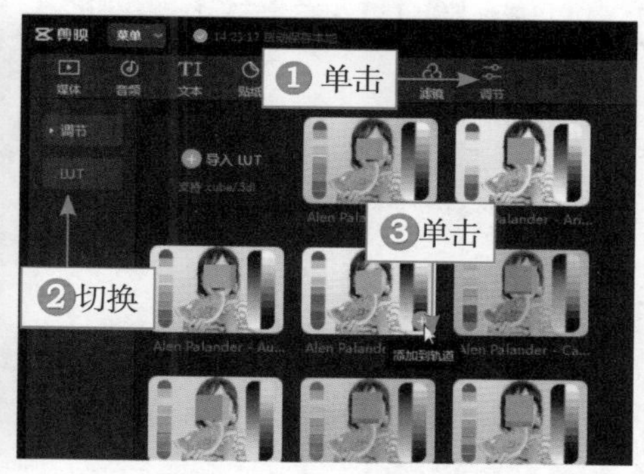

图 5-10 单击“添加到轨道”按钮（2）

▷▷ 步骤 3 拖动滑块，设置“强度”参数为 90，微微调整画面的色彩，如图 5-11 所示。

图 5-11 设置“强度”参数为 90

▷▷ 步骤 4 调色完成后，预览画面前后对比效果，如图 5-12 所示，可以看到应用 LUT 工具之后，光线不足的画面变得鲜艳了，也增强了冷暖色对比，图像更有质感。

图 5-12　预览画面前后对比效果

5.3　利用 LUT 渲染色彩

LUT 比滤镜更突出的优势在于，应用 LUT 后，还可以调整 LUT 的色彩、明度和效果，从而达到理想的画面效果。下面介绍如何利用 LUT 渲染色彩。

5.3.1　渲染青蓝色调

【效果说明】青蓝色调是非常有高级感的一个色调，青蓝色能将蓝色的优点放大，突出沉静简约的画面气质，这种色调非常有质感，非常适合用在有湖水、海水之类的视频中。原图与效果对比如图 5-13 所示。

扫码看案例效果　扫码看教学视频

图 5-13　原图与效果对比

▶▷ 步骤 1　在剪映中将视频素材导入“本地”选项卡中，单击视频素材右下角的“添加到轨道”按钮，如图 5-14 所示。

▶▷ 步骤 2　把素材添加到视频轨道中，如图 5-15 所示。

图 5-14　单击“添加到轨道”按钮（1）

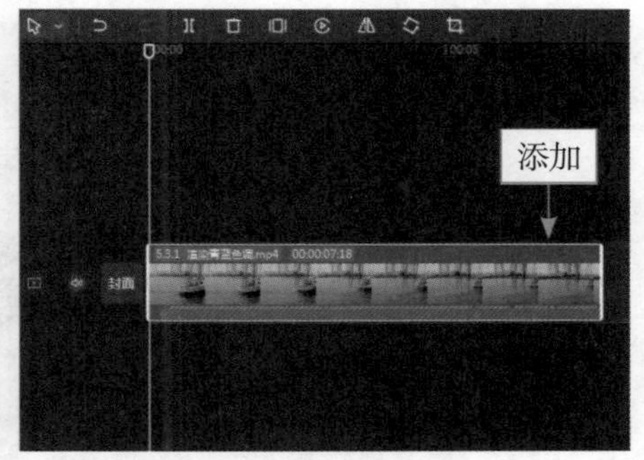

图 5-15　把素材添加到视频轨道中

▷▷ 步骤 3　❶单击“调节”按钮；❷切换至 LUT 选项卡；❸单击 allie michelle 3.cube 右下角的“添加到轨道”按钮，应用 LUT，如图 5-16 所示。

▷▷ 步骤 4　在时间线面板中生成一条“调节 1”轨道，调整其时长，使其末端对齐视频末尾位置，如图 5-17 所示。

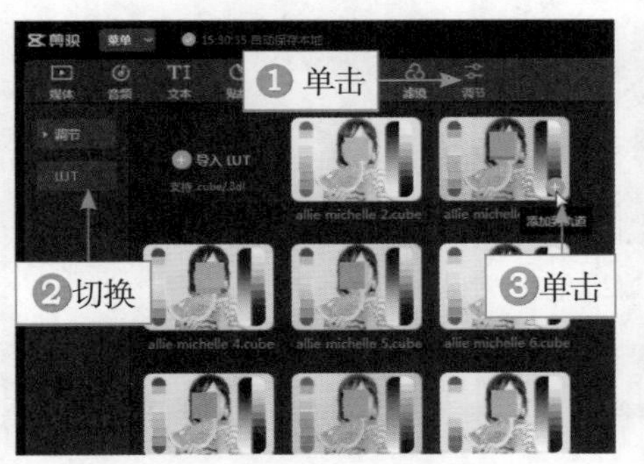

图 5-16　单击“添加到轨道”按钮（2）

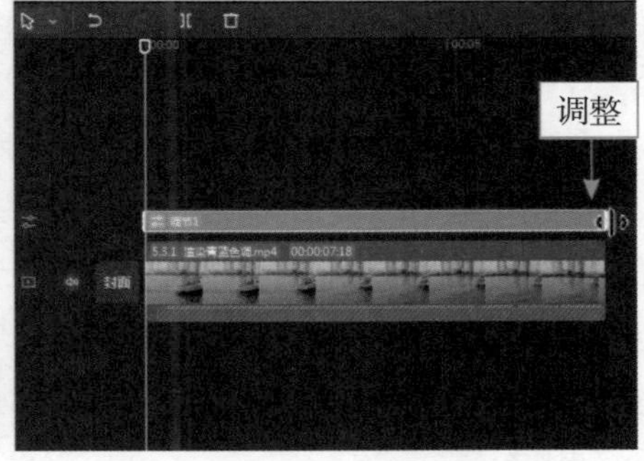

图 5-17　调整“调节 1”的时长

▷▷ 步骤 5　在“调节”面板中拖动滑块，设置“强度”参数为 82，如图 5-18 所示，减淡一些 LUT 的应用强度。

图 5-18　设置“强度”参数

第 5 章　借用 LUT 预设调色

▶▷ 步骤 6　选择视频素材，❶单击“调节”按钮；❷在“调节”面板中拖动滑块，设置“饱和度”参数为 6、“高光”参数为 6、“光感”参数为 4、“锐化”参数为 4，如图 5-19 所示，调整画面的明度和色彩，使青蓝色调更加自然。

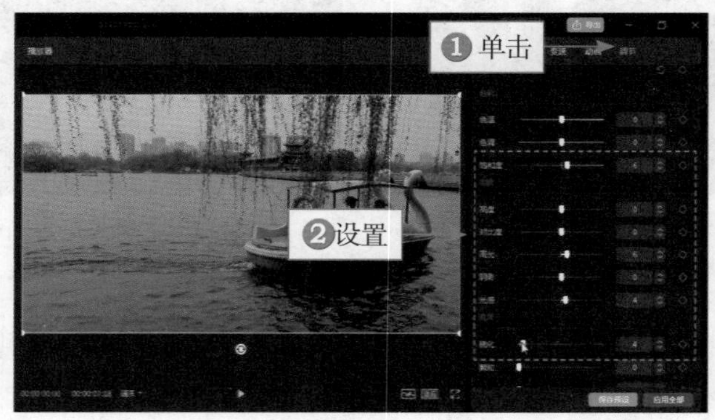

图 5-19　设置相应的参数

5.3.2　渲染青黄色调

【效果说明】青黄色调非常小清新，画面中淡淡的青色和黄色，用在蓝天和有黄色物体的视频中刚刚好，就如同清新电影一般美好，给人一种治愈和轻松的感觉，而且青黄色调能使画面看起来更加干净。原图与效果对比如图 5-20 所示。

扫码看案例效果　扫码看教学视频

图 5-20　原图与效果对比

▶▷ 步骤 1　在剪映中将视频素材导入“本地”选项卡中，单击视频素材右下角的“添加到轨道”按钮，如图 5-21 所示。

▶▷ 步骤 2　把素材添加到视频轨道中，如图 5-22 所示。

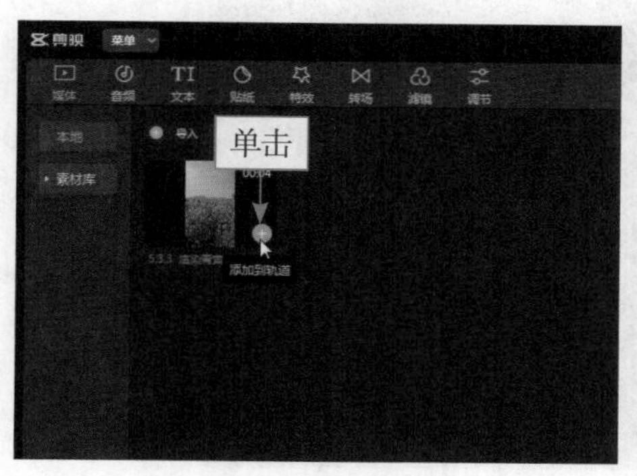

图 5-21　单击“添加到轨道”按钮（1）

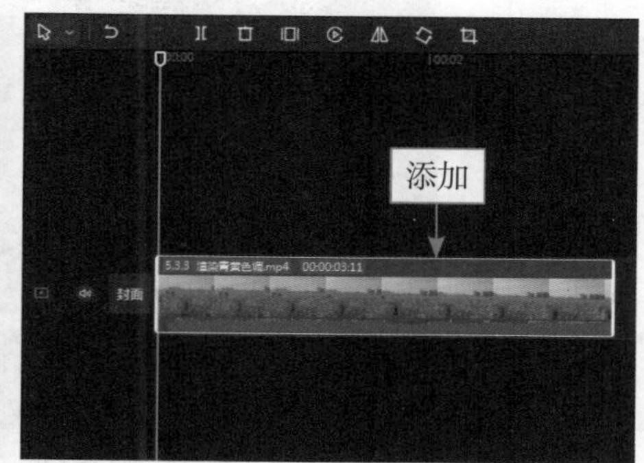

图 5-22　把素材添加到视频轨道中

▶▷ 步骤 3　❶在剪映中单击“调节”按钮；❷切换至 LUT 选项卡；❸单击 New York Alley.cube 右下角的“添加到轨道”按钮，应用 LUT，如图 5-23 所示。

▶▷ 步骤 4　在时间线面板中调整“调节 1”的时长，使其末端对齐视频素材的末尾位置，如图 5-24 所示。

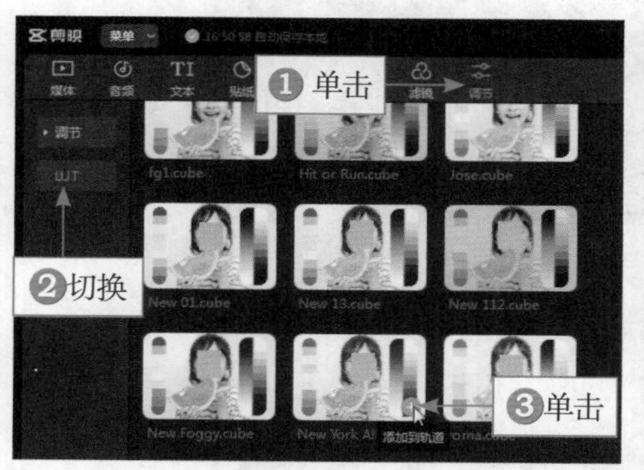

图 5-23　单击“添加到轨道”按钮（2）

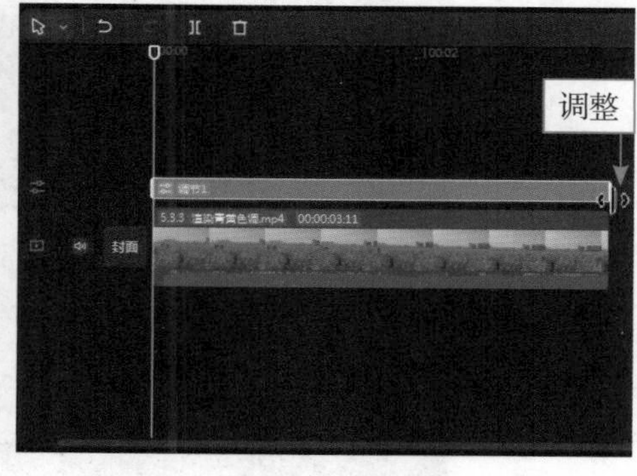

图 5-24　调整“调节 1”的时长

▶▷ 步骤 5　在“调节”面板中拖动滑块，设置“强度”参数为 80，如图 5-25 所示，减淡一些 LUT 的应用强度。

▶▷ 步骤 6　继续拖动滑块，设置“色温”参数为 7、“色调”参数为 -13、“饱和度”参数为 4、“亮度”参数为 4、“对比度”参数为 4，如图 5-26 所示，调节 LUT 中的部分参数，使画面偏青黄色。

图 5-25　设置“强度”参数

图 5-26　设置相应的参数（1）

▶▷ 步骤 7　选择视频素材，❶单击“调节”按钮；❷在“曲线”选项卡向下微微拖动红色曲线，如图 5-27 所示，使画面偏青色。

图 5-27　拖动红色曲线

▶▷ 步骤 8　在“曲线”选项卡向下微微拖动蓝色曲线，如图 5-28 所示，使画面偏黄色。

图 5-28　拖动蓝色曲线

▶▷ 步骤 9　❶切换至 HSL 选项卡；❷选择青色选项◎；❸拖动滑块，设置“饱和度”参数为 100、“亮度”参数为 -100，使青色更加突出一些，如图 5-29 所示。

图 5-29　设置相应的参数（2）

▶▷ 步骤 10　❶单击“贴纸”按钮；❷搜索“春”贴纸；❸单击所选贴纸右下角的“添加到轨道”按钮＋，如图 5-30 所示。

▶▷ 步骤 11　调整贴纸的时长，使其末端对齐视频的末尾位置，如图 5-31 所示。

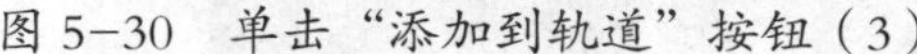
图 5-30　单击“添加到轨道”按钮（3）

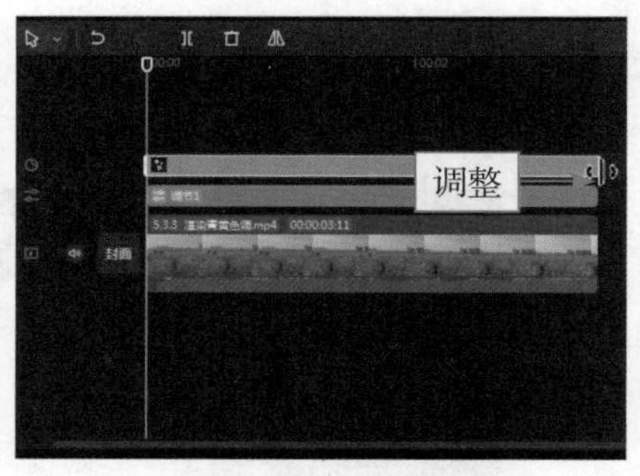

图 5-31　调整贴纸的时长

▷▷ 步骤 12　调整贴纸的大小和位置，使其处于画面左上角，如图 5-32 所示。

图 5-32　调整贴纸的大小和位置

5.3.3　渲染青橙色调

【效果说明】青橙色调主要以青色和橙色为主调，这种色调下的画面色彩比较大气，很适合用在古建筑及带有黄色或者红色物体的视频中，这个色调下的建筑物明亮恢宏，具有古色古韵。原图与效果对比如图 5-33 所示。

扫码看案例效果　扫码看教学视频

图 5-33　原图与效果对比

▷▷ 步骤 1 单击“本地”选项卡中视频素材右下角的“添加到轨道”按钮 ，如图 5-34 所示。

▷▷ 步骤 2 把素材添加到视频轨道中，如图 5-35 所示。

图 5-34 单击“添加到轨道”按钮（1）

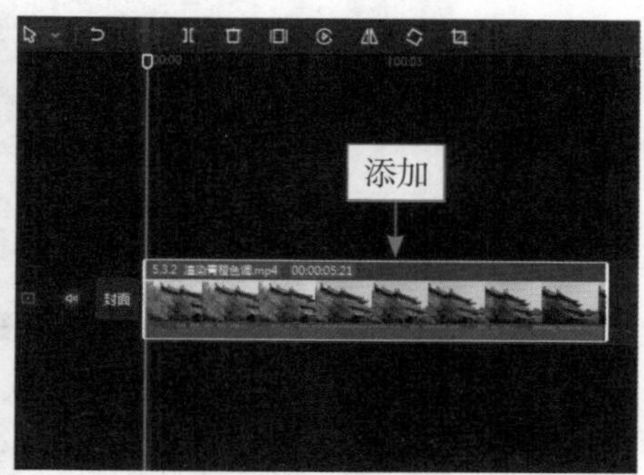

图 5-35 把素材添加到视频轨道中

▷▷ 步骤 3 ❶在剪映中单击“调节”按钮；❷切换至 LUT 选项卡；❸单击 Alen Palander-Istanbul.cube 右下角的“添加到轨道”按钮 ，应用 LUT，如图 5-36 所示。

▷▷ 步骤 4 调整“调节 1”的时长，使其末端对齐视频素材的末尾位置，如图 5-37 所示。

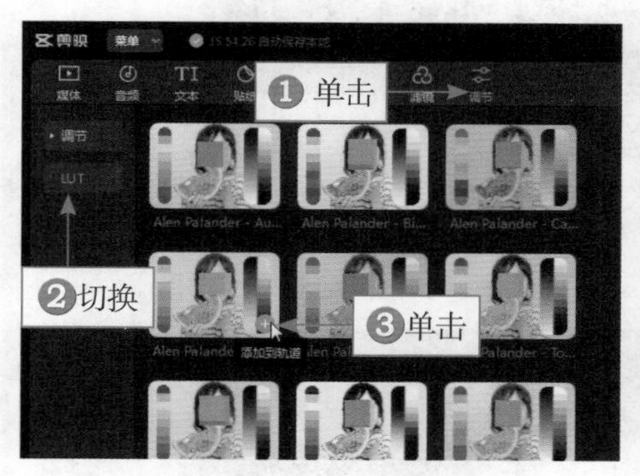

图 5-36 单击“添加到轨道”按钮（2）

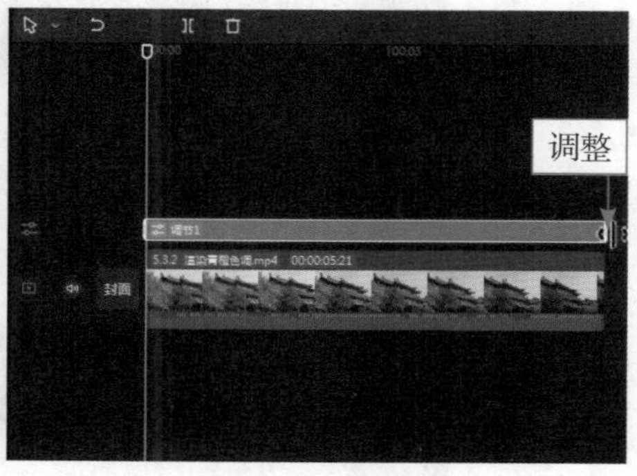

图 5-37 调整“调节 1”的时长

▷▷ 步骤 5 在“调节”面板中拖动滑块，设置“强度”参数为 70，如图 5-38 所示，减淡一些 LUT 的应用强度。

▷▷ 步骤 6 选择视频素材，❶单击“调节”按钮；❷拖动滑块，设置“亮度”参数为 1、“对比度”参数为 8、“高光”参数为 -25、“光感”参数为 8，如图 5-39 所示，使画面变得通透。

图 5-38 设置“强度”参数

图 5-39 设置相应的参数（1）

▶▷ 步骤 7 拖动滑块，设置“色温”参数为 -10、“色调”参数为 -9、“饱和度”参数为 5，微微调整画面中的色彩，如图 5-40 所示。

图 5-40 设置相应的参数（2）

▶▷ 步骤 8 ❶切换至 HSL 选项卡；❷选择橙色选项；❸拖动滑块，设置“色相”参数为 19、“饱和度”参数为 17、“亮度”参数为 8，使画面中的橙色更加突出一些，如图 5-41 所示。

图 5-41 设置相应的参数（3）

▶▷ 步骤 9 ❶选择青色选项；❷拖动滑块，设置“色相”参数为 11、“饱和度”参数为 8、“亮度”参数为 9，使青色更加突出一些，如图 5-42 所示。

图 5-42 设置相应的参数（4）

▶▷ 步骤 10 ❶单击“特效”按钮；❷切换至“氛围”选项卡；❸单击“星火”特效右下角的“添加到轨道”按钮，如图 5-43 所示。

▶▷ 步骤 11 调整"星火"特效的时长，使其末端对齐视频的末尾位置，如图 5-44 所示。

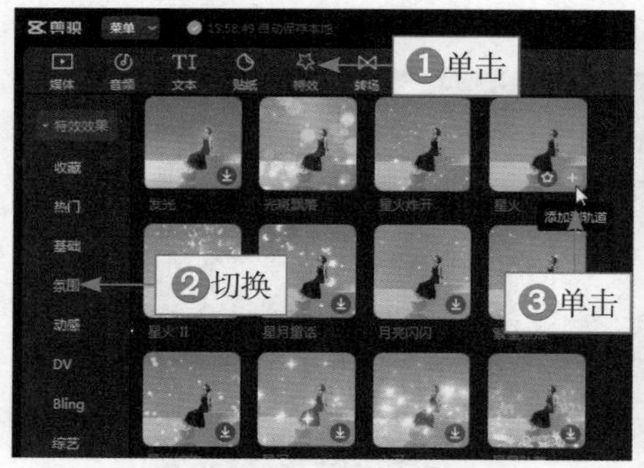

图 5-43 单击"添加到轨道"按钮（3）

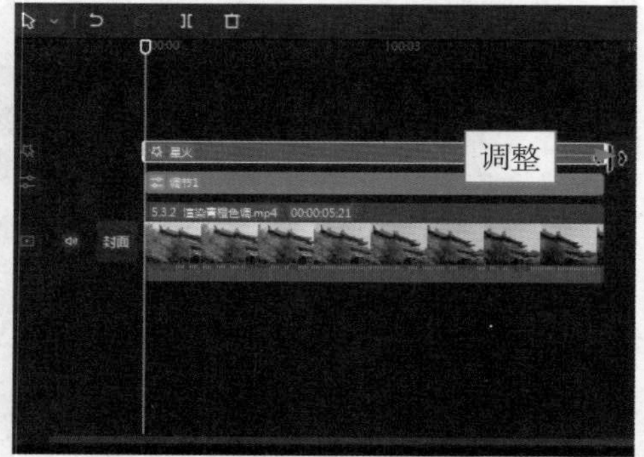

图 5-44 调整"星火"特效的时长

第6章 电影风格调色

“电影感”由很多元素构成。例如，独特的构图、高分辨率的画面、多种运镜方式、景深等画面效果，但就调色来说，这是电影后期中最必不可少的一个环节，好的电影色调能让视频更具“电影感”，也能更方便地诠释电影的主题。本章主要为大家解析部分电影的色调，帮助大家理清思路，从而也能调出相同的电影色调。

新手重点索引

- 《天使爱美丽》电影调色
- 《地雷区》电影调色
- 《月升王国》电影调色
- 《小森林·夏秋篇》电影调色
- 《布达佩斯大饭店》电影调色

效果图片欣赏

6.1 《天使爱美丽》电影调色

电影《天使爱美丽》色调对比强烈，极具风格化，在色彩的表现下，传递的是主角艾米丽有趣和独特的灵魂。一部温暖搞笑的喜剧离不开后期调色，高饱和的冷暖色对比是这部电影的调色风格，也是其灵魂所在。本节主要解析电影《天使爱美丽》的色调和介绍调色方法。

6.1.1 调色解说

暖色调与冷色调互补，突出这两种色调之间的冷暖对比，能够让电影画面效果更加鲜艳和引人注目。

在色相环中，假如分割线穿插于紫色与浅绿色之间，则分割线右侧的红色、橙色、黄色等颜色就是暖色，左侧的蓝色、青色和绿色等颜色就是冷色，如图 6-1 所示。

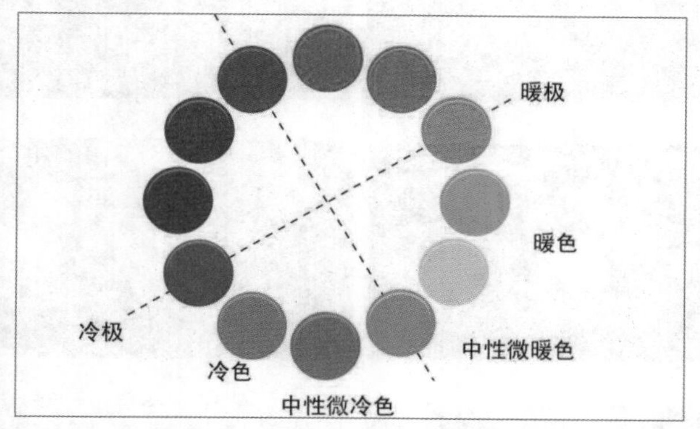

图 6-1 暖色与冷色的色相图对比

好莱坞的电影一般都喜欢用冷暖对比色调，这种色调能为电影效果带来不一样的视觉体验。尤其是偏复古和梦幻的电影，如《好莱坞往事》和《爱乐之城》。

在电影《天使爱美丽》中，红色、橙色等暖色调与绿色、蓝色等冷色调的对比配合用到了极致，整部电影在这两种色调的调和下产生了不一样的化学反应，如图 6-2 所示。高饱和的强对比色调，也表现了有“心脏病”的女主艾米丽在追求爱情中的矛盾与挣扎。

图 6-2 电影《天使爱美丽》中的暖色调与冷色调对比

6.1.2 调色方法

【效果说明】原电影画面色调偏暗，且色彩饱和度不高，冷暖色对比不够强烈，因此，后期调色需要提高画面中暖色和冷色的饱和度，增强对比。原图与效果对比如图 6-3 所示。

扫码看案例效果 扫码看教学视频

图 6-3　原图与效果对比

▷▷ 步骤 1　在“本地”选项卡中单击素材右下角的“添加到轨道”按钮，如图 6-4 所示。

▷▷ 步骤 2　添加素材之后，拖动同一段素材至画中画轨道中，如图 6-5 所示。

图 6-4　单击“添加到轨道”按钮（1）

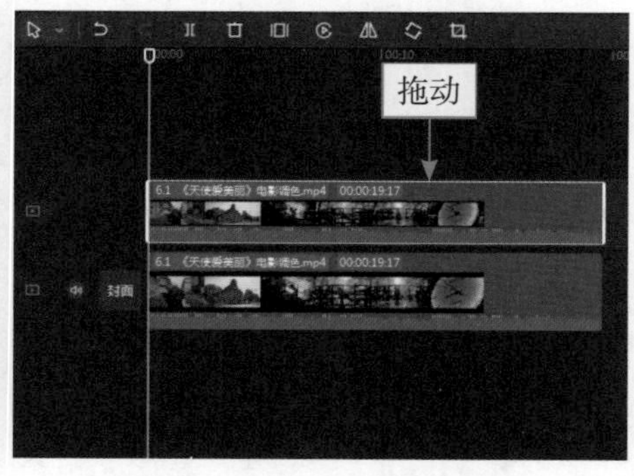

图 6-5　拖动素材至画中画轨道中

▶▷ 步骤 3 ❶单击“文本”按钮；❷在“收藏”选项区中单击所选花字右下角的“添加到轨道”按钮+，添加两段文字，如图 6-6 所示。

▶▷ 步骤 4 输入文字内容后，调整两段文字的时长，使其对齐视频素材的时长，如图 6-7 所示。

图 6-6 单击“添加到轨道”按钮（2）

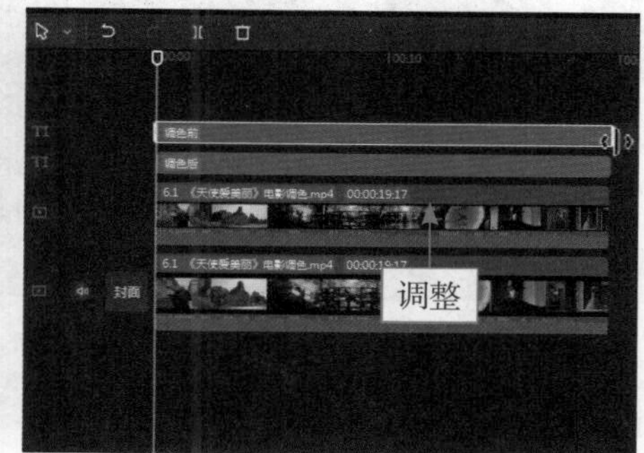

图 6-7 调整两段文字的时长

▶▷ 步骤 5 选择视频轨道中的素材，❶设置画面比例为 9 ∶ 16；❷调整画面和文字的位置；❸单击“调节”按钮；❹在“调节”面板中拖动滑块，设置“亮度”参数为 8、“锐化”参数为 13、“色温”参数为 -9、“色调”参数为 8、“饱和度”参数为 10，如图 6-8 所示，制作色彩对比效果，校正调色后素材的明度和色彩。

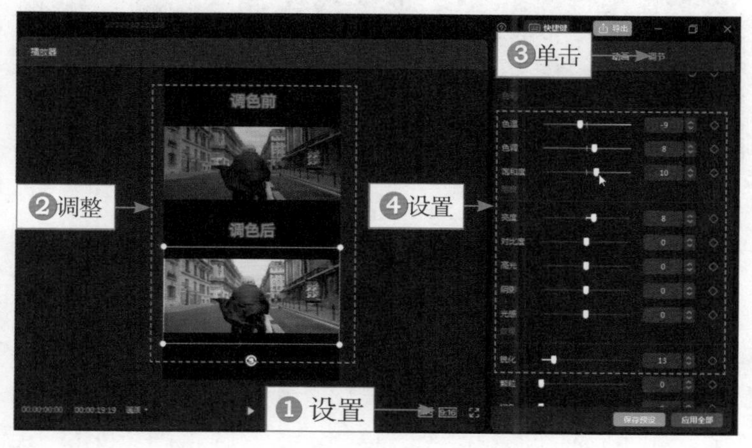

图 6-8 设置相应的参数（1）

▶▷ 步骤 6 ❶切换至 HSL 选项卡；❷选择红色选项●；❸拖动滑块，设置“色相”参数为 7、“饱和度”参数为 12、“亮度”参数为 13，提亮画面中红色物体的色彩，如图 6-9 所示。

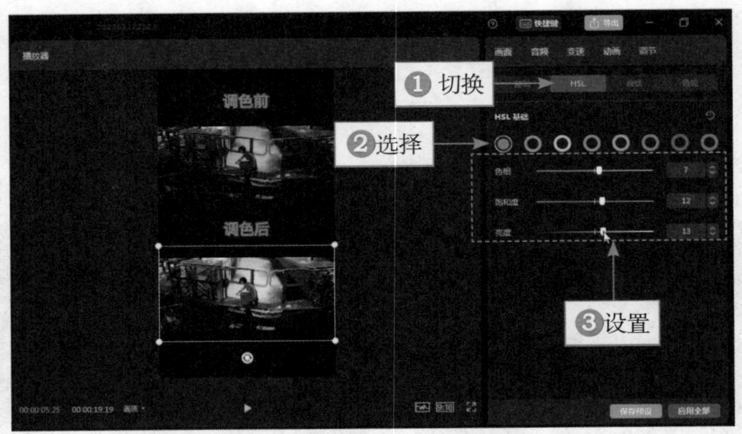

图 6-9　设置相应的参数（2）

▶▷ 步骤 7　❶选择橙色选项◎；❷拖动滑块，设置“色相”参数为 15、“饱和度”参数为 7、“亮度”参数为 9，提亮橙色，如图 6-10 所示。

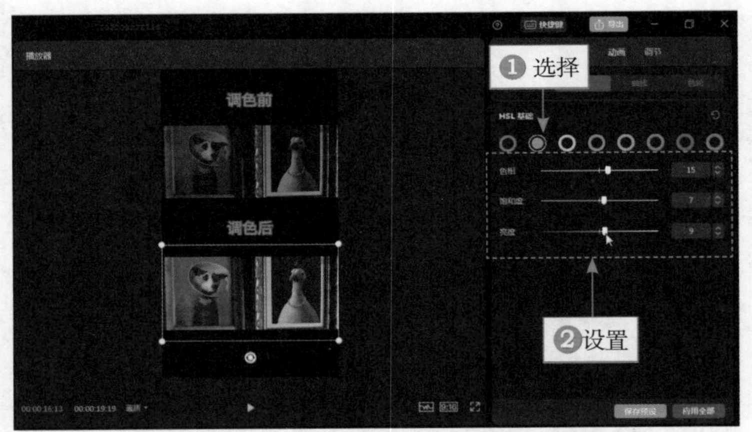

图 6-10　设置相应的参数（3）

▶▷ 步骤 8　❶选择黄色选项◎；❷拖动滑块，设置“色相”参数为 -13、“饱和度”参数为 9、“亮度”参数为 8，使画面色彩更加鲜亮，如图 6-11 所示。

▶▷ 步骤 9　❶选择绿色选项◎；❷拖动滑块，设置“饱和度”参数为 7、“亮度”参数为 6，增强冷色调，如图 6-12 所示。

▶▷ 步骤 10　切换至“曲线”选项卡，在“绿色通道”选项区中向上微微拖动绿色曲线，如图 6-13 所示，使画面偏冷色调。

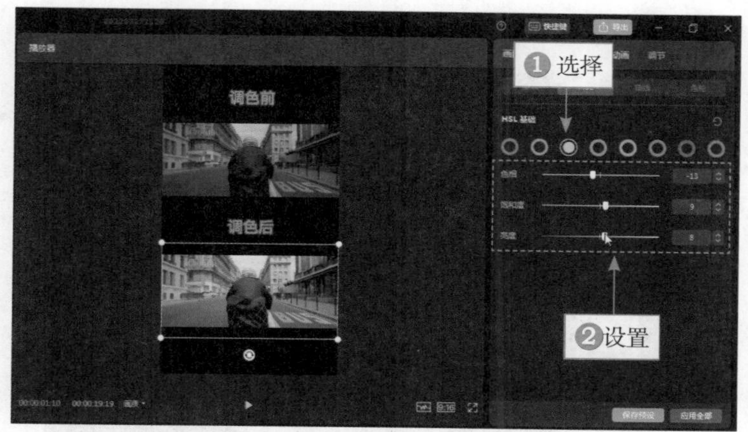

图 6-11　设置相应的参数（4）

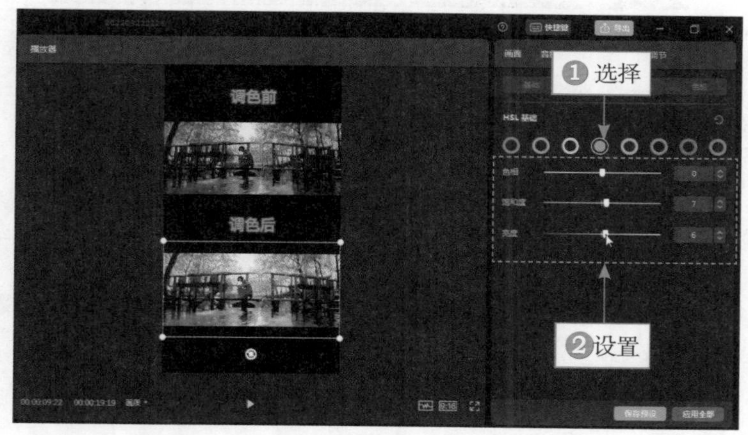

图 6-12　设置相应的参数（5）

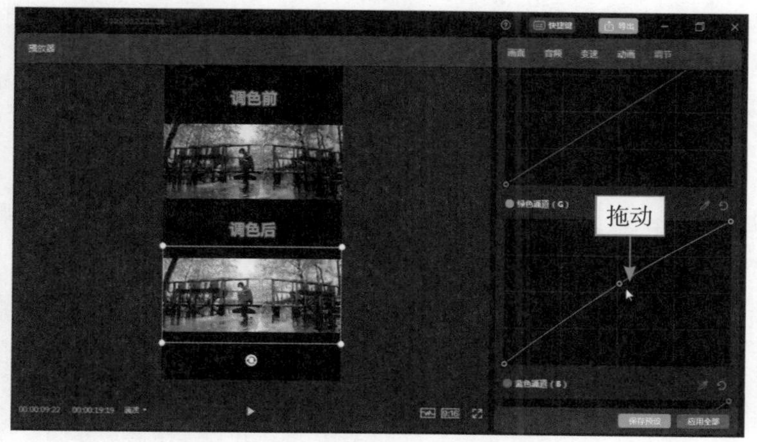

图 6-13　拖动绿色曲线

▶▷ 步骤 11　在“红色通道”选项区中向上微微拖动红色曲线，如图 6-14 所示，同样使画面偏红一些，增强冷暖色对比。

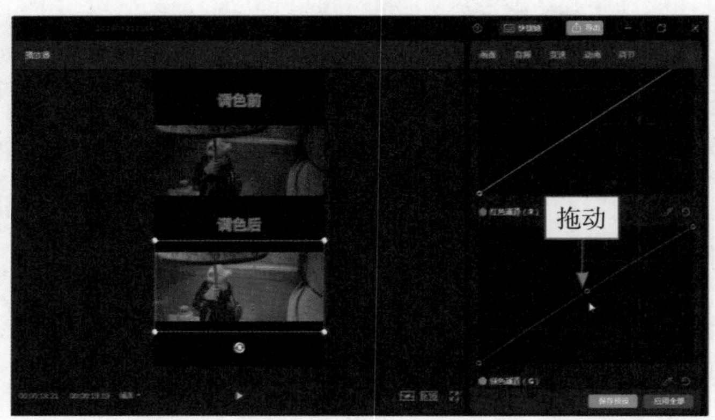

图 6-14　拖动红色曲线

6.2　《地雷区》电影调色

电影《地雷区》是一部改编自真实历史事件的德国电影。故事发生在“二战”后，德国战俘在丹麦西海岸进行排雷，这些战俘大部分都是十几岁的年轻男孩。在这部引人反思战争的电影中，色调十分灰暗，整体画面偏青色，十分沉重。本节主要解析电影《地雷区》的色调和介绍调色方法。

6.2.1　调色解说

不难发现，电影主题和电影的色调息息相关。在欢快的喜剧电影中，画面中的色调是五颜六色的、高饱和的，甚至各种道具都是彩色的，比如电影《查理的巧克力工厂》；在清新的青春电影中，色调清透，画面梦幻，比如电影《海街日记》和《恋空》；在沉重的历史电影中，色调会灰暗一些，有些是灰暗的褐色或者黄色，又或者是暗青色，就如电影《地雷区》中的色调一般，如图 6-15 所示。

在电影《地雷区》中，画面色彩主要有浅绿色和青色，为了达到整体偏青色的效果，晴朗的天空都会带着一丝灰暗，整个画面逐渐呈现出低饱和的状态，就如同褪色了一般。由于电影中的人物大多穿着军绿色的军装，因此，这个统一的青色调在所有场景中都会很和谐，不会出现突兀的画面。

当然，每部电影中的青色调也会不同。比如，电影《黑客帝国》中的青色调，就是一种偏绿色的青色调，而不是电影《地雷区》这种偏灰绿的青色调。

图 6-15 电影《地雷区》中的画面色调

6.2.2 调色方法

扫码看案例效果 扫码看教学视频

【效果说明】现代原始参数下的电影摄像设备，拍摄出来的画面色调一般都很中和，而在战争历史电影中，色调都是偏暗淡的，为了得到这种低饱和的青色调，就需要反向调节。原图与效果对比如图 6-16 所示。

图 6-16 原图与效果对比

图 6-16　原图与效果对比（续）

▶▷ 步骤 1　在“本地”选项卡中单击素材右下角的“添加到轨道”按钮 ，如图 6-17 所示。

▶▷ 步骤 2　添加素材之后，拖动同一段素材至画中画轨道中，如图 6-18 所示。

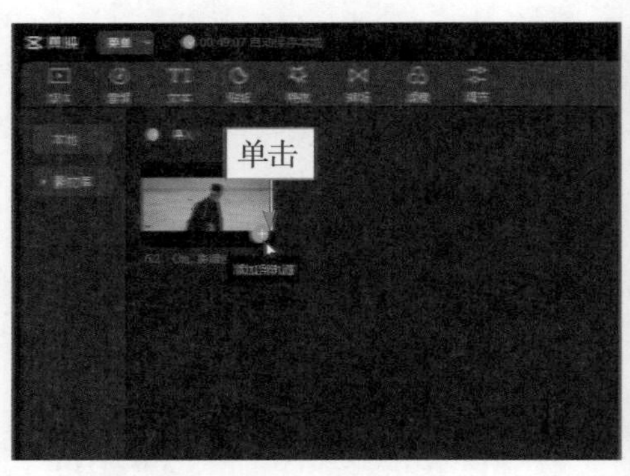

图 6-17　单击“添加到轨道”按钮（1）

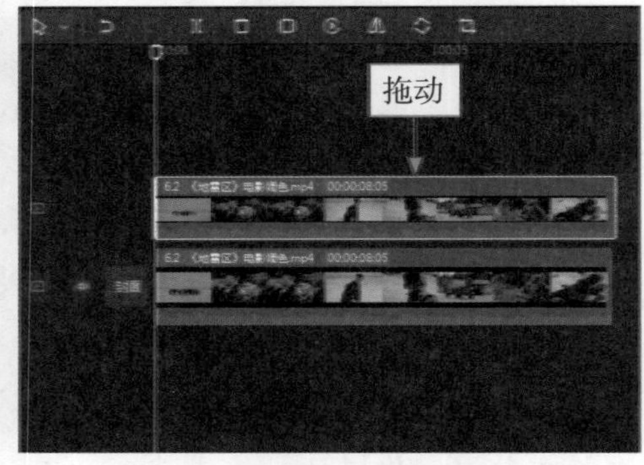

图 6-18　拖动素材至画中画轨道中

▶▷ 步骤 3　❶单击“文本”按钮；❷在“收藏”选项区中单击所选花字右下角的“添加到轨道”按钮 ，添加两段文字，如图 6-19 所示。

▶▷ 步骤 4　输入文字内容后，调整两段文字的时长，对齐视频素材的时长，如图 6-20 所示。

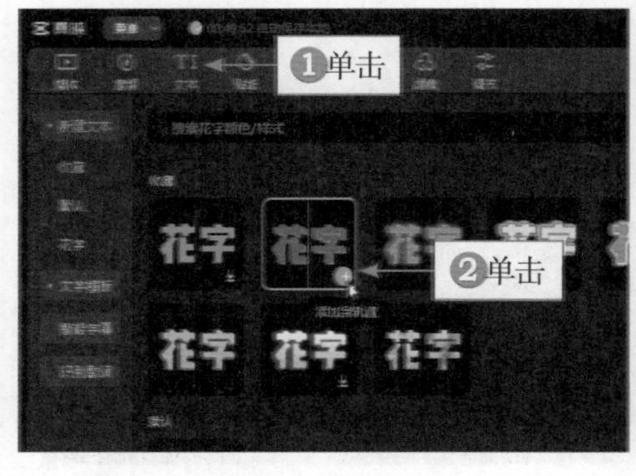

图 6-19　单击“添加到轨道”按钮（2）

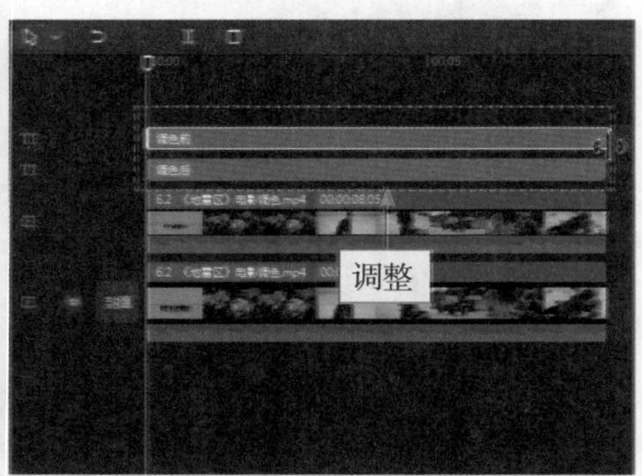

图 6-20　调整两段文字的时长

▶▷ 步骤 5　选择视频轨道中的素材，❶设置画面比例为 9 ∶ 16；❷调整画面和文字的位置；❸单击“调节”按钮；❹在“调节”面板中拖动滑块，设置“色温”参数为 −12、“色调”参数为 −5、“饱和度”参数为 −5、“亮度”参数为 3、“对比度”参数为 4、“锐化”参数为 2，如图 6−21 所示，降低色彩饱和度。

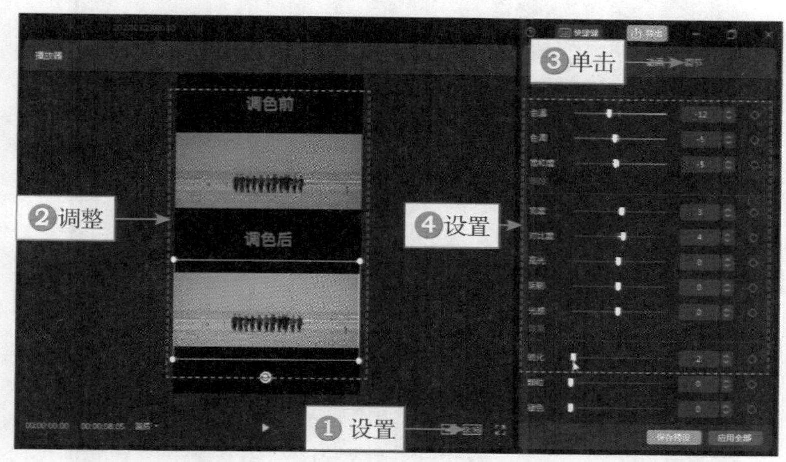

图 6−21　设置相应的参数（1）

▶▷ 步骤 6　❶切换至 HSL 选项卡；❷选择绿色选项；❸拖动滑块，设置“饱和度”参数为 −10、“亮度”参数为 −10，去黄，使画面偏灰色，如图 6−22 所示。

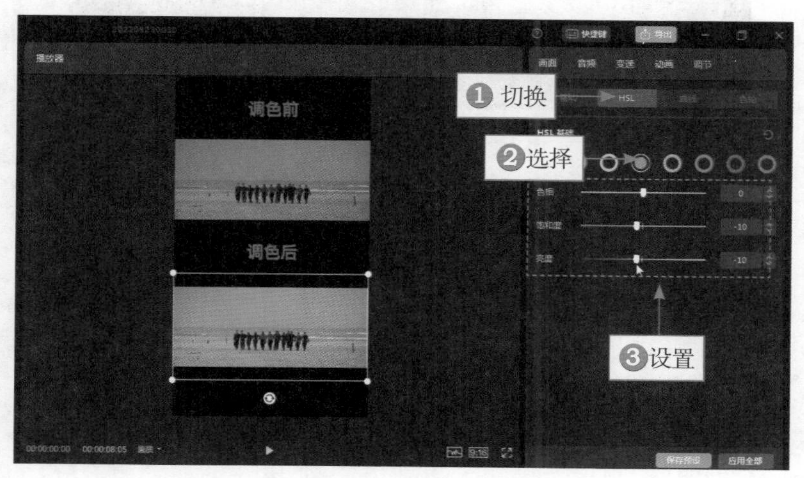

图 6−22　设置相应的参数（2）

▶▷ 步骤 7　❶选择青色选项；❷拖动滑块，设置“饱和度”参数为 6、“亮度”参数为 6，使画面偏青色，如图 6−23 所示。

▶▷ 步骤 8　切换至“曲线”选项卡，在“绿色通道”选项区中向上微微拖动绿色曲线，如图 6-24 所示，使画面偏冷色调。

图 6-23　设置相应的参数（3）

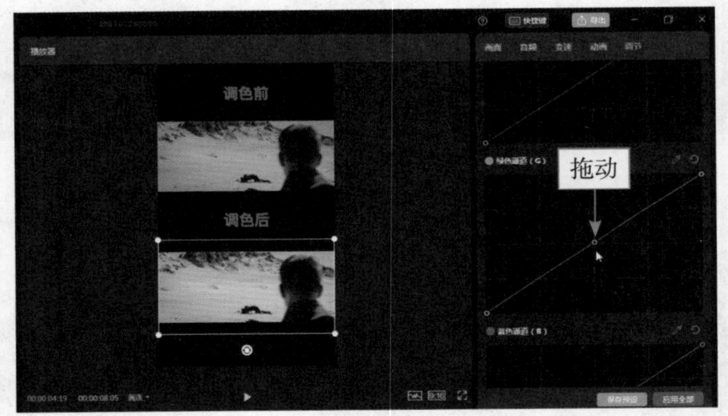

图 6-24　拖动绿色曲线

6.3　《月升王国》电影调色

电影《月升王国》是导演韦斯 · 安德森的作品，他的电影风格非常有特色，除了对称的画面和奇趣的故事外，他电影中的色调也十分梦幻和治愈。本节主要解析电影《月升王国》的色调和介绍调色方法。

6.3.1　调色解说

由于韦斯 · 安德森本人是一个非常讲究个人特色的导演，因此，在《月升王国》这部电影中可以发现，画面色调从头到尾都是以黄色调为主，甚至让观众在几年之后对其还能印象深刻。当然，电影中所有的黄色调都非常和谐，而且电影中除了服装是黄色系的，就连各种道具和场景设置都是黄色系的，画面十分特别，犹如童话世界一般，如图 6–25 所示。

图 6–25　电影《月升王国》中的画面

6.3.2　调色方法

【效果说明】原图像画面色调饱和度不高，因为特定的场景和服装道具都是黄色系的，因此，后期调色很容易把黄色调调出来。原图与效果对比如图 6–26 所示。

扫码看案例效果　扫码看教学视频

图 6–26　原图与效果对比

图 6-26　原图与效果对比（续）

步骤 1　在“本地”选项卡中单击素材右下角的“添加到轨道”按钮，如图 6-27 所示。

步骤 2　添加素材之后，拖动同一段素材至画中画轨道中，如图 6-28 所示。

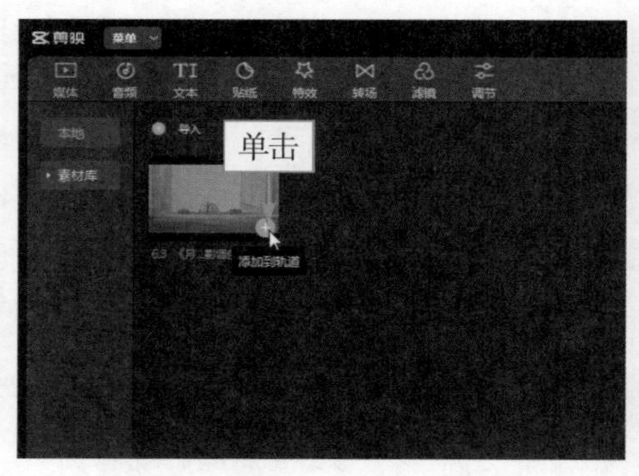

图 6-27　单击“添加到轨道”按钮（1）

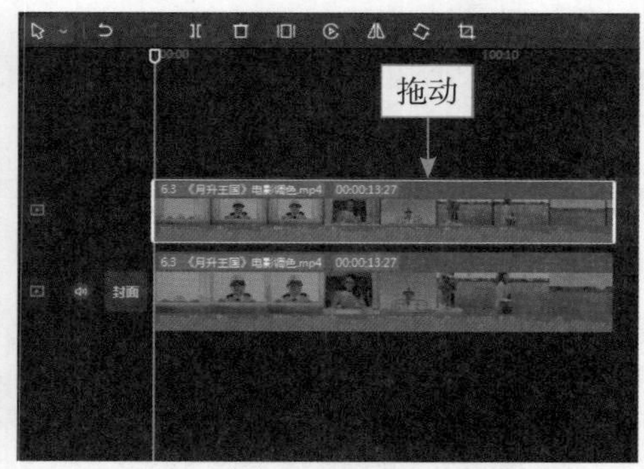

图 6-28　拖动素材至画中画轨道中

步骤 3　❶单击“文本”按钮；❷在“收藏”选项区中单击所选花字右下角的“添加到轨道”按钮，添加两段文字，如图 6-29 所示。

步骤 4　输入文字内容后，调整两段文字的时长，对齐视频素材的时长，如图 6-30 所示。

步骤 5　选择视频轨道中的素材，❶设置画面比例为 9 ： 16；❷调整画面和文字的位置；❸单击“调节”按钮；❹在“调节”面板中拖动滑块，设置“色温”参数为 10、“色调”参数为 8、“饱和度”参数为 7、“亮度”参数为 6、

“对比度”参数为 6、“高光”参数为 4，如图 6-31 所示，提高画面色彩饱和度，初步调出画面的黄色调。

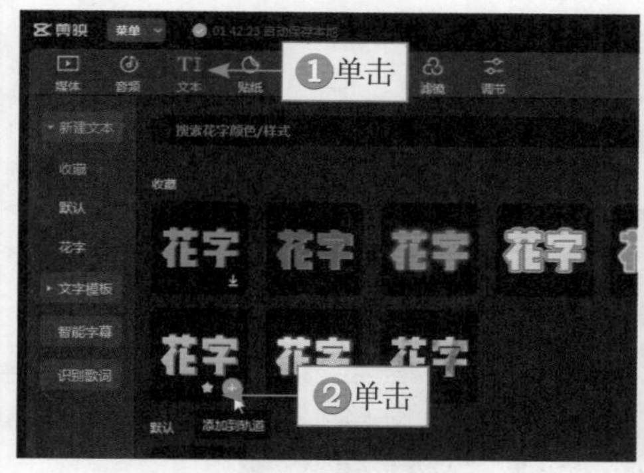

图 6-29　单击“添加到轨道”按钮（2）

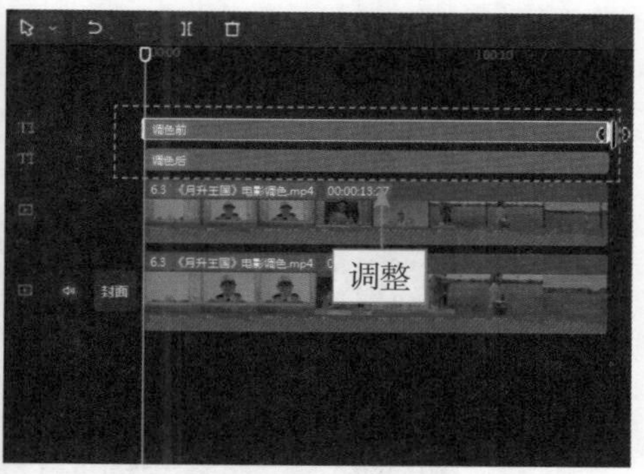

图 6-30　调整两段文字的时长

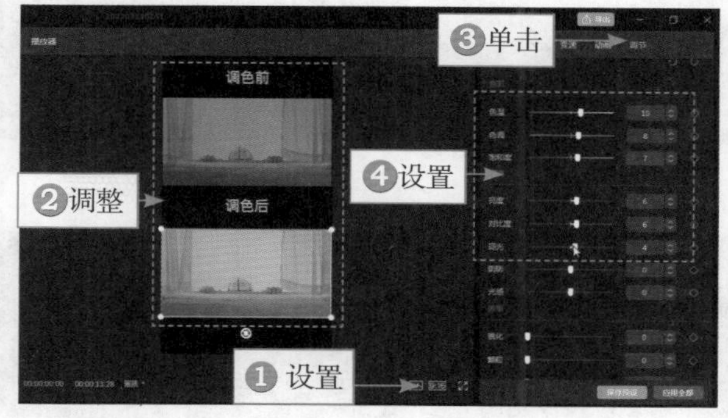

图 6-31　设置相应的参数（1）

▶▷ 步骤 6　❶切换至 HSL 选项卡；❷选择黄色选项；❸拖动滑块，设置“饱和度”参数为 24、“亮度”参数为 14，提亮画面中黄色物体的色彩，如图 6-32 所示。

图 6-32　设置相应的参数（2）

▶▷ 步骤 7 ❶选择绿色选项◎；❷拖动滑块，设置“饱和度”参数为 14、“亮度”参数为 13，提亮画面中绿色物体的色彩，使电影色调更加鲜明，如图 6–33 所示。

▶▷ 步骤 8 切换至“曲线”选项卡，在“蓝色通道”选项区中向下微微拖动蓝色曲线，如图 6–34 所示，使画面再偏黄一些。

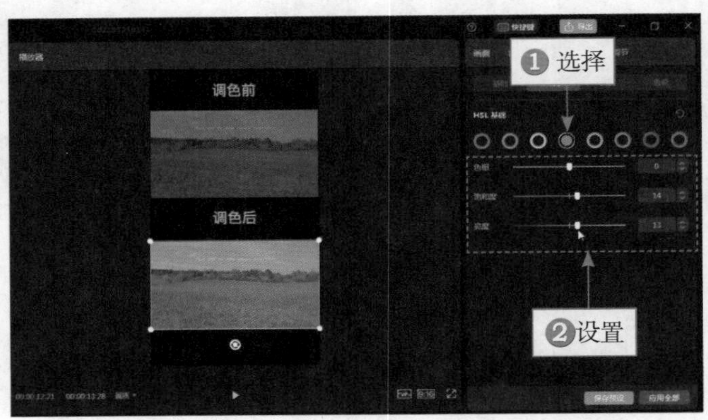

图 6–33 设置相应的参数（3）

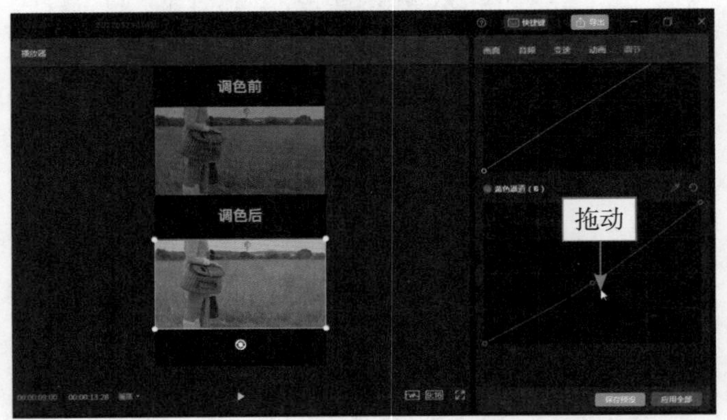

图 6–34 拖动蓝色曲线

6.4 《小森林 · 夏秋篇》电影调色

电影《小森林 · 夏秋篇》是《小森林》系列电影中的第一部，第二部是《小森林 · 冬春篇》，两部电影围绕四季来展开故事。电影《小森林 · 夏秋篇》中不仅有美食，还有治愈的景色，色调也十分清新。本节主要解析电影《小森林 · 夏秋篇》的色调和介绍调色方法。

6.4.1 调色解说

电影《小森林 · 夏秋篇》可以说是清新电影的一个代表，满屏的绿色调能让观众感受到生活和生命的美好，瞬间被治愈。在一些博主的美食视频中，也有这个色调的影子，在三时三餐和世外桃源中，其中深深浅浅的绿色不仅是背景，更是生活的情调。电影《小森林 · 夏秋篇》中最有代表的就是这个清新的绿色调，如图 6–35 所示。

图 6–35　电影《小森林 · 夏秋篇》中的清新的绿色调

6.4.2 调色方法

【效果说明】可以看到，原画面由于是在阴天拍摄的，设备采光可能不够，拍出来的画面场景比较暗淡，色彩饱和度较低，少了些许生机。后期调色需要提高绿色调的饱和度，使画面中的绿色铺满屏幕。原图与效果对比如图 6–36 所示。

扫码看案例效果　扫码看教学视频

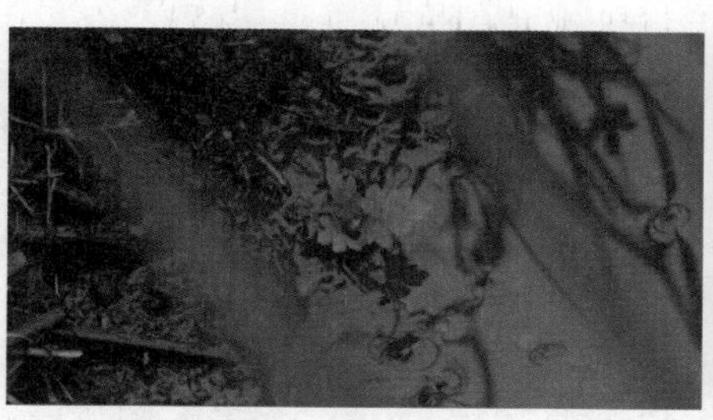

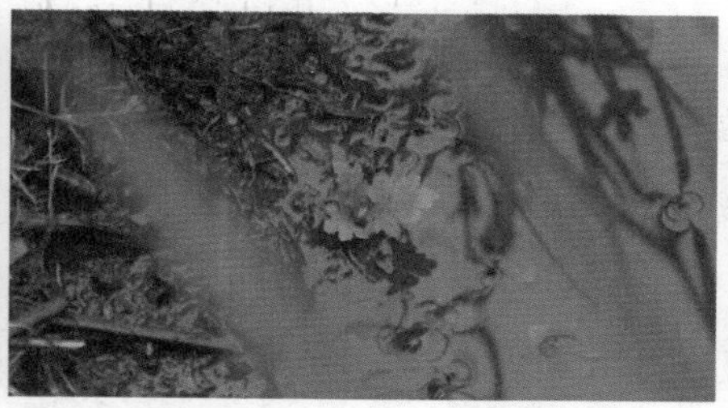

图 6–36　原图与效果对比

图 6-36　原图与效果对比（续）

步骤 1　在剪映中将视频素材导入“本地”选项卡中，单击视频素材右下角的“添加到轨道”按钮，把素材添加到视频轨道中，如图 6-37 所示。

步骤 2　拖动同一段素材至画中画轨道中，对齐视频轨道中的素材，用来做后期调色对比，如图 6-38 所示。

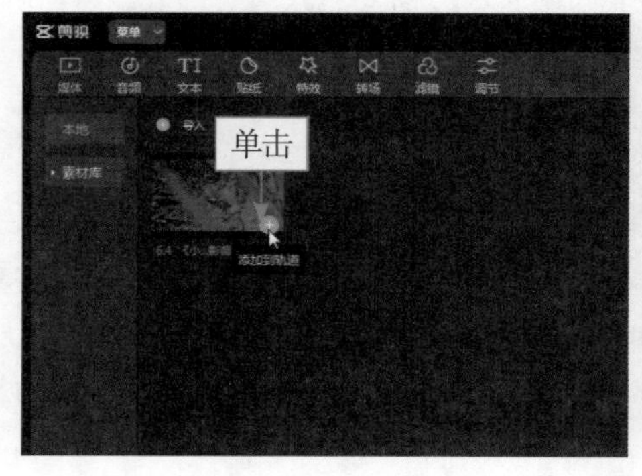

图 6-37　单击“添加到轨道”按钮（1）

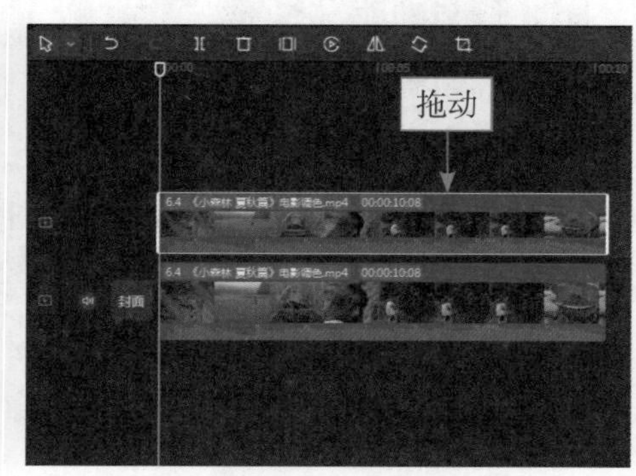

图 6-38　拖动素材至画中画轨道中

▶▷ 步骤 3 ❶单击“文本”按钮；❷在“收藏”选项卡中单击所选花字右下角的“添加到轨道”按钮，添加两段文字，如图 6–39 所示。

▶▷ 步骤 4 输入文字内容后，调整两段文字的时长，对齐视频素材的时长，如图 6–40 所示。

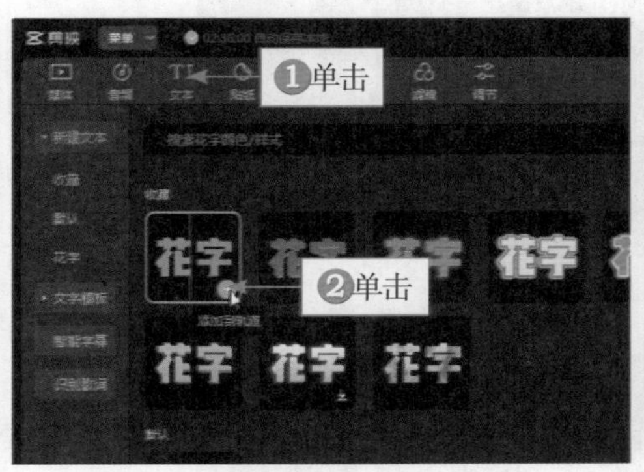

图 6–39 单击“添加到轨道”按钮（2）

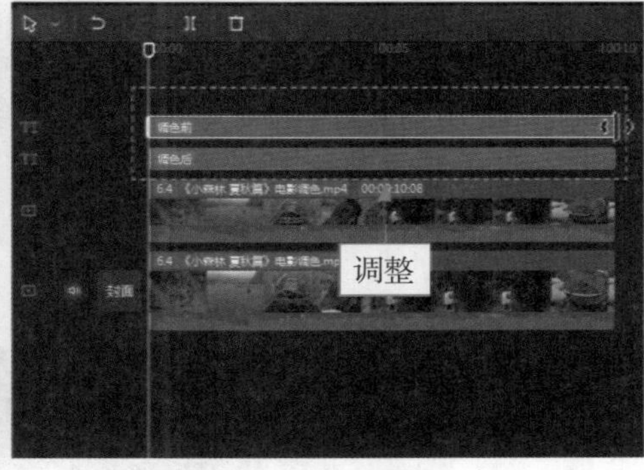

图 6–40 调整两段文字的时长

▶▷ 步骤 5 选择视频轨道中的素材，❶设置画面比例为 9 ∶ 16；❷调整画面和文字的位置；❸单击“调节”按钮；❹在“调节”面板中拖曳滑块，设置“色温”参数为 –8、“色调”参数为 –6、“饱和度”参数为 4、“亮度”参数为 4、“高光”参数为 3、“阴影”参数为 4，如图 6–41 所示，调整画面的明度和色彩饱和度。

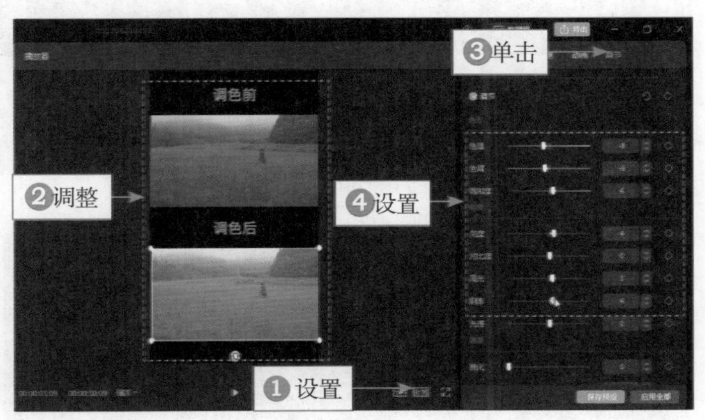

图 6–41 设置相应的参数（1）

▶▷ 步骤 6 ❶切换至 HSL 选项卡；❷选择黄色选项；❸拖动滑块，设置“色相”参数为 15、“饱和度”参数为 –14，去黄，使绿色更加明显，如图 6–42 所示。

▶▷ 步骤 7 ❶选择绿色选项；❷拖动滑块，设置“色相”参数为 13、“饱和度”参数为 11、“亮度”参数为 8，使植物的色彩更加嫩绿，如图 6–43 所示。

图 6-42　设置相应的参数（2）

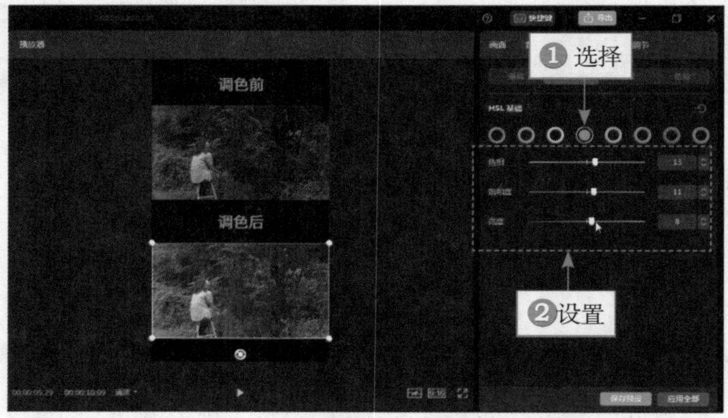

图 6-43　设置相应的参数（3）

▷▷ 步骤 8　切换至“曲线”选项卡，在“绿色通道”选项区中向上微微拖动绿色曲线，如图 6-44 所示，使画面偏冷色调。

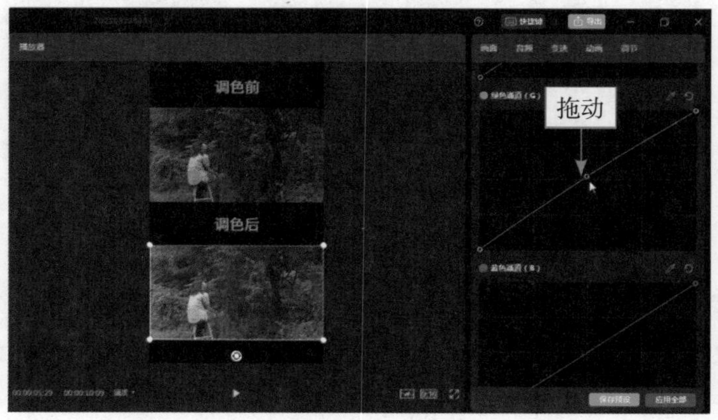

图 6-44　拖动绿色曲线

6.5 《布达佩斯大饭店》电影调色

电影《布达佩斯大饭店》也是导演韦斯·安德森的作品，跟电影《月升王国》不同的是，这部电影制作了一个粉红色的童话王国，电影中的场景和人物大部分都呈现粉色的色调，犹如糖果的颜色。本节主要解析电影《布达佩斯大饭店》的色调和介绍调色方法。

6.5.1 调色解说

电影《布达佩斯大饭店》剧情跌宕起伏，在构图上也非常讲究，电影构图大部分都是对称构图，几乎是任意地一帧截图都能作为壁纸。当然，其中还有其他经典构图，比如框架构图、中心构图等多种构图方式。多种构图在均衡的画面中给观众多层次、全方位的视觉感受。

这部电影在色彩、色调上更是炫彩夺目，粉色色调更是其灵魂。这种粉色没有攻击性，而是温柔的、优雅的。这样粉色的暖色调能让观众在观影体验中得到温暖又治愈的感觉，当然电影中也有部分冷色调，以此可以对比衬托出粉色调的鲜活，电影色调如图 6-45 所示。

图 6-45 电影《布达佩斯大饭店》中的色调

6.5.2 调色方法

【效果说明】针对电影中粉色和白色的场景，需要把色彩尽量统一，比如调出偏粉色的色调，使画面更加和谐。原图与效果对比如图 6-46 所示。

扫码看案例效果 扫码看教学视频

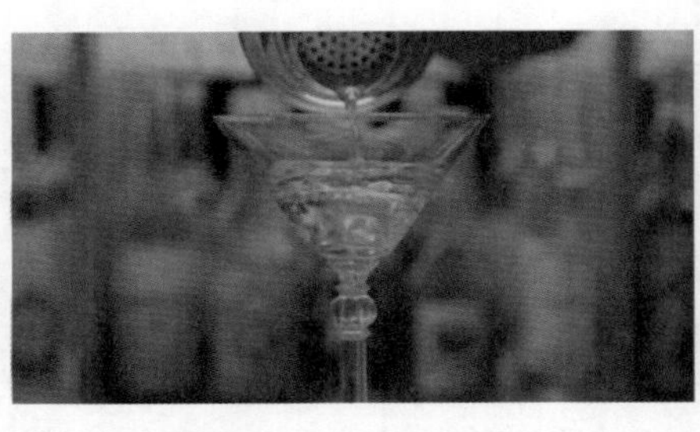

图 6-46 原图与效果对比

▶▷ 步骤 1 在剪映中将视频素材导入“本地”选项卡中，单击视频素材右下角的“添加到轨道”按钮，把素材添加到视频轨道中，如图 6-47 所示。

▶▷ 步骤 2 拖动同一段素材至画中画轨道中，对齐视频轨道中的素材，用来做后期调色对比，如图 6-48 所示。

▶▷ 步骤 3 ❶单击“文本”按钮；❷在“收藏”选项区中单击所选花字右下角的“添加到轨道”按钮，添加两段文字，如图 6-49 所示。

▶▷ 步骤 4 输入文字内容后，调整两段文字的时长，对齐视频素材的时长，如图 6-50 所示。

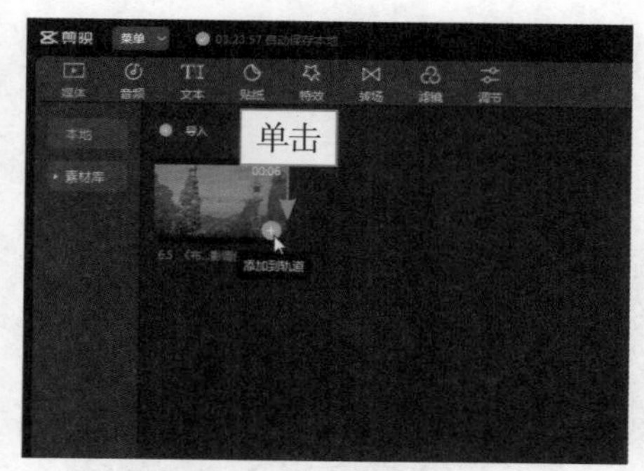

图 6-47　单击“添加到轨道”按钮（1）

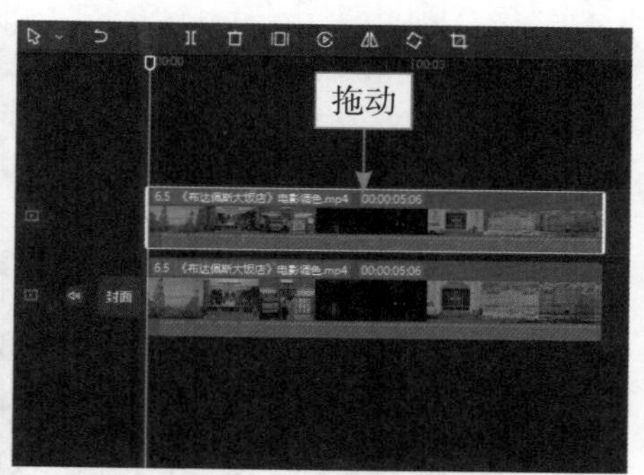

图 6-48　拖动素材至画中画轨道中

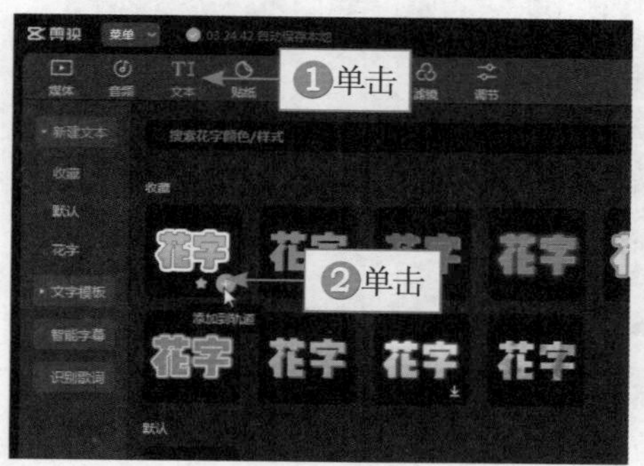

图 6-49　单击“添加到轨道”按钮（2）

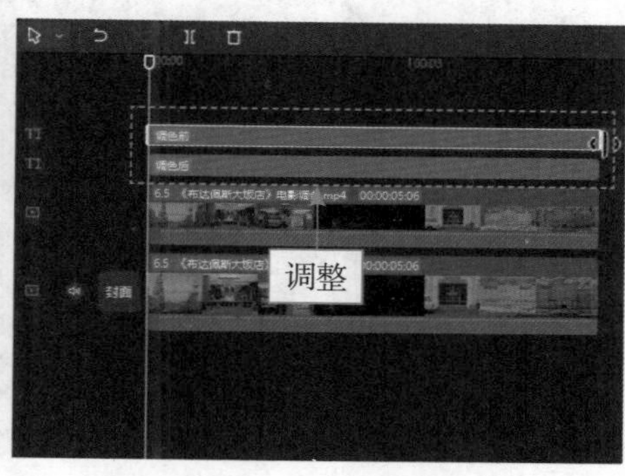

图 6-50　调整两段文字的时长

步骤 5　选择视频轨道中的素材，❶设置画面比例为 9 ∶ 16；❷调整画面和文字的位置；❸单击“调节”按钮；❹在“调节”面板中拖动滑块，设置“色温”参数为 4、“色调”参数为 7、“饱和度”参数为 17、“亮度”参数为 6、“对比度”参数为 5、“高光”参数为 4、“阴影”参数为 3，如图 6-51 所示，调整画面明度和色彩饱和度。

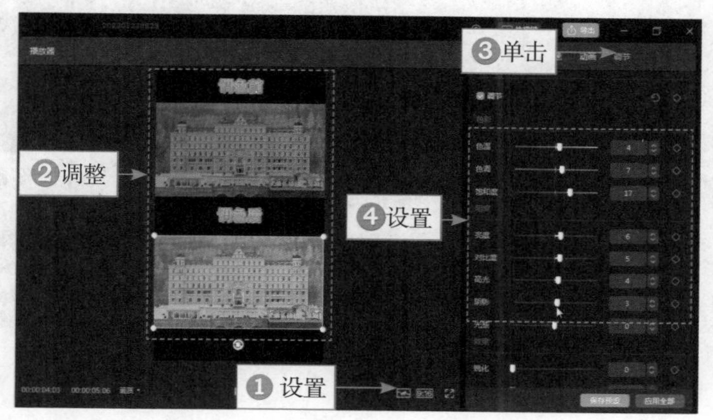

图 6-51　设置相应的参数（1）

▶▷ 步骤 6　❶切换至 HSL 选项卡；❷选择红色选项；❸拖动滑块，设置“色相”参数为 -14、“饱和度”参数为 9，使画面色调偏红一些，如图 6-52 所示。

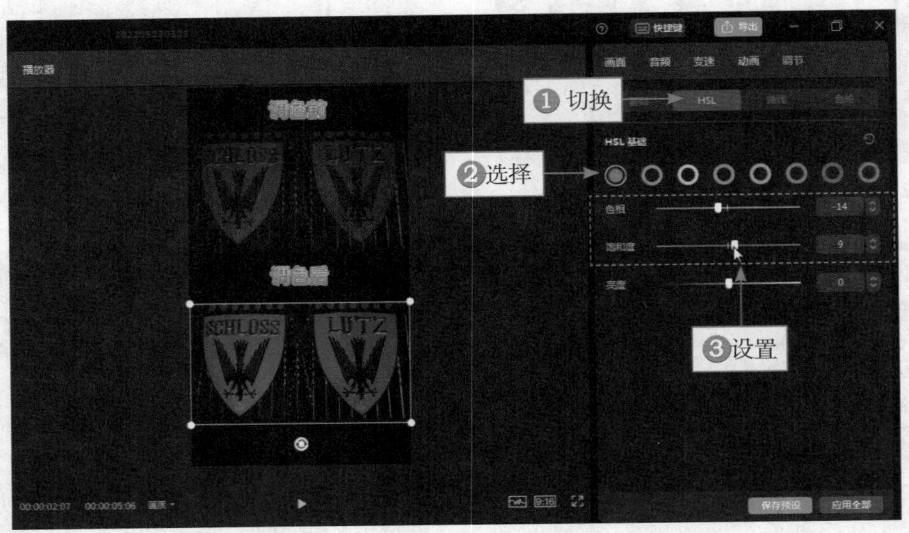

图 6-52　设置相应的参数（2）

▶▷ 步骤 7　❶选择橙色选项；❷拖动滑块，设置“色相”参数为 -49、“饱和度”参数为 14，使橙色更加鲜艳，如图 6-53 所示。

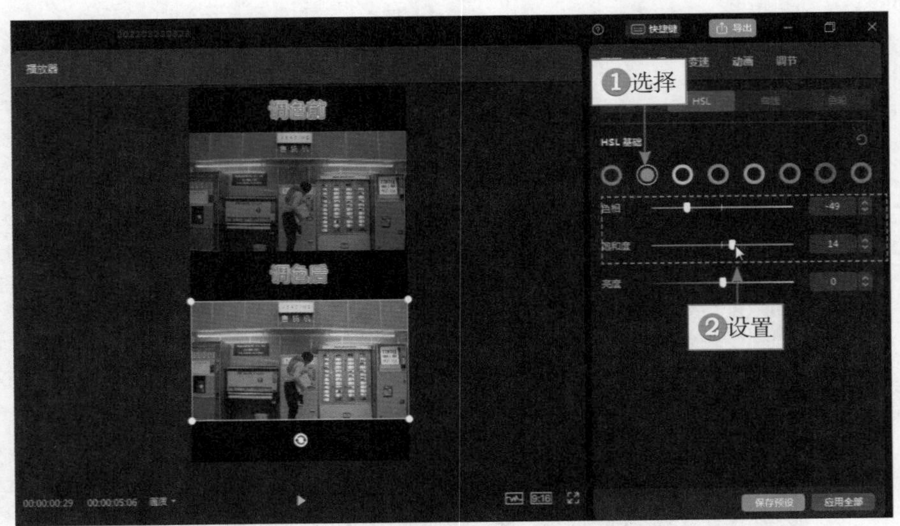

图 6-53　设置相应的参数（3）

▶▷ 步骤 8 ❶选择蓝色选项◎；❷拖动滑块，设置“色相”参数为 18、“饱和度”参数为 19，使夜景画面中的天空更加蓝，如图 6-54 所示。

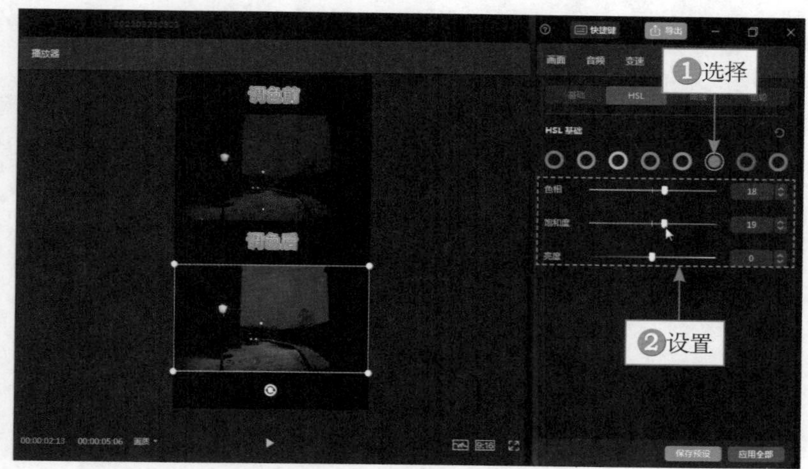

图 6-54 设置相应的参数（4）

▶▷ 步骤 9 切换至“曲线”选项卡，在“蓝色通道”选项区中向下微微拖动蓝色曲线，如图 6-55 所示，使整体的粉色偏暖色调一些。

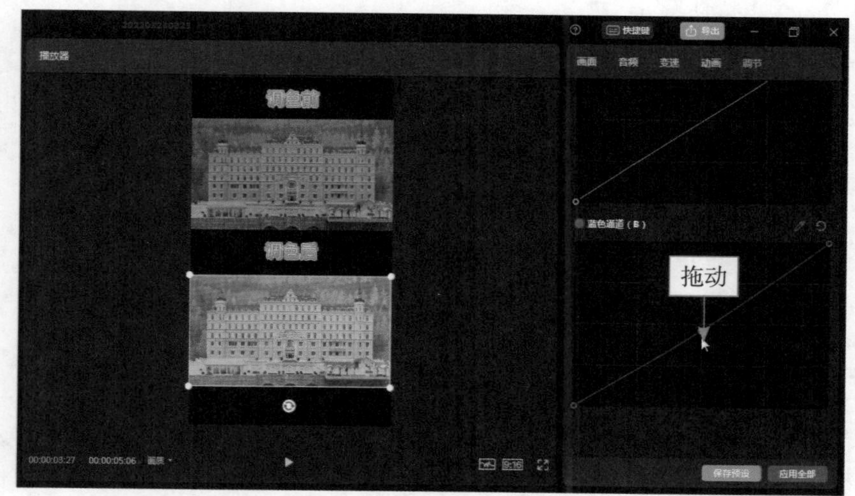

图 6-55 拖动蓝色曲线

【特效师篇】

第7章 武侠片特效

在武侠片中，特效是使用得最早的，各种道具效果和功夫演示都需要特效来完善。比如，邵氏武侠电影中的各种刀剑特效，还有以1997年《天龙八部》为代表的金庸武侠电视剧，都少不了各种道具和功夫特效来达到书中所描述的武打画面。本章主要为大家介绍如何制作出相关的道具和功夫特效。

新手重点索引

- 道具特效
- 功夫特效

效果图片欣赏

7.1 道具特效

各种武侠片里最少不了的就是剑，剑怎么出来，然后怎么出招，出招的展示又如何，这些都是武侠片的重点。本节主要为大家介绍道具特效的制作方法。

7.1.1 帅气接剑特效

【效果说明】在做帅气接剑特效之前，需要一张木剑的抠图素材，用PS软件或者手机中的醒图App都可以把木剑形状抠出来。抠图完成后的木剑就是一个独立的素材，在出场时就能展示出来。帅气接剑特效的效果展示如图7-1所示。

扫码看案例效果

扫码看教学视频

图7-1 帅气接剑特效的效果展示

步骤1 在手机中打开醒图App，点击“图片精修”按钮，如图7-2所示。

步骤2 在相册中添加一张背景干净的木剑图片素材，❶切换至“人像”选项卡；❷点击“抠图”按钮，如图7-3所示。

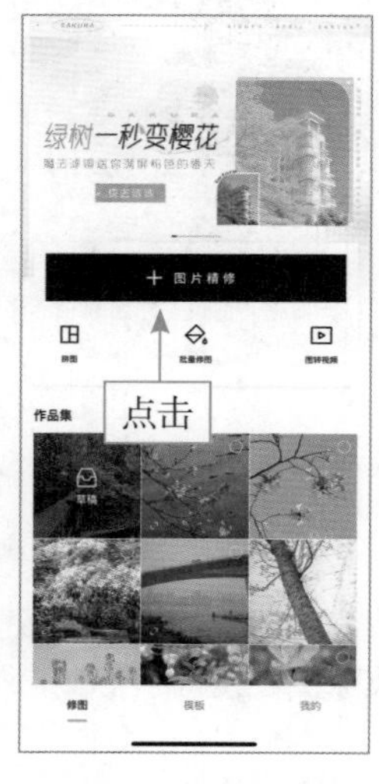

图7-2 点击“图片精修”按钮

图7-3 点击“抠图”按钮

▶▷ 步骤 3　进入“抠图”界面，❶点击“智能抠图”按钮；❷剑的形状全部变绿后，点击✓按钮确认抠图，如图 7-4 所示。

▶▷ 步骤 4　抠图完成后，点击右上角的↓按钮保存素材，如图 7-5 所示。

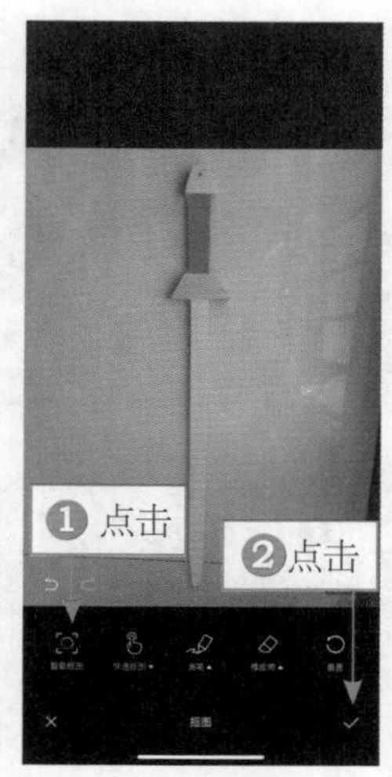

图 7-4　点击相应按钮（1）

图 7-5　点击相应按钮（2）

▶▷ 步骤 5　抠图完成后，回到剪映，把拍摄的起身拿剑视频素材和木剑抠图素材导入“本地”选项卡中，单击视频素材右下角的“添加到轨道”按钮＋，如图 7-6 所示。

▶▷ 步骤 6　把素材添加到视频轨道中，❶拖动时间指示器至视频 00:00:02:03 人物张开手的位置；❷单击“分割”按钮 Ⅱ，如图 7-7 所示，把素材分割成两段。

图 7-6　单击“添加到轨道”按钮

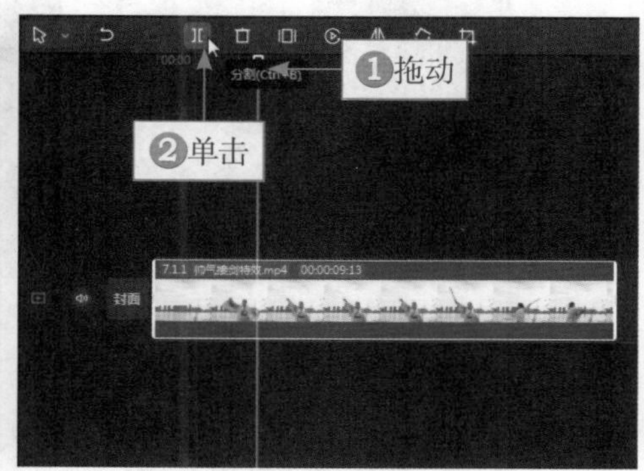

图 7-7　单击“分割”按钮

▶▷ 步骤 7　❶拖动时间指示器至视频 00:00:05:00 人物握住剑的位置；

❷单击“分割”按钮，把素材分割成三段，❸选择中间的多余素材；❹单击“删除”按钮，如图 7-8 所示。

步骤 8　在视频 00:00:01:10 的位置拖动木剑素材至画中画轨道中，并调整其时长，如图 7-9 所示。

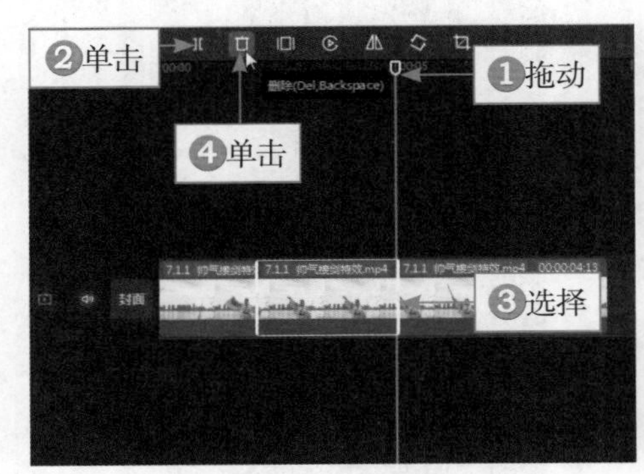

图 7-8　单击“删除”按钮

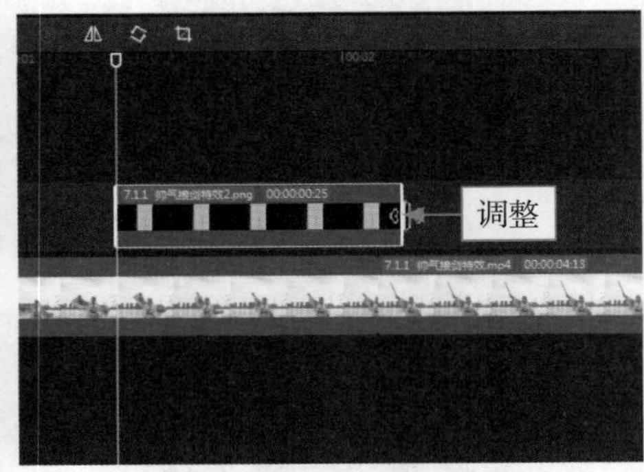

图 7-9　调整素材时长

步骤 9　❶在木剑素材的起始位置单击“位置大小”右侧的按钮，统一添加四个关键帧；❷调整木剑的大小和位置，使其处于画面右边，如图 7-10 所示。

图 7-10　调整木剑的大小和位置

步骤 10　拖动时间指示器至木剑素材的末尾位置，调整木剑素材的大小、角度和位置，使其刚好覆盖手握木剑的位置，“位置”“旋转”和“缩放”右侧会自动生成关键帧，如图 7-11 所示。

图 7-11　调整木剑的大小、角度和位置

▶▷ 步骤 11　单击"音频"按钮，在"抖音收藏"选项卡中为视频添加合适的背景音乐，并调整其时长，如图 7-12 所示。

▶▷ 步骤 12　为视频分别添加"灵魂出窍"和"抖动"动感特效，如图 7-13 所示。

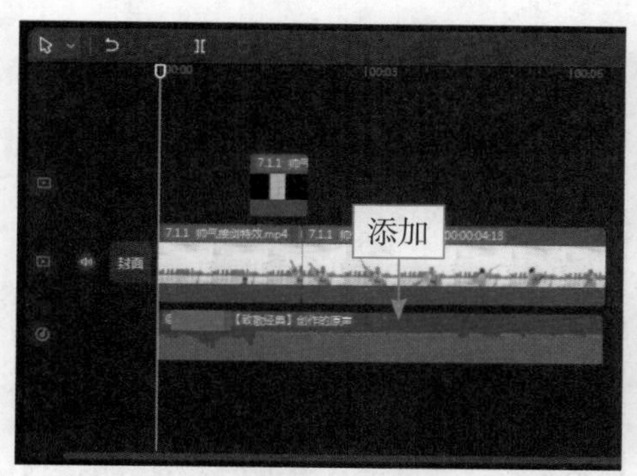

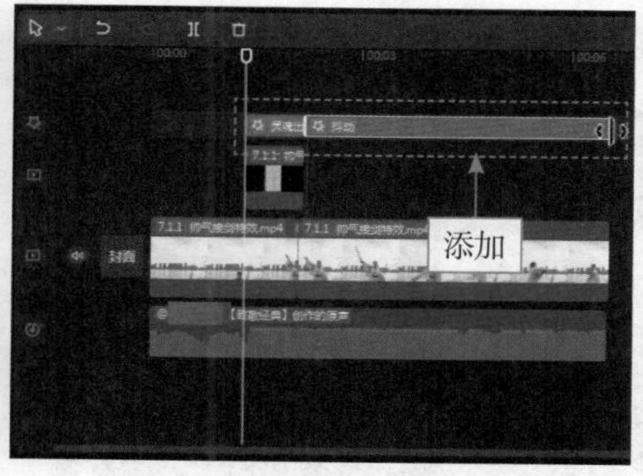

图 7-12　添加合适的背景音乐　图 7-13　添加"灵魂出窍"和"抖动"动感特效

7.1.2　运剑幻影特效

【效果说明】运剑幻影是很多武侠片中较为常见的特效，幻影叠加的效果能让主角的功夫招式看起来更加奇幻和具有观赏性。运剑幻影特效的效果展示如图 7-14 所示。

扫码看案例效果　扫码看教学视频

图 7-14 运剑幻影特效的效果展示

▶▷ 步骤 1 把拍摄的运剑视频素材导入"本地"选项卡中，单击视频素材右下角的"添加到轨道"按钮，如图 7-15 所示，把素材添加到视频轨道中。

▶▷ 步骤 2 ❶拖动时间指示器至视频 00:00:08:10 收剑结尾的位置；❷单击"分割"按钮，如图 7-16 所示，分割素材。

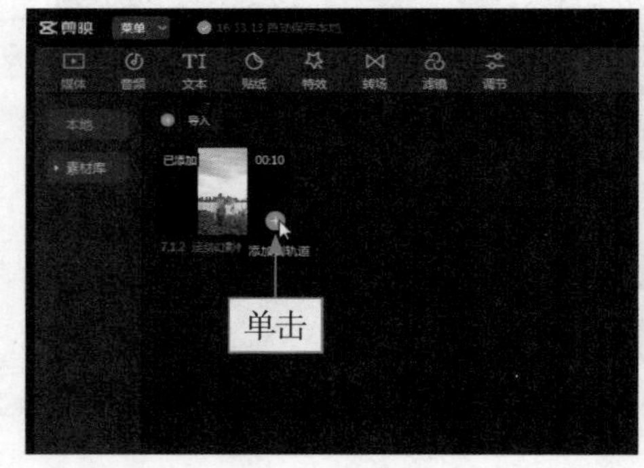

图 7-15 单击"添加到轨道"按钮

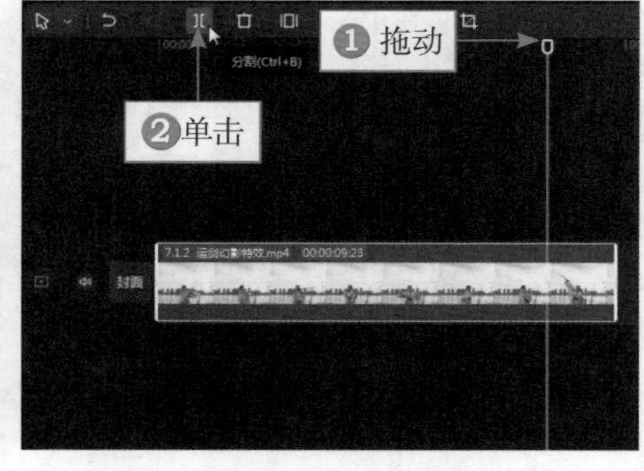

图 7-16 点击"分割"按钮

▶▷ 步骤 3 ❶拖动滑块，放大时间线面板至最大；❷拖动时间指示器至视频 2f 的位置；❸复制第 1 段视频粘贴至第 1 条画中画轨道中，如图 7-17 所示。

▶▷ 步骤 4 ❶拖动时间指示器至视频 4f 的位置；❷复制第 1 段视频粘贴至第 2 条画中画轨道中，如图 7-18 所示。

▶▷ 步骤 5 用上述步骤中同样的方法，在视频 6f 和 8f 的位置复制和粘贴同段素材，如图 7-19 所示。

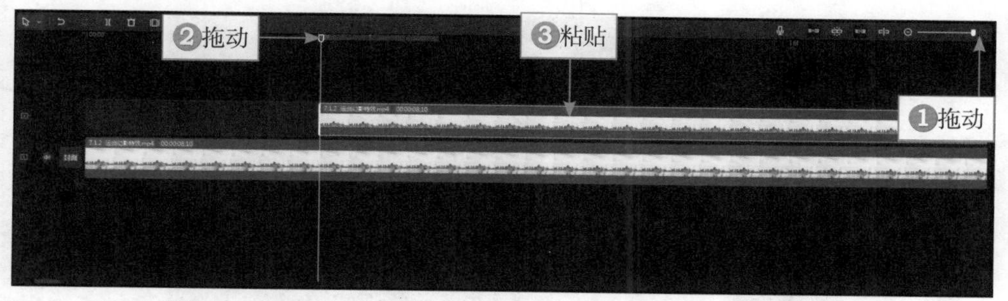

图 7-17　复制第 1 段视频粘贴至第 1 条画中画轨道中

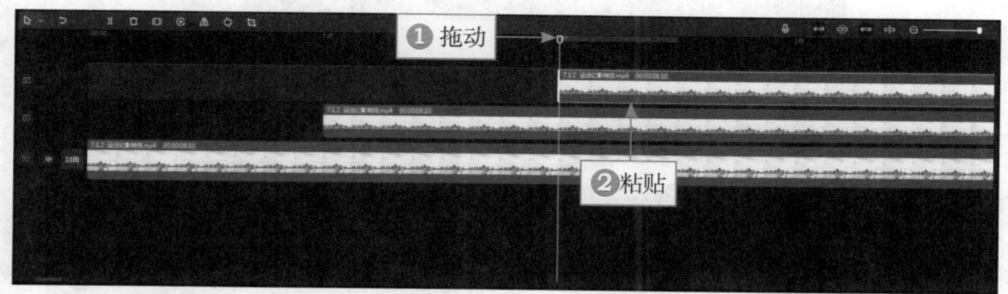

图 7-18　复制第 1 段视频粘贴至第 2 条画中画轨道中

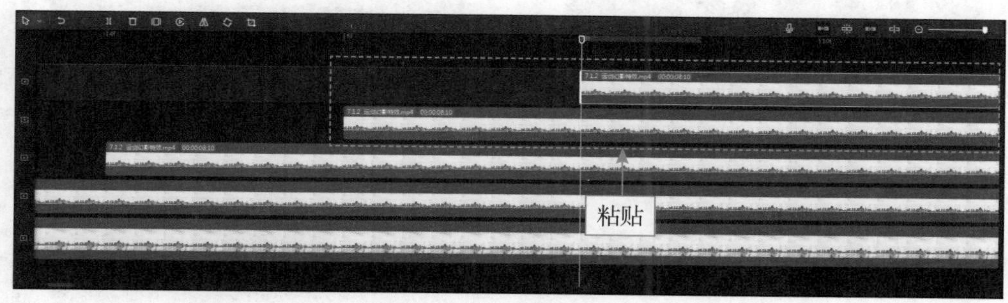

图 7-19　在视频 6f 和 8f 的位置复制和粘贴同段素材

▶▷ 步骤 6　拖动滑块，设置第 4 条画中画轨道中素材的“不透明度”参数为 20%，如图 7-20 所示。同理，设置第 3 条画中画轨道中素材的“不透明度”参数为 40%、第 2 条画中画轨道中素材的“不透明度”参数为 60%、第 1 条画中画轨道中素材的“不透明度”参数为 80%。

▶▷ 步骤 7　单击“音频”按钮，在“抖音收藏”选项卡中为视频添加合适的背景音乐，并调整其时长，如图 7-21 所示。

▶▷ 步骤 8　为视频轨道中分割后的第 2 段素材添加“灵魂出窍”动感特效，如图 7-22 所示。

图 7-20　设置第 4 条画中画轨道中素材的“不透明度”参数为 20%

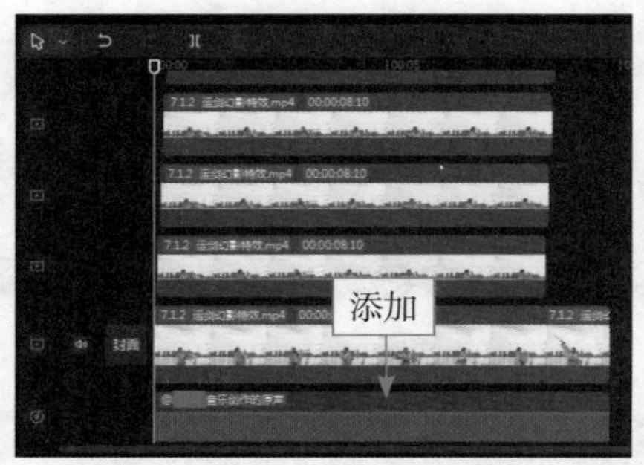

图 7-21　添加合适的背景音乐

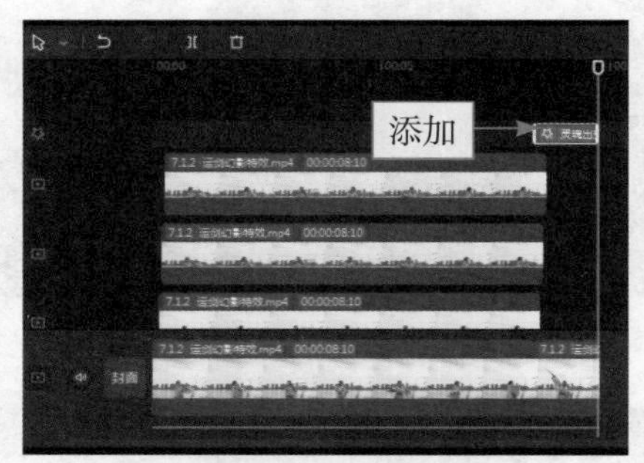

图 7-22　添加“灵魂出窍”动感特效

7.1.3　剑气特效

【效果说明】如果没有幻影特效，挥剑时可以加一些剑气特效，让功夫看起来更加厉害，效果更具震慑力。剑气特效的效果展示如图 7-23 所示。

扫码看案例效果　扫码看教学视频

图 7-23　剑气特效的效果展示

▶▷ 步骤 1 把拍摄的运剑视频素材和剑气特效素材导入"本地"选项卡中，单击视频素材右下角的"添加到轨道"按钮+，如图 7–24 所示，把素材添加到视频轨道中。

▶▷ 步骤 2 ❶拖动时间指示器至视频 00:00:00:29 人物开始挥剑的位置；❷把剑气特效素材拖动至画中画轨道中，如图 7–25 所示。

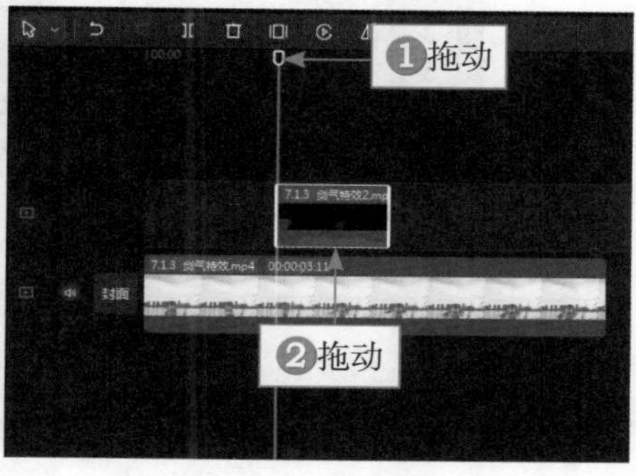

图 7–24 单击"添加到轨道"按钮　图 7–25 把剑气特效素材拖动至画中画轨道中

▶▷ 步骤 3 ❶在"混合模式"面板中选择"滤色"选项；❷调整剑气特效素材的角度、位置和大小，使其刚好在挥剑时出现，如图 7–26 所示。

图 7–26 调整剑气特效素材的角度、位置和大小

▶▷ 步骤 4 ❶单击"调节"按钮；❷拖动滑块，设置"饱和度"参数为 50，如图 7–27 所示，让剑气特效更加明显。

专家指点：由于特效经过"滤色"混合模式处理后，颜色一般都会减淡一些，因此，后期给特效进行调色，可以让特效更加突出。

图 7-27　设置“饱和度”参数

▶▷ 步骤 5　单击“音频”按钮，在“抖音收藏”选项卡中为视频添加合适的背景音乐，并调整其时长，如图 7-28 所示。

▶▷ 步骤 6　在视频 2 秒的位置添加“心跳”动感特效，并调整其时长，如图 7-29 所示。

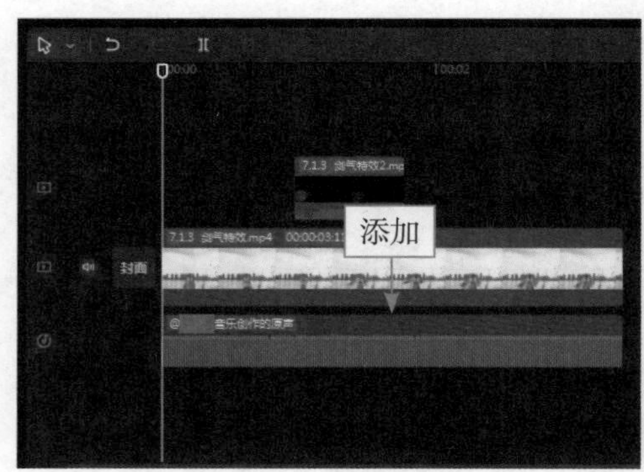

图 7-28　添加合适的背景音乐

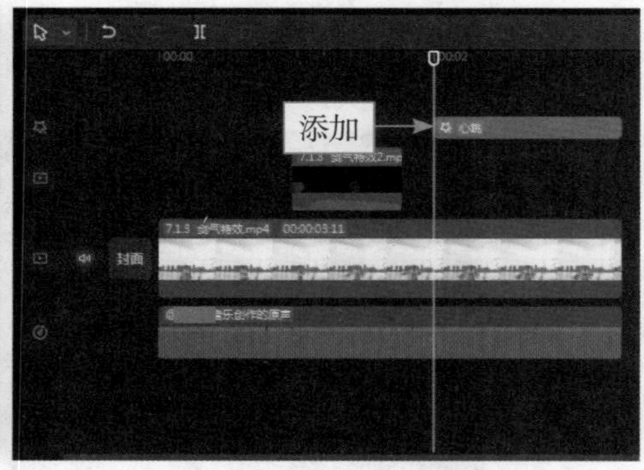

图 7-29　添加“心跳”动感特效

7.2　功夫特效

武侠片中功夫特效大多都是后期合成制作的，本节主要为大家介绍手打水花特效和碎地特效的制作方法。

7.2.1　手打水花特效

扫码看案例效果 扫码看教学视频

【效果说明】在武侠片中高手都喜欢在水边

对战，水花特效则是必不可少的，能让功夫更加“出神入化”。手打水花特效的效果展示如图 7-30 所示。

图 7-30　手打水花特效的效果展示

▶▷ 步骤 1　把人物对着水中发力的视频素材和水花特效素材导入“本地”选项卡中，单击人物素材右下角的“添加到轨道”按钮，如图 7-31 所示，把素材添加到视频轨道中。

▶▷ 步骤 2　❶拖动时间指示器至视频 00:00:01:10 的位置；❷把水花素材拖动至画中画轨道中；❸调整人物视频的时长，使其末端对齐水花素材的末尾位置，如图 7-32 所示。

图 7-31　单击“添加到轨道”按钮

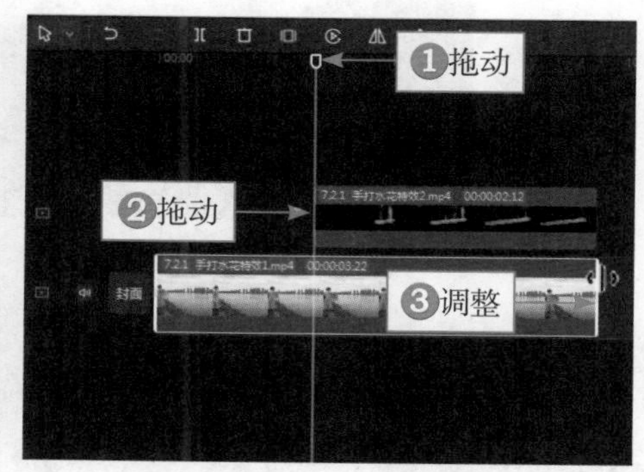

图 7-32　把水花素材拖动至画中画轨道中

▶▷ 步骤 3　选择水花素材，❶在“混合模式”面板中选择“滤色”选项；❷调整水花素材的大小和位置，使其刚好处于发力之后水面的位置，如图 7-33 所示。

▶▷ 步骤 4　❶单击“调节”按钮；❷拖动滑块，设置“饱和度”参数为 50，如图 7-34 所示，让特效更加明显。

▶▷ 步骤 5　单击“音频”按钮，在“抖音收藏”选项卡中为视频添加合适的背景音乐，并调整其时长，如图 7-35 所示。

图 7-33　调整水花素材的大小和位置

图 7-34　设置“饱和度”参数

▶▷ 步骤 6　拖动时间指示器至水花特效素材的起始位置，❶切换至“音效素材”选项卡；❷搜索“砸水”音效；❸添加“水爆砸水”音效，如图 7-36 所示。

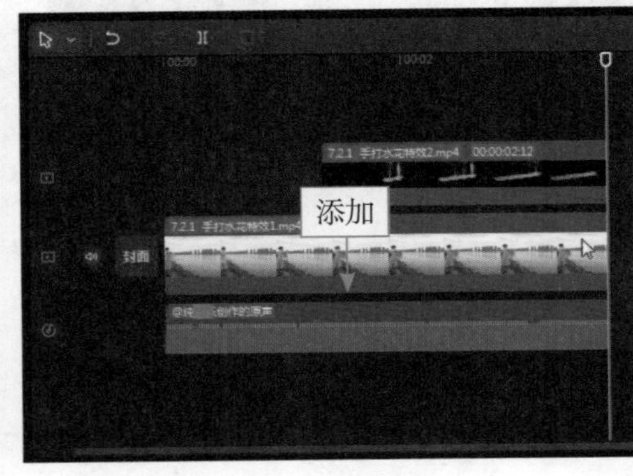

图 7-35　添加背景音乐

图 7-36　添加“水爆砸水”音效

▶▷ 步骤 7 调整音效时长，使其末端对齐视频的末尾位置，如图 7-37 所示。

▶▷ 步骤 8 在“音频”面板中设置“音量”数值为 10.0dB，如图 7-38 所示，提高音效音量。

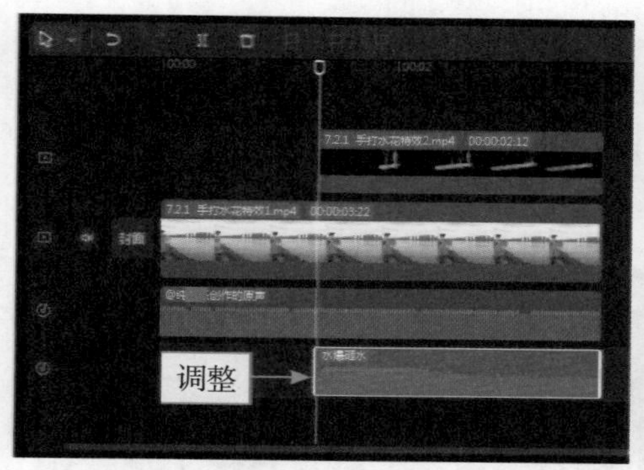

图 7-37 调整音效的时长

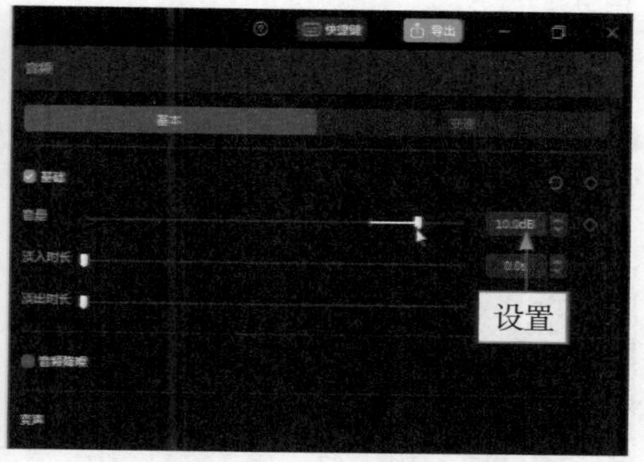

图 7-38 设置“音量”数值

7.2.2 碎地特效

【效果说明】碎地特效也是武侠片中不可或缺的，利用碎地特效能合成一掌拍碎地面的效果，仿佛掌力无穷，能让人物的功夫看起来更加厉害。碎地特效的效果展示如图 7-39 所示。

扫码看案例效果

扫码看教学视频

图 7-39 碎地特效的效果展示

▶▷ 步骤 1 把人物运掌拍地的视频素材和碎地特效绿幕素材导入“本地”

选项卡中，单击人物素材右下角的“添加到轨道”按钮，如图 7-40 所示，把素材添加到视频轨道中。

步骤 2 ❶拖动时间指示器至视频 00:00:02:07 人物手掌刚好拍地的位置；❷把碎地特效绿幕素材拖动至画中画轨道中；❸调整人物视频的时长，使其末端对齐碎地特效绿幕素材的末尾位置，如图 7-41 所示。

步骤 3 选择碎地特效绿幕素材，❶切换至“抠像”选项卡；❷选中“色度抠图”复选框；❸单击“取色器”按钮，进行取色；❹拖动圆环，在画面中取样绿色，如图 7-42 所示。

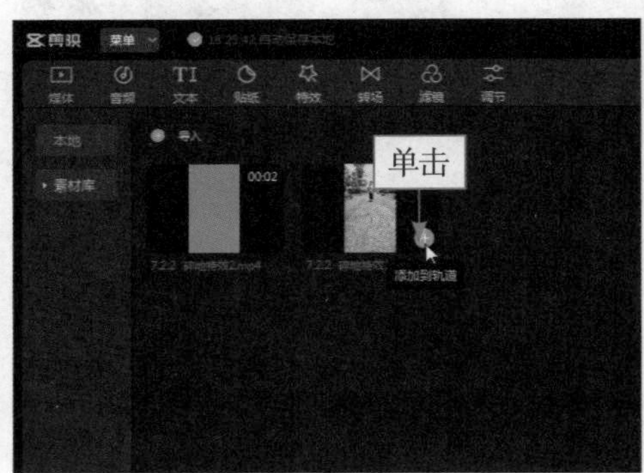

图 7-40　单击“添加到轨道”按钮

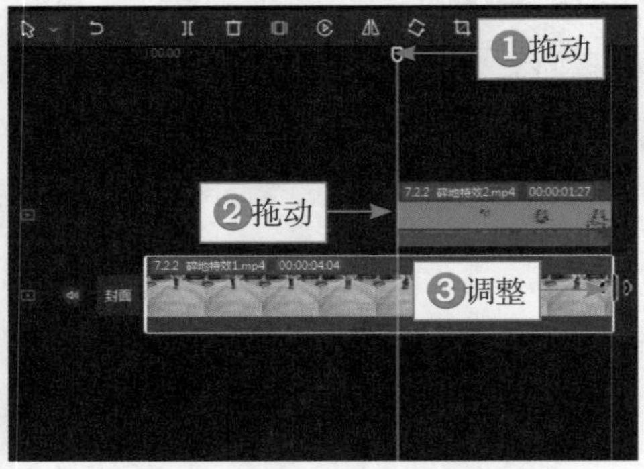

图 7-41　调整人物视频的时长

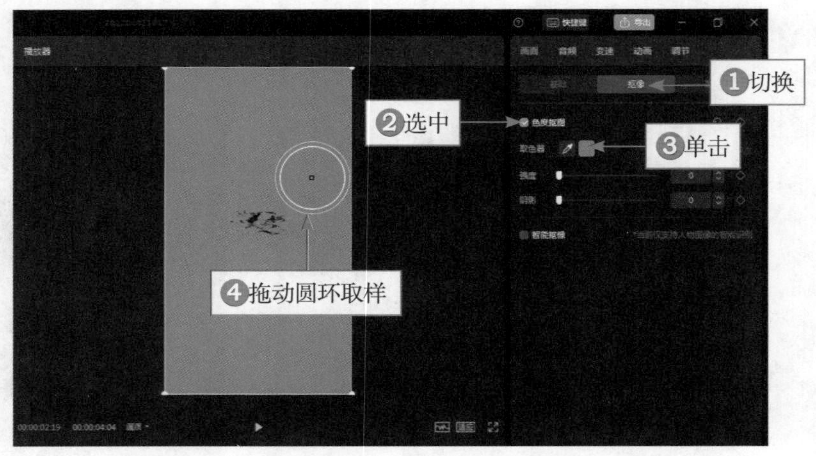

图 7-42　在画面中取样绿色

步骤 4 拖动滑块，设置“强度”和“阴影”参数为 100，如图 7-43 所示。

图 7-43　设置“强度”和“阴影”参数为 100

▶▷ 步骤 5　碎地特效抠出来后，❶单击“调节”按钮；❷切换至 HSL 选项卡；❸选择绿色◎选项；拖动滑块，❹设置“饱和度”参数为 -100，让碎地效果更加自然，如图 7-44 所示。

图 7-44　设置“饱和度”参数为 -100

▶▷ 步骤 6　拖动时间指示器至视频起始位置，❶单击“滤镜”按钮；❷在“精选”选项卡中添加“普林斯顿”滤镜，如图 7-45 所示。

▶▷ 步骤 7　调整滤镜的时长，使其末端对齐视频的末尾位置，如图 7-46 所示。

图 7-45　添加“普林斯顿”滤镜

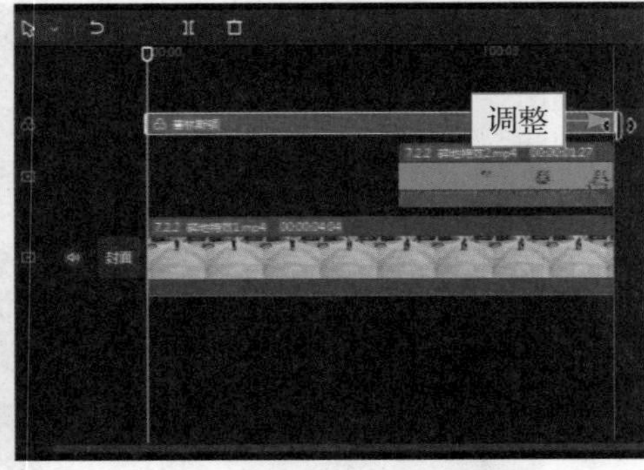

图 7-46　调整滤镜的时长

▶▷ 步骤 8　❶单击“音频”按钮；❷在“收藏”选项卡添加背景音乐，如图 7-47 所示。

▶▷ 步骤 9　调整音频时长，使其末端对齐绿幕素材的起始位置，如图 7-48 所示。

图 7-47　添加背景音乐

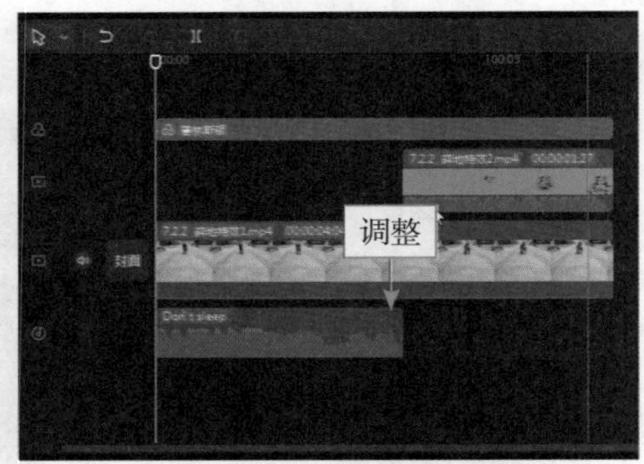

图 7-48　调整音频时长

第8章 科幻片特效

科幻片在当下使用特效的频率非常高，各种科幻性质的影视，无一例外都需要借助特效，这样才能展示出主角的能力和实现各种场景效果。本章以召唤特效和经典特效为例，给大家介绍一些科幻特效的制作方法，帮助大家学习到更多的特效制作案例。

新手重点索引

- 召唤特效
- 经典特效

效果图片欣赏

8.1 召唤特效

召唤特效在科幻片中是比较常见的一种特效，比如召唤铠甲、召唤风雨雷电或者召唤怪兽之类。本节主要为大家介绍召唤闪电、召唤鲸鱼和召唤神龙特效的制作方法。

扫码看案例效果

扫码看教学视频

8.1.1 召唤闪电特效

【效果说明】制作召唤闪电特效需要留白较多的天空背景视频，还可以给视频添加“闪电”特效，让画面更加震撼。召唤闪电特效的效果展示如图 8-1 所示。

图 8-1　召唤闪电特效的效果展示

▶▷ 步骤 1　把人物举手召唤的视频素材和闪电特效素材导入“本地”选项卡中，单击人物素材右下角的“添加到轨道”按钮＋，如图 8-2 所示，把素材添加到视频轨道中。

▶▷ 步骤 2　❶拖动时间指示器至视频 00:00:01:13 人物握拳的位置；❷把闪电素材拖动至画中画轨道中；❸调整闪电素材的时长，使其末端对齐人物素材的末尾位置，如图 8-3 所示。

图 8-2　单击“添加到轨道”按钮

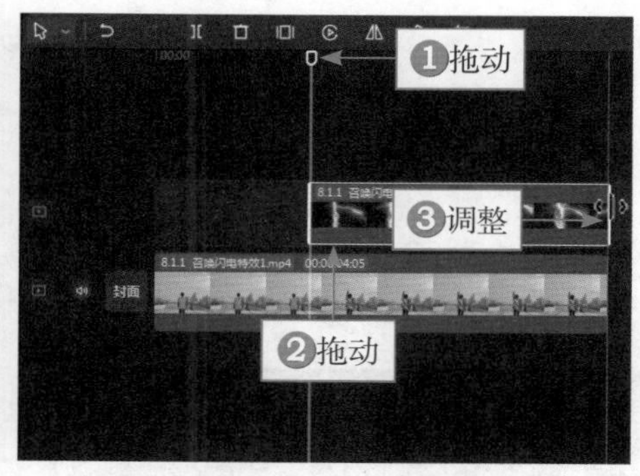

图 8-3　调整闪电素材的时长

▶▷ 步骤 3　❶在“混合模式”面板中选择“滤色”选项；❷调整闪电的大小和位置，使其处于人物手上的位置，如图 8-4 所示。

▶▷ 步骤 4　❶切换至“蒙版”选项卡；❷选择“线性”蒙版；❸调整蒙版线的位置；❹拖动⌃按钮，微微羽化边缘，如图 8-5 所示，让闪电素材与背景画面之间的过渡更加自然。

图 8-4　调整闪电的大小和位置

图 8-5　拖动相应的按钮

▶▷ 步骤 5　❶单击“特效”按钮；❷切换至“自然”选项卡；❸添加“闪电”特效，如图 8-6 所示。

▶▷ 步骤 6　调整“闪电”特效的时长，使其末端对齐视频的末尾位置，如图 8-7 所示。

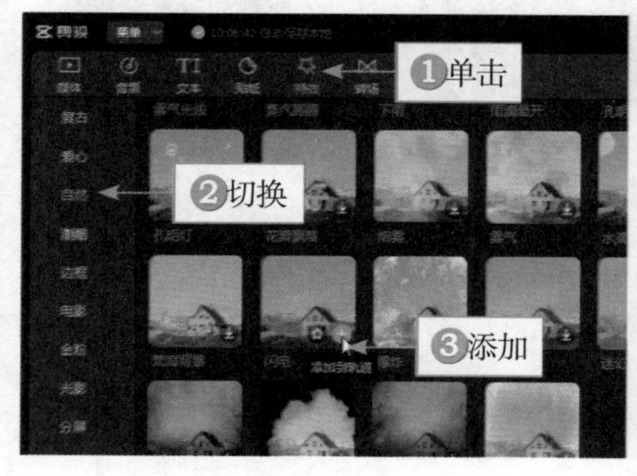

图 8-6　添加“闪电”特效

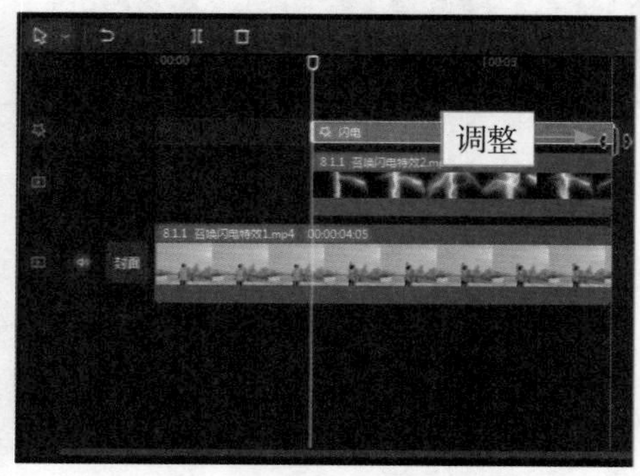

图 8-7　调整“闪电”特效的时长

▷▷ 步骤 7　拖动时间指示器至视频起始位置，❶单击“滤镜”按钮；❷切换至“复古”选项卡；❸添加 Vintage 滤镜，如图 8-8 所示。

▷▷ 步骤 8　调整滤镜的时长，使其末端对齐视频的末尾位置，如图 8-9 所示。

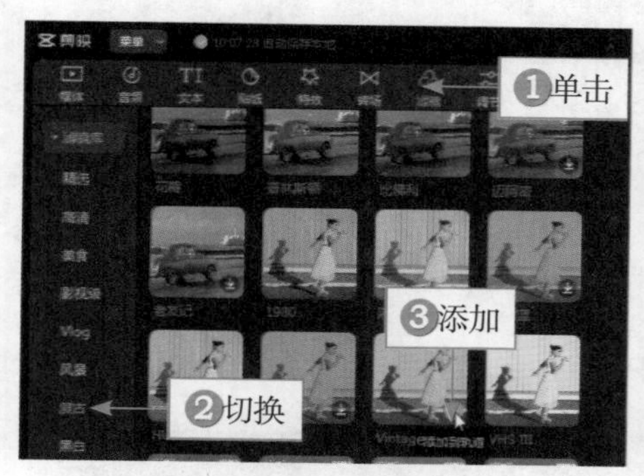

图 8-8　添加 Vintage 滤镜

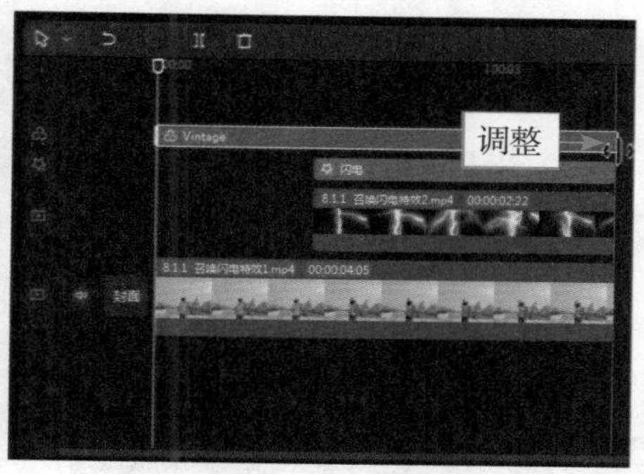

图 8-9　调整滤镜的时长

▷▷ 步骤 9　❶在视频起始位置单击“音频”按钮；❷在“收藏”选项卡中添加合适的背景音乐，如图 8-10 所示。

▷▷ 步骤 10　调整音频的时长，使其对齐视频的时长，如图 8-11 所示。

图 8-10　添加合适的背景音乐

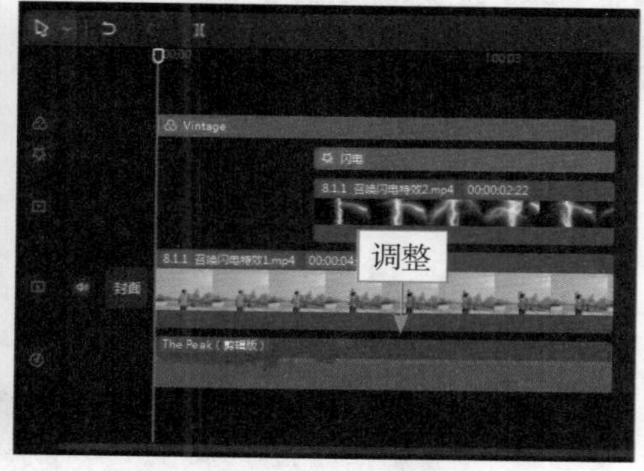

图 8-11　调整音频的时长

8.1.2　召唤鲸鱼特效

【效果说明】召唤鲸鱼特效能把现代都市变成海底世界，画面非常奇幻壮观，水中的城市也变得更加迷人了。召唤鲸鱼特效的效果展示如图 8-12 所示。

扫码看案例效果　扫码看教学视频

图 8-12　召唤鲸鱼特效的效果展示

步骤 1　把天空留白较多的空镜头视频素材、鲸鱼绿幕素材和海底素材导入“本地”选项卡中，单击天空素材右下角“添加到轨道”按钮，如图 8-13 所示，把素材添加到视频轨道中。

步骤 2　拖动鲸鱼绿幕素材至画中画轨道中，如图 8-14 所示。

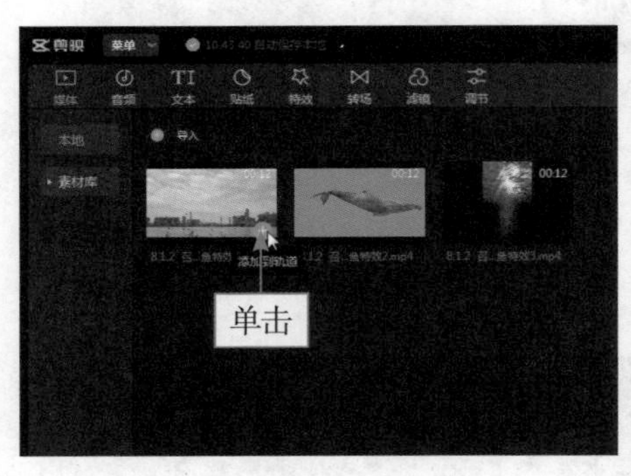

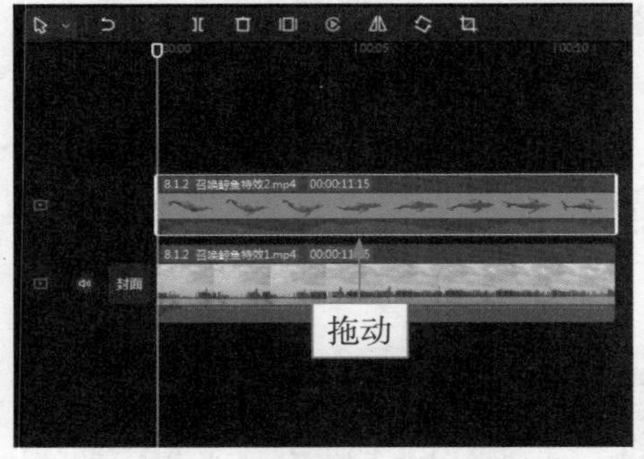

图 8-13　单击“添加到轨道”按钮　　图 8-14　拖动鲸鱼绿幕素材至画中画轨道中

步骤 3　❶切换至“抠像”选项卡；❷选中“色度抠图”复选框；❸单击“取色器”按钮，取样画面中的绿色；❹拖动滑块，设置“强度”参数为 100、“阴影”参数为 7，如图 8-15 所示，抠出鲸鱼。

图 8-15　设置相应的参数（1）

步骤 4 ❶单击“调节”按钮；❷拖动滑块，设置“饱和度”参数为 −13，如图 8−16 所示，让鲸鱼的色彩与背景更加融洽。

图 8−16 设置“饱和度”参数

步骤 5 ❶切换至 HSL 选项卡；❷选择绿色◎选项；❸拖动滑块，设置“色相”参数为 100、“饱和度”参数为 −100，如图 8−17 所示，让鲸鱼边缘更加自然。

图 8−17 设置相应的参数（2）

步骤 6 ❶单击“画面”按钮；❷调整鲸鱼的大小和位置，使其处于画面左边的位置；❸单击“位置”右侧的◇按钮，添加关键帧◆，如图 8−18 所示。

步骤 7 拖动时间指示器至视频 7 秒的位置，调整鲸鱼的位置，使其处于画面中间的位置，如图 8−19 所示，制作鲸鱼从左游到中间的效果。

步骤 8 拖动海底素材至第 2 条画中画轨道中，如图 8−20 所示。

图 8-18　添加关键帧

图 8-19　调整鲸鱼的位置

▶▷ 步骤 9　❶在“混合模式”面板中选择“滤色”选项；❷放大海底素材，使其覆盖画面，“缩放”参数如图 8-21 所示。

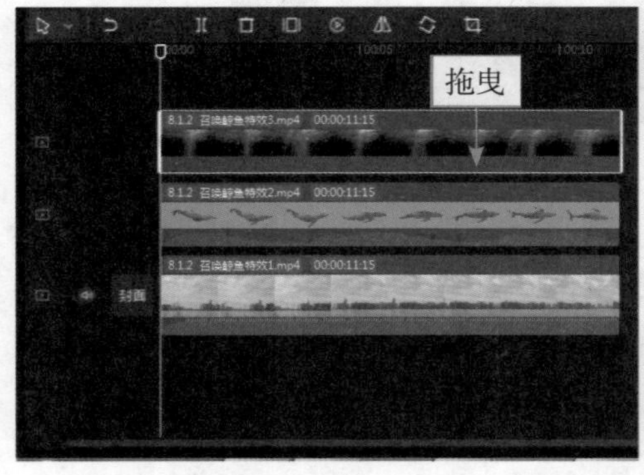

图 8-20　拖动海底素材至相应的轨道中

图 8-21　放大海底素材

8.1.3 召唤神龙特效

【效果说明】制作召唤神龙特效的重点在于把龙环绕在人物的四周，这里需要抠图和蒙版功能，才能把效果合成得更加自然。召唤神龙特效的效果展示如图 8-22 所示。

扫码看案例效果

扫码看教学视频

图 8-22 召唤神龙特效的效果展示

步骤 1 把人物视频素材和神龙特效素材导入“本地”选项卡中，单击人物素材右下角的“添加到轨道”按钮，如图 8-23 所示，把素材添加到视频轨道中。

步骤 2 拖动神龙特效素材至画中画轨道中，如图 8-24 所示。

图 8-23 单击“添加到轨道”按钮

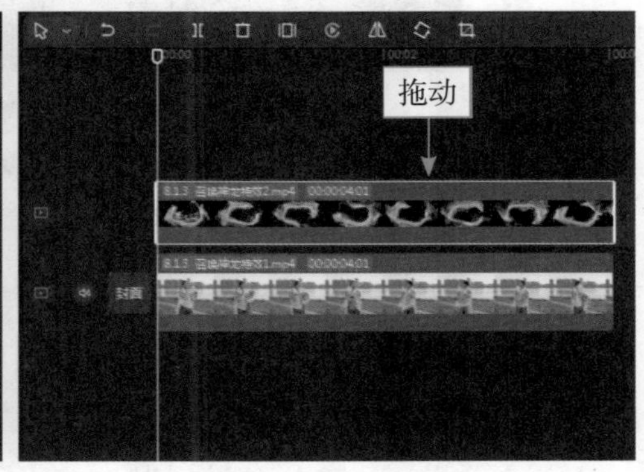

图 8-24 拖动神龙特效素材至画中画轨道中

▶▷ 步骤 3 在“混合模式”面板中选择“滤色”选项，抠出神龙，如图 8-25 所示。

图 8-25 选择“滤色”选项

▶▷ 步骤 4 ❶单击“调节”按钮；❷拖动滑块，设置“色温”参数为 5、“饱和度”参数为 19，如图 8-26 所示，让神龙特效更加明显。

图 8-26 设置相应的参数

▶▷ 步骤 5 拖动人物素材至第 2 条画中画轨道中，如图 8-27 所示。

▶▷ 步骤 6 ❶单击“画面”按钮；❷切换至“抠像”选项卡；❸选中“智能抠像”复选框，如图 8-28 所示，抠出人像。

▶▷ 步骤 7 ❶切换至“蒙版”选项卡；❷选择“圆形”蒙版；❸调整蒙版的大小和位置，如图 8-29 所示，让龙有环绕全身的效果。

▶▷ 步骤 8 ❶单击“滤镜”按钮；❷在“风景”选项卡中添加“仲夏”滤镜，如图 8-30 所示。

▶▷ 步骤 9 调整“仲夏”滤镜的时长，使其末端对齐视频的末尾位置，如图 8-31 所示。

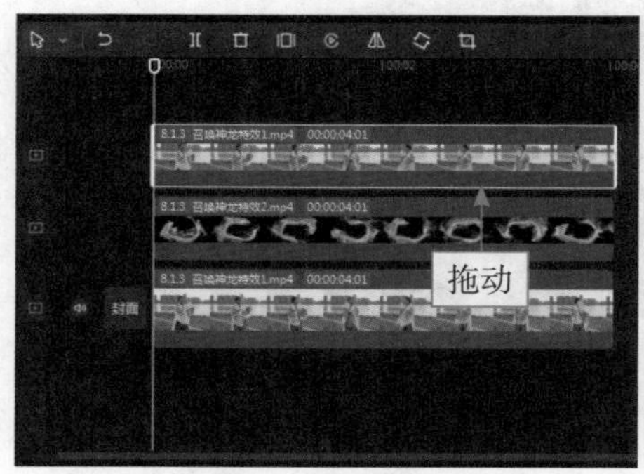

图 8-27 拖动人物素材至第 2 条画中画轨道中

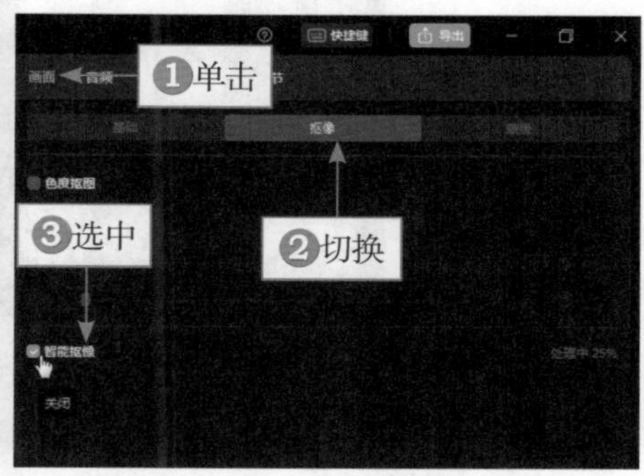

图 8-28 选中“智能抠像”复选框

图 8-29 调整蒙版的大小和位置

图 8-30 添加“仲夏”滤镜

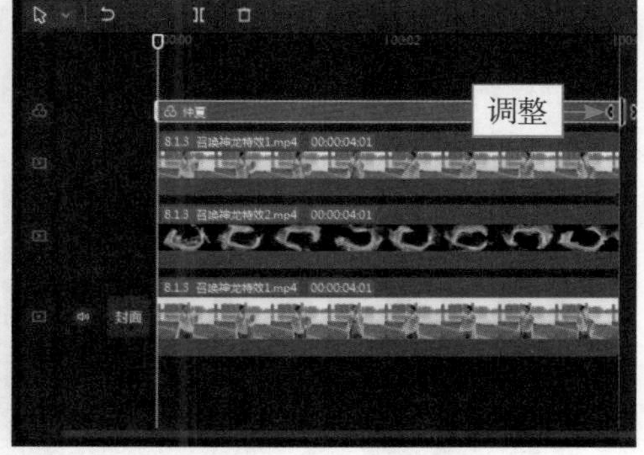

图 8-31 调整“仲夏”滤镜的时长

▶▷ 步骤 10 在“滤镜”面板中拖动滑块，设置“强度”参数为 70，如图 8-32 所示，让滤镜效果更加自然。

图 8-32　设置“强度”参数

8.2　经典特效

经典特效是科幻影视中比较常见的特效，比如电影《奇异博士》中的特效，还有人变成乌鸦消失的特效。本节主要为大家介绍这些特效的制作方法。

8.2.1　奇异博士特效

【效果说明】在剪映中通过添加光环特效，就能制作出奇异博士特效。奇异博士特效的效果展示如图 8-33 所示。

扫码看案例效果　扫码看教学视频

图 8-33　奇异博士特效的效果展示

步骤 1 把人物双手打开的视频素材和光环特效素材导入“本地”选项卡中，单击人物素材右下角的“添加到轨道”按钮，如图 8-34 所示，把素材添加到视频轨道中。

步骤 2 ❶拖动时间指示器至视频 00:00:00:19 人物手张开的位置；❷把光环特效素材拖动至画中画轨道中；❸调整光环素材的时长，使其末端对齐人物素材的末尾位置，如图 8-35 所示。

图 8-34　单击“添加到轨道”按钮

图 8-35　调整光环素材的时长

步骤 3 ❶在“混合模式”面板中选择“滤色”选项；❷调整光环素材的大小和位置，使其处于人物手上的位置，如图 8-36 所示。

图 8-36　调整光环素材的大小和位置

步骤 4 复制该段光环素材至第 2 条画中画轨道中并调整其位置，使其处于人物的另一只手上，如图 8-37 所示。

图 8-37　调整光环素材的位置

▶▷ 步骤 5　❶在视频起始位置单击“音频”按钮；❷在“音效素材”选项卡中展开“魔法”选项区；❸添加一段音效，如图 8-38 所示。

▶▷ 步骤 6　调整音效的时长，使其处于光环素材的前面，如图 8-39 所示。

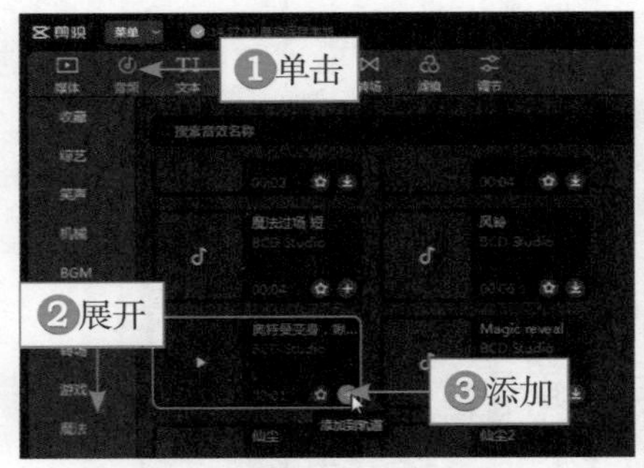

图 8-38　添加一段音效

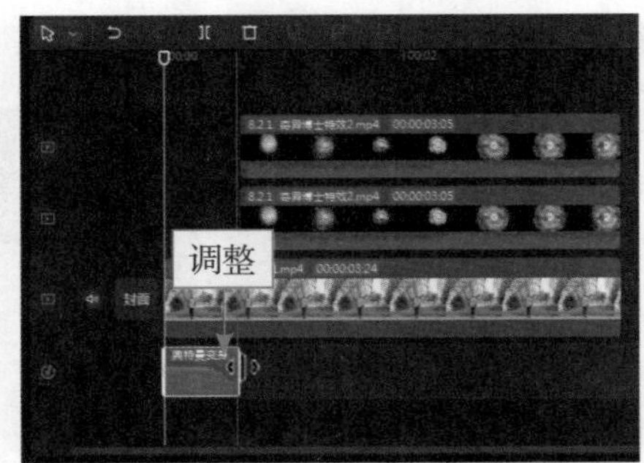

图 8-39　调整音效的时长

8.2.2　人变乌鸦消失特效

【效果说明】在剪映中通过设置转场和合成乌鸦素材就能制作出人变乌鸦消失的特效。人变乌鸦消失特效的效果展示如图 8-40 所示。

扫码看案例效果　扫码看教学视频

图 8-40　人变乌鸦消失特效的效果展示

▶▷ 步骤 1　把人物举手打响指的视频素材、空镜头视频素材和乌鸦消失特效素材导入“本地”选项卡中，把人物举手打响指的视频素材和空镜头素材依次添加到视频轨道中，如图 8-41 所示。

▶▷ 步骤 2　❶单击“转场”按钮；❷在“基础转场”选项卡中添加“向上擦除”转场，如图 8-42 所示。

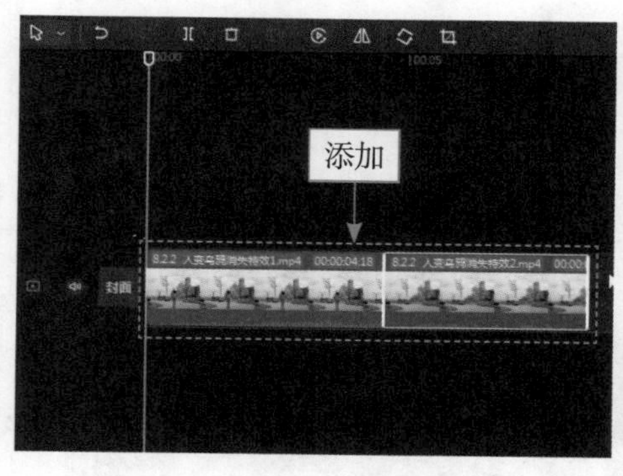

图 8-41　添加素材至视频轨道中

图 8-42　添加“向上擦除”转场

▶▷ 步骤 3　在“转场”面板中拖动滑块，设置“时长”为 1.5s，如图 8-43 所示。

▶▷ 步骤 4　❶拖动时间指示器至视频 00:00:01:13 人物举手打响指结束的位置；❷调整人物素材的时长，使转场的起始位置处于时间指示器的位置；❸拖动乌鸦特效素材至画中画轨道中，并调整其时长，使其末端对齐视频的末尾位置，如图 8-44 所示。

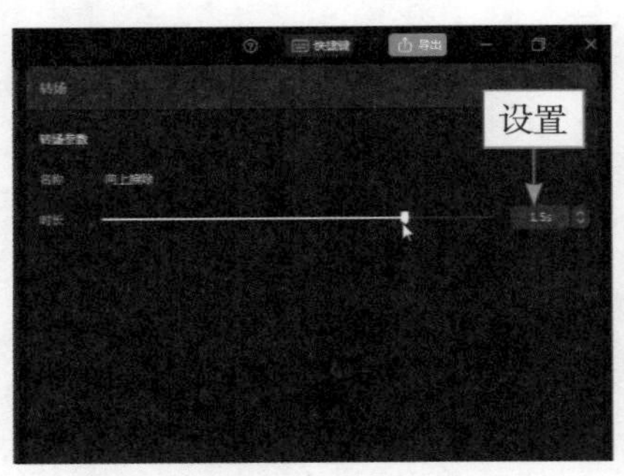

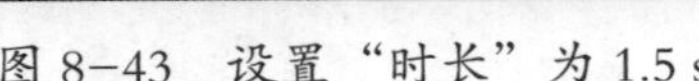
图 8-43　设置“时长”为 1.5 s

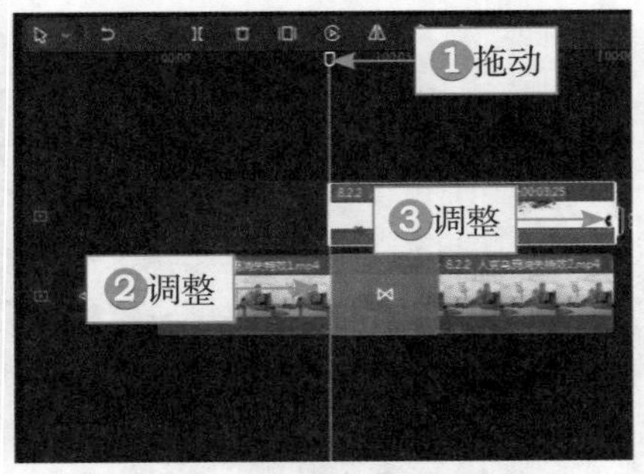

图 8-44　调整乌鸦素材的时长

▶▷ 步骤 5　在“混合模式”面板中选择“正片叠底”选项，如图 8-45 所示，抠出乌鸦。

图 8-45　选择“正片叠底”选项

▶▷ 步骤 6　拖动时间指示器至视频起始位置，单击“滤镜”按钮，在“影视级”选项卡中添加“月升之国”滤镜，并调整其时长，使其末端对齐视频的末尾位置，如图 8-46 所示。

▶▷ 步骤 7　最后为视频添加合适的卡点音乐，如图 8-47 所示。

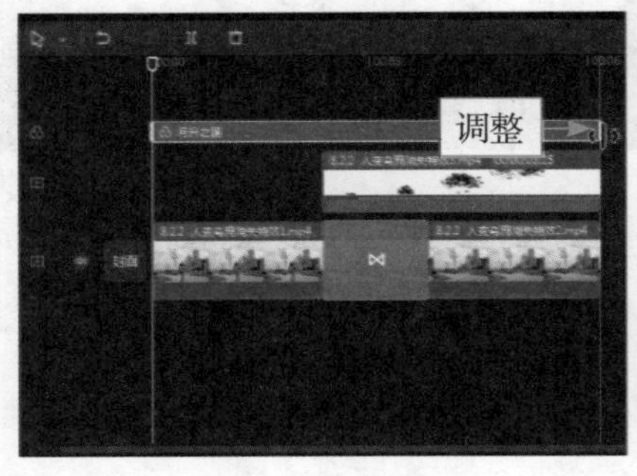

图 8-46　添加“月升之国”滤镜

图 8-47　添加合适的卡点音乐

第9章 字幕特效

字幕特效是大多数视频和影视里必不可少的特效。各种开场片头和片尾谢幕都离不开字幕特效，有特色的个性字幕特效能为作品带来更多记忆点。本章除了介绍怎么制作片头字幕特效和片尾字幕特效，还介绍了海报字幕特效和水印字幕特效，帮助大家学习到更多、更全面的字幕特效案例和知识。

新手重点索引

- 海报字幕特效
- 片头字幕特效
- 水印字幕特效
- 片尾字幕特效

效果图片欣赏

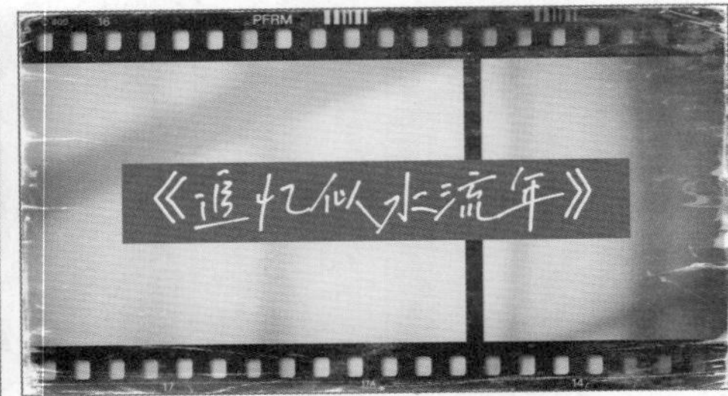

9.1 海报字幕特效

在电影的宣传过程中，观众第一眼看到的就是海报，其中的字幕是视频和电影的重点所在。不管是二次创作的电影解说视频，还是电影宣传海报视频，其中的字幕一定要突出重点，让人印象深刻。本节主要为大家介绍怎么制作三联屏海报封面特效和动态电影海报特效。

9.1.1 三联屏海报封面特效

扫码看案例效果 扫码看教学视频

【效果说明】三联屏海报封面需要在剪映中

制作出来，然后分段截图作为封面，之后就可以上传到抖音，作为电影解说视频的封面。比如，电影解说视频一共有三集，那这三集三个视频的封面就是一张图裁剪出来的。三联屏海报封面特效的效果展示如图 9–1 所示。

图 9–1　三联屏海报封面特效的效果展示

▶▷ 步骤 1　把电影图片素材导入"本地"选项卡中，单击素材右下角的"添加到轨道"按钮＋，如图 9–2 所示，把素材添加到视频轨道中。

▶▷ 步骤 2　❶单击"文本"按钮；❷在"收藏"选项区中单击所选花字右下角的"添加到轨道"按钮＋，如图 9–3 所示，添加文本。

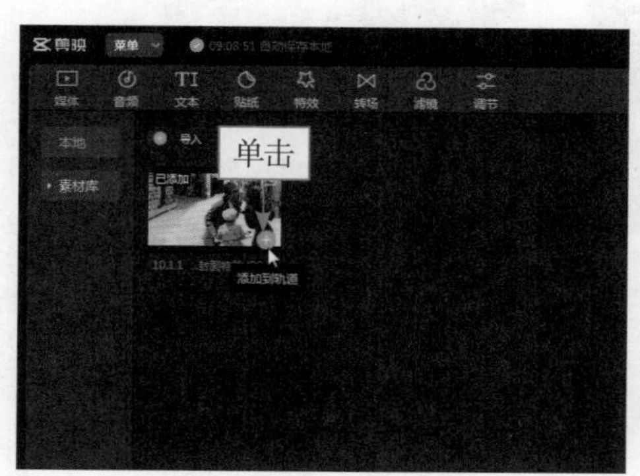

图 9–2　单击"添加到轨道"按钮（1）

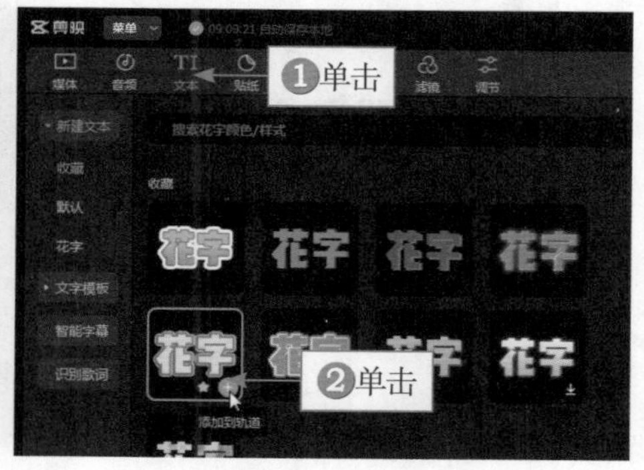

图 9–3　单击"添加到轨道"按钮（2）

▶▷ 步骤 3　❶输入文字；❷选择合适的字体；❸调整文字的大小和位置，如图 9–4 所示，这是封面的主标题，主要突出电影名字。

图 9-4　调整文字的大小和位置（1）

▶▷ 步骤 4　❶输入第 2 段文字；❷选择合适的字体；❸在“预设样式”选项区中选择黑字黄底样式；❹调整文字的大小和位置，如图 9-5 所示，这是封面的副标题，主要突出电影的特色，之后截图画面保存。

图 9-5　调整文字的大小和位置（2）

▶▷ 步骤 5　把刚才截图的画面素材和白色分段素材导入“本地”选项卡中，单击白色素材右下角的“添加到轨道”按钮 ，如图 9-6 所示，把素材添加到视频轨道中。

▶▷ 步骤 6　拖动截图素材至画中画轨道中，如图 9-7 所示。

▶▷ 步骤 7　在“混合模式”面板中选择“正片叠底”选项，如图 9-8 所示。之后导出素材。

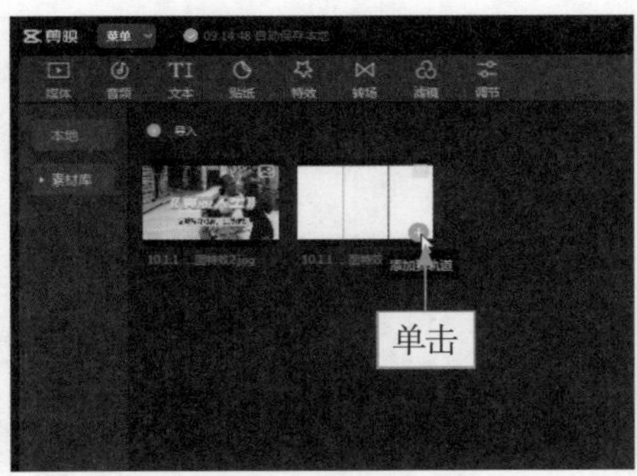

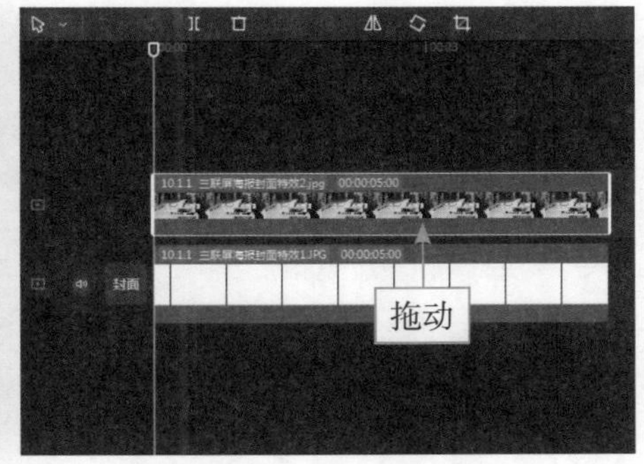

图 9-6　单击“添加到轨道”按钮（3）　图 9-7　拖动截图素材至画中画轨道中

图 9-8　选择“正片叠底”选项

▶▷ 步骤 8　重建一个视频草稿，把刚才导出的视频素材导入并添加到视频轨道中，设置画面比例为 9 ： 16，如图 9-9 所示，把横屏画面变成竖屏画面。

▶▷ 步骤 9　调整素材的大小和位置，只露出画面的三分之一，如图 9-10 所示，之后截图画面保存，就可以作为解说视频的封面上传到抖音了。

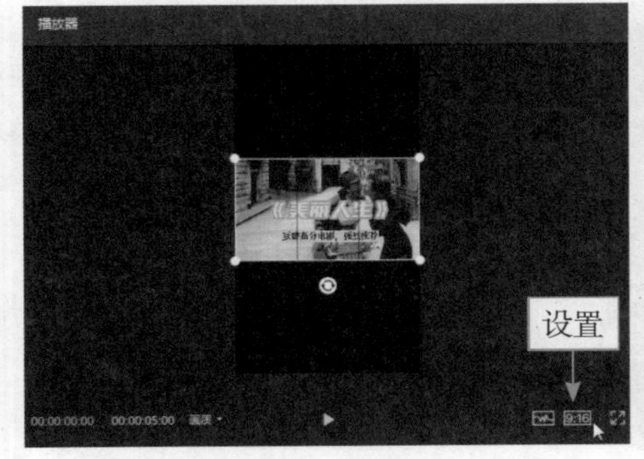

图 9-9　设置画面比例为 9 ： 16

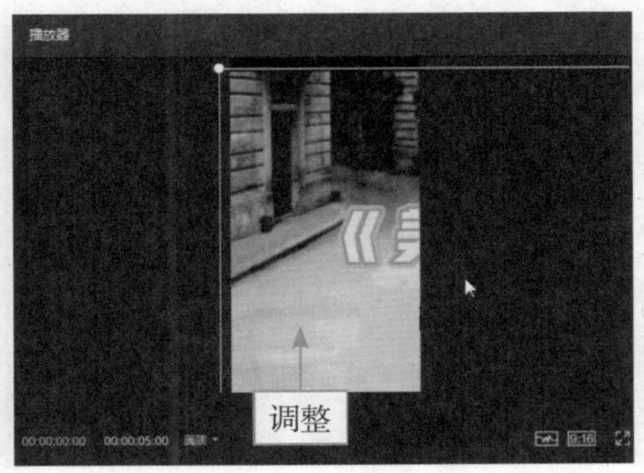

图 9-10　调整素材的大小和位置

9.1.2 动态电影海报特效

【效果说明】平常我们所看到的电影海报都是静止不动的，为了能让海报在剪映中变成视频动起来，需要我们加些动态的文字，使图片动起来，就能制作出具有视觉冲击力的动态海报特效。动态电影海报特效的效果展示如图 9-11 所示。

扫码看案例效果

扫码看教学视频

图 9-11　动态电影海报特效的效果展示

▶▷ 步骤 1　把两张电影宣传海报图片导入“本地”选项卡中，单击素材右下角的“添加到轨道”按钮，如图 9-12 所示，把素材添加到视频轨道中。

▶▷ 步骤 2　把剩下的素材拖动到视频轨道中第 1 段素材的后面，如图 9-13 所示。

图 9-12　单击“添加到轨道”按钮（1）

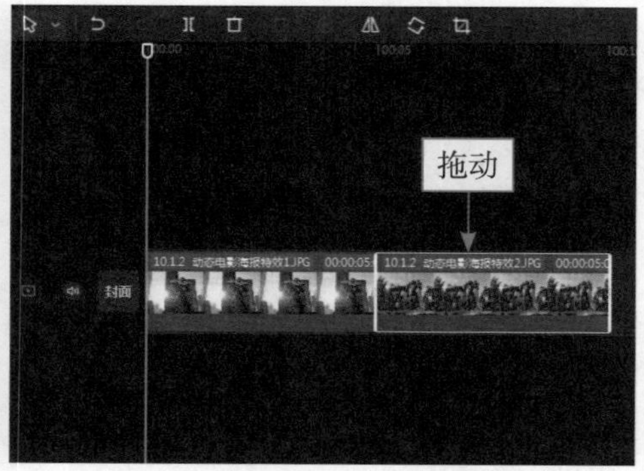

图 9-13　拖动素材至视频轨道中

▶▷ 步骤 3　选择第 1 段素材，❶设置画面比例为 9 ∶ 16；❷调整图片的大小，使其覆盖画面，露出主体；❸单击“动画”按钮；❹切换至“组合”选项卡；❺选择“旋转降落”动画，如图 9-14 所示。

图 9-14　选择“旋转降落”动画

▶▷ 步骤 4　选择第 2 段素材，❶调整图片的大小，使其覆盖画面；❷在“位置”右侧添加关键帧◆；❸调整图片的位置，使其左边位置为起始位置，如图 9-15 所示。

图 9-15　调整图片的位置（1）

▶▷ 步骤 5　拖动时间指示器至第 2 段素材的末尾位置，调整图片的位置，露出右边的最后一个角色，“位置”右侧会自动添加关键帧◆，如图 9-16 所示，这样图片就由左往右移动。

第 9 章　字幕特效

图 9-16　调整图片的位置（2）

步骤 6　拖动时间指示器至两段素材之间的位置，❶单击“转场”按钮；❷在“基础转场”选项卡中单击“泛白”转场右下角的“添加到轨道”按钮，如图 9-17 所示，添加转场。

步骤 7　❶在视频起始位置单击“文本”按钮；❷在“收藏”选项区中单击所选花字右下角的“添加到轨道”按钮，如图 9-18 所示，添加文本。

图 9-17　单击“添加到轨道”按钮（2）

图 9-18　单击“添加到轨道”按钮（3）

步骤 8　❶输入文字内容；❷选择合适的字体，如图 9-19 所示，调整文字的时长，使其对齐第 1 段素材的时长。

步骤 9　❶添加第 2 段海报文字，调整两段文字在画面中的大小和位置；❷选择第 1 段文字；❸单击“动画”按钮；❹切换至“循环”选项卡；❺选择“色差故障”动画，如图 9-20 所示。

图 9-19　选择合适的字体

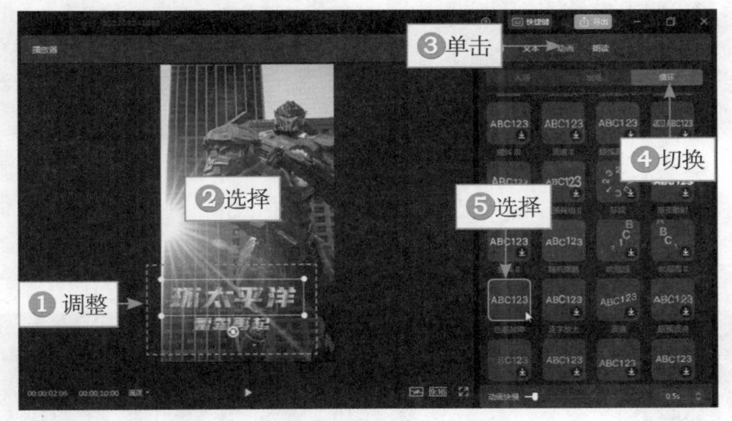

图 9-20　选择"色差故障"动画

▶▷ 步骤 10　①选择第 2 段文字；②选择"闪烁"循环动画，如图 9-21 所示。

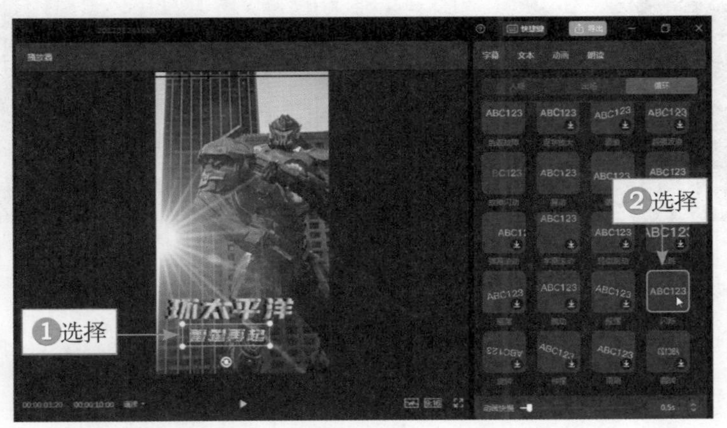

图 9-21　选择"闪烁"循环动画

▶▷ 步骤 11 复制两段文字至第 2 段素材中，调整其大小和位置，如图 9-22 所示。

▶▷ 步骤 12 ❶在第 2 段素材的起始位置单击“文本”按钮；❷在“文字模板”选项卡中切换至“任务清单”选项区；❸单击所选文字模板右下角的“添加到轨道”按钮，如图 9-23 所示，并调整其时长，使其末端对齐第 2 段素材的末尾位置。

图 9-22　调整文字的大小和位置

图 9-23　单击“添加到轨道”按钮（4）

▶▷ 步骤 13 更换全部的文字内容，换成上映时间和海报文字，如图 9-24 所示。

图 9-24　更换文字内容

▶▷ 步骤 14 ❶在视频起始位置单击“音频”按钮；❷切换至“抖音收藏”选项卡；❸单击所选音乐右下角的“添加到轨道”按钮，如图 9-25 所示，添加背景音乐。

▶▷ 步骤 15 调整音频的时长，使其对齐视频的时长，如图 9-26 所示。

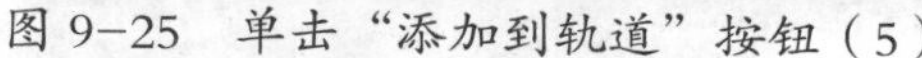

图 9-25 单击“添加到轨道”按钮（5）

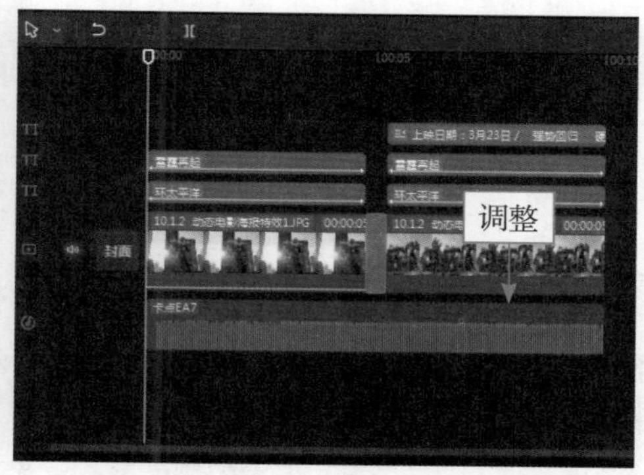

图 9-26 调整音频的时长

9.2 片头字幕特效

片头字幕在视频内容中处于最开始、最显眼的位置，因此制作出有特色、有个性的片头字幕特效非常重要。在剪映中制作片头字幕特效有很多种方式，本节的片头字幕特效风格多样、类型丰富。下面为大家介绍这些片头字幕特效的制作方法。

9.2.1 复古胶片字幕特效

【效果说明】复古胶片字幕特效的特点就是有历史感和怀旧感。因此，画面一定要制作出老旧的样式，至于文字的选择，最好选择有记忆点的内容，再添加贴合场景的音乐和音效，就能加分。复古胶片字幕特效的效果展示如图 9-27 所示。

扫码看案例效果

扫码看教学视频

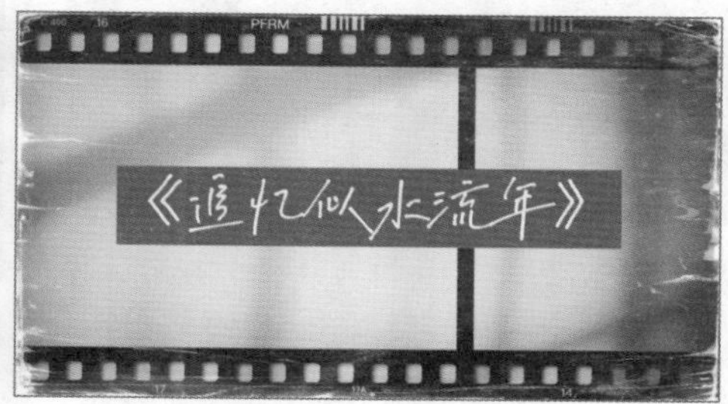

图 9-27 复古胶片字幕特效的效果展示

步骤 1　在剪映中切换至“素材库”选项卡，单击白场素材右下角的“添加到轨道”按钮，如图 9–28 所示，把素材添加到视频轨道中。

步骤 2　❶单击“特效”按钮；❷切换至“复古”选项卡；❸单击“胶片Ⅲ”特效右下角的“添加到轨道”按钮，如图 9–29 所示，添加第 1 段特效。

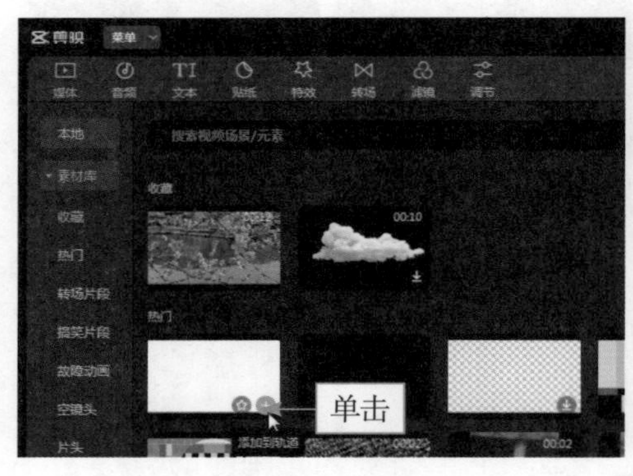

图 9–28　单击“添加到轨道”按钮（1）

图 9–29　单击“添加到轨道”按钮（2）

步骤 3　❶切换至“光影”选项卡；❷单击“窗格光”特效右下角的“添加到轨道”按钮，如图 9–30 所示，添加第 2 段特效。

步骤 4　❶切换至“纹理”选项卡；❷单击“老照片”特效右下角的“添加到轨道”按钮，如图 9–31 所示，添加第 3 段特效，并调整 3 段特效的时长。添加特效制作出复古胶片感后，就需要添加文本，添加文本的方式前面已经重复很多遍了，后面就不赘述了。

图 9–30　单击“添加到轨道”按钮（3）

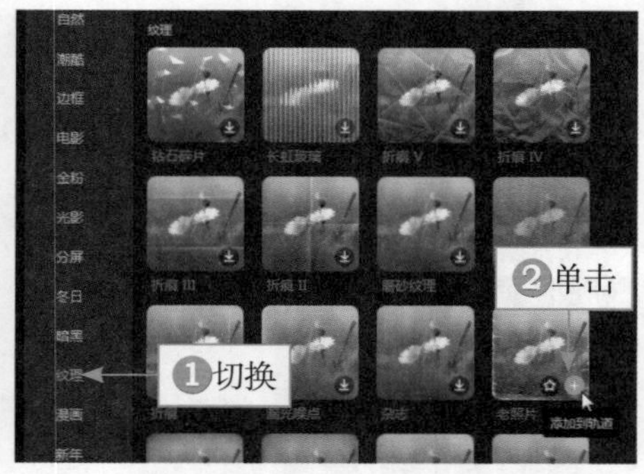

图 9–31　单击“添加到轨道”按钮（4）

步骤 5　❶输入文字内容；❷选择合适的字体；❸在“预设样式”选项区中选择红底白字样式，如图 9–32 所示。这里选择的是手写字体，文字会更有复古感。

图 9-32　选择红底白字样式

▷▷ 步骤 6　❶单击“动画”按钮；❷选择“打字机Ⅱ”入场动画；❸拖动滑块，设置“动画时长”为 2.5s，如图 9-33 所示。

图 9-33　设置“动画时长”为 2.5s

▷▷ 步骤 7　❶单击“音频”按钮；❷展开“音效素材”选项卡；❸切换至“机械”选项区；❹单击“胶卷过卷声”音效右下角的“添加到轨道”按钮，如图 9-34 所示，添加音效。

▷▷ 步骤 8　❶切换至“治愈”选项区；❷单击所选音乐右下角的“添加到轨道”按钮，如图 9-35 所示，添加音乐并调整其时长。

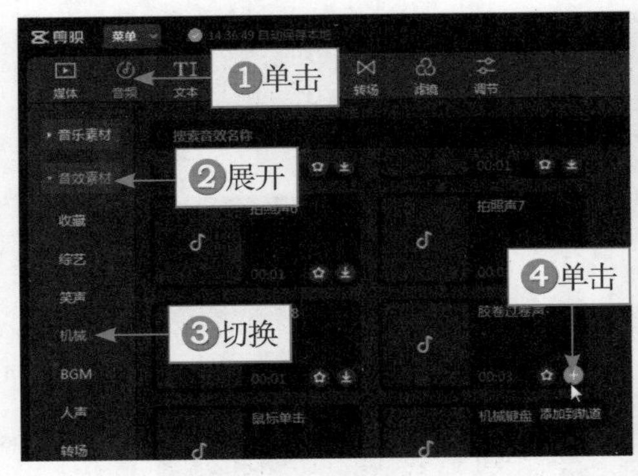

图 9-34　单击“添加到轨道”按钮（5）

图 9-35　单击“添加到轨道”按钮（6）

9.2.2　金色粒子字幕特效

【效果说明】在剪映中通过添加金色粒子素材就能制作出金色粒子字幕效果，不过需要根据粒子的样式提前制作好文字模板，比如粒子特效素材有金色和红色的粒子，那么，文字里就需要有红色和金色的文字。金色粒子字幕特效的效果展示如图 9-36 所示。

扫码看案例效果　扫码看教学视频

图 9-36　金色粒子字幕特效的效果展示

▶▷ 步骤 1　❶在剪映中切换至“素材库”选项卡；❷单击黑场素材右下角的“添加到轨道”按钮，如图 9-37 所示，把素材添加到视频轨道中，并设置其时长为 3s。

▶▷ 步骤 2　❶单击“文本”按钮；❷在“收藏”选项区中单击金色花字右下角的“添加到轨道”按钮，添加金色文字，如图 9-38 所示。

▶▷ 步骤 3　❶输入文字内容；❷选择合适的字体，如图 9-39 所示。这里主要输入一个文字，因为后续要调整每个文字的大小和位置。

▶▷ 步骤 4　❶单击“动画”按钮；❷选择“渐显”入场动画；❸拖动滑块，

设置“动画时长”为 2.0 s，如图 9-40 所示。

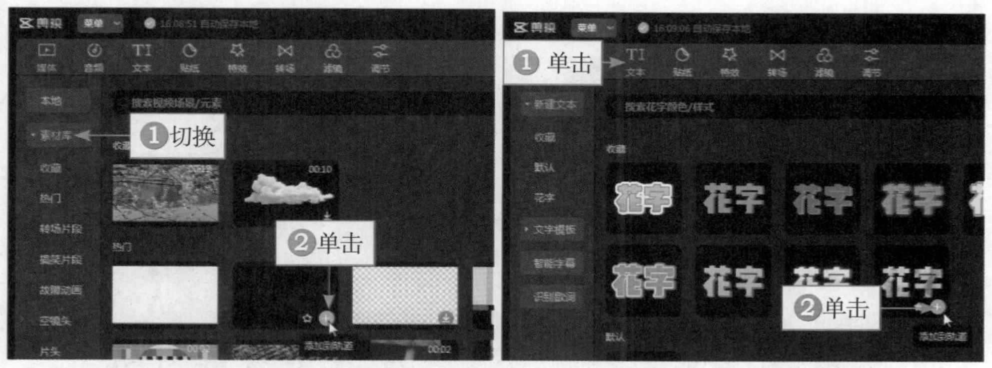

图 9-37　单击“添加到轨道”按钮（1）　图 9-38　单击“添加到轨道”按钮（2）

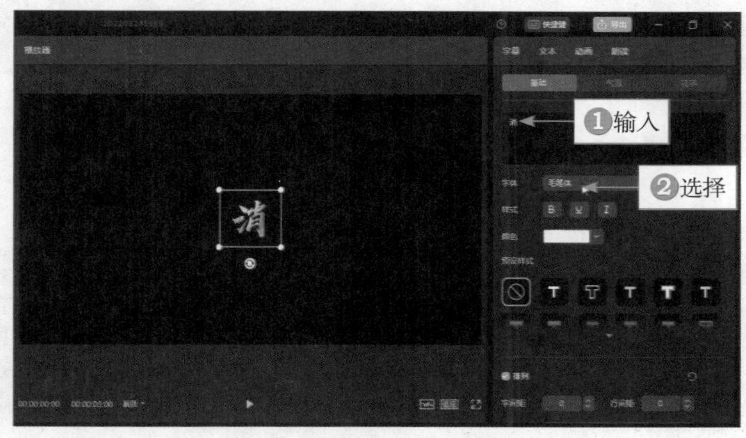

图 9-39　选择合适的字体

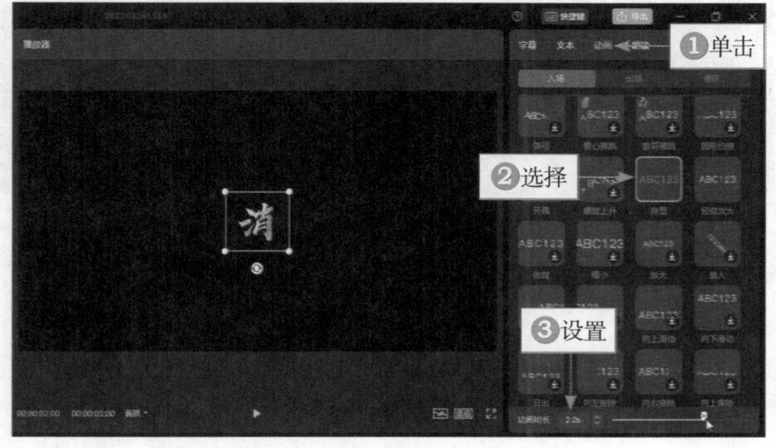

图 9-40　设置“动画时长”为 2.0 s

▶▷ 步骤 5　❶切换至“出场”选项卡；❷选择“溶解”动画；❸拖动滑块，设置“动画时长”为 1.0s，如图 9-41 所示。

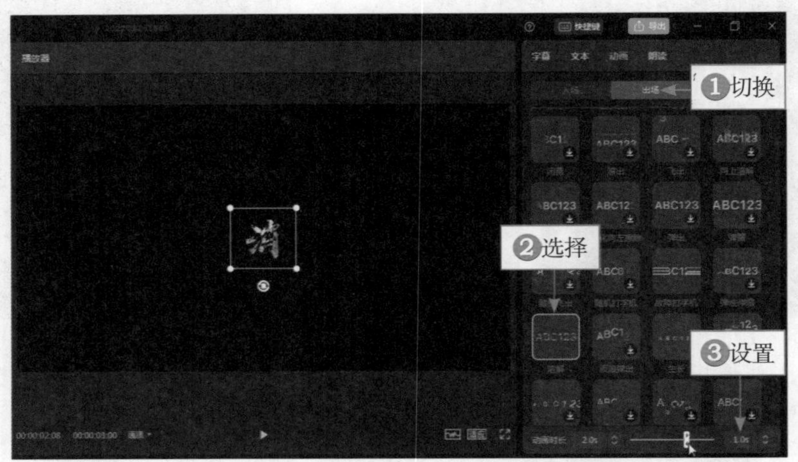

图 9-41　设置“动画时长”为 1.0s

▶▷ 步骤 6　添加剩下的文字，调整每个字的大小和位置，如图 9-42 所示，英文字体与中文字体不同。

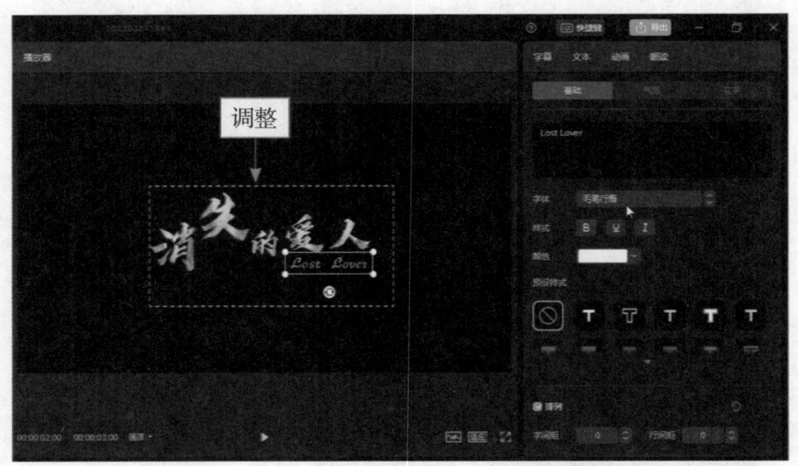

图 9-42　调整每个字的大小和位置

▶▷ 步骤 7　拖动金色粒子特效素材至画中画轨道中，如图 9-43 所示。

▶▷ 步骤 8　❶单击“贴纸”按钮；❷搜索“红印”贴纸；❸单击所选贴纸右下角“添加到轨道”按钮，如图 9-44 所示，添加红印贴纸。

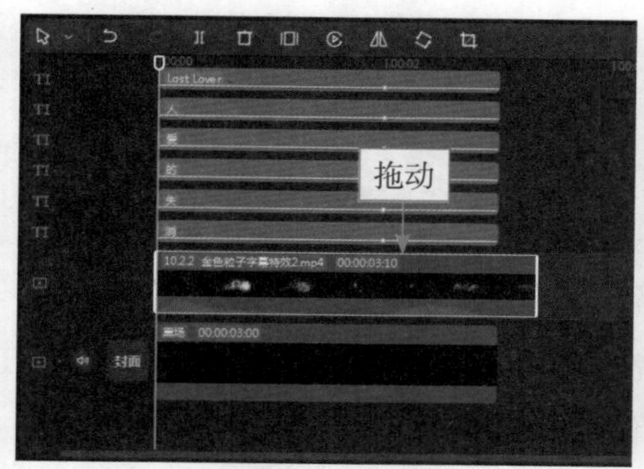

图 9-43　拖动素材至画中画轨道中

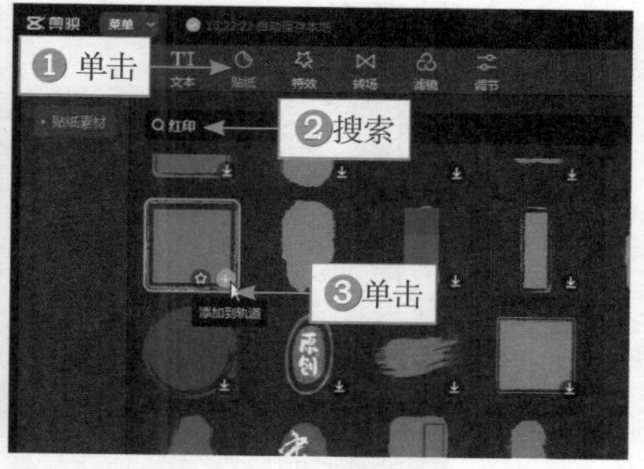

图 9-44　单击“添加到轨道”按钮（3）

▷▷ 步骤 9　❶调整贴纸的大小和位置；❷单击“动画”按钮；❸为贴纸选择“渐显”入场动画、“渐隐”出场动画；❹并设置各自的“动画时长”为 2.0s 和 1.0s，如图 9-45 所示。

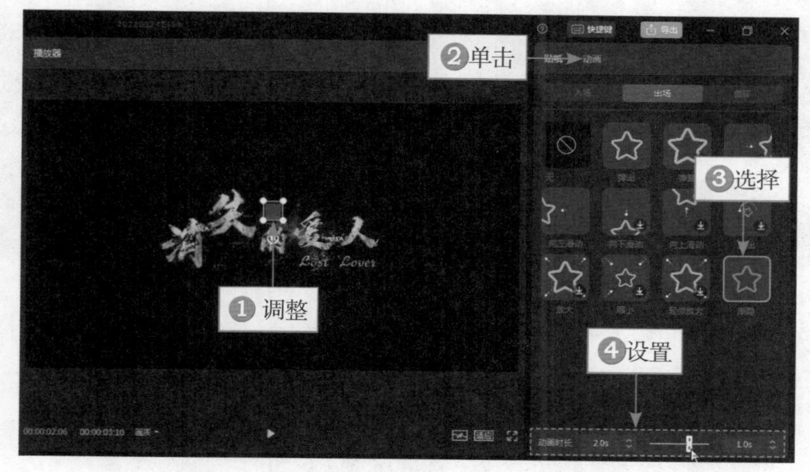

图 9-45　选择动画并设置“动画时长”

▷▷ 步骤 10　❶添加 4 个文字；❷调整文字的大小和位置，使其覆盖红印，如图 9-46 所示。这段文字的动画设置与其他文字的动画设置是一样的，之后导出素材。

▷▷ 步骤 11　新建一个视频草稿，把刚才导出的文字素材和背景素材导入“本地”选项卡中，单击背景素材右下角的“添加到轨道”按钮 ，如图 9-47 所示。

▷▷ 步骤 12　把素材添加到视频轨道中，拖动文字素材至画中画轨道中，如图 9-48 所示。

图 9-46 调整文字的大小和位置（2）

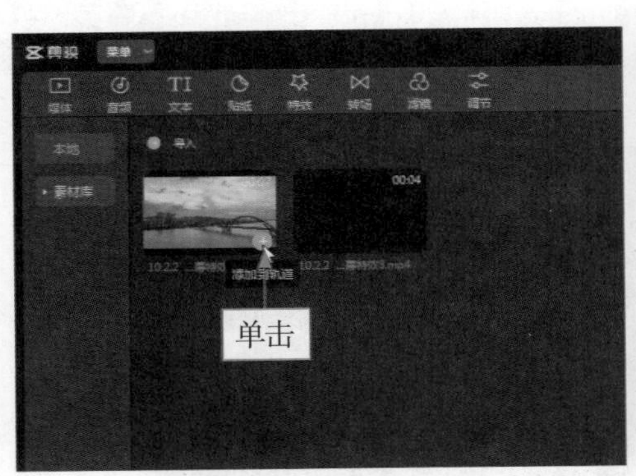

图 9-47 单击“添加到轨道”按钮（4）

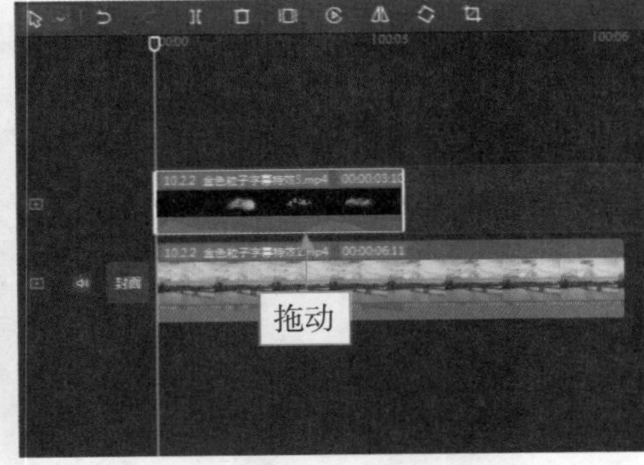

图 9-48 拖动文字素材至画中画轨道中

▶▷ 步骤 13 ①在“混合模式”选项区中选择“滤色”选项；②调整文字素材的大小和位置，如图 9-49 所示，把金色粒子字幕显现在背景素材画面中。

图 9-49 调整文字素材的大小和位置（2）

9.2.3　文字跟踪出现特效

【效果说明】这个特效主要是让文字跟着人物的运动轨迹而渐渐出现，因此，也是一个跟踪特效。文字跟踪出现特效的效果展示如图 9-50 所示。

扫码看案例效果　扫码看教学视频

图 9-50　文字跟踪出现特效的效果展示

▶▷ 步骤 1　在黑底素材中添加一段文字，设置一样的时长之后导出素材，如图 9-51 所示。

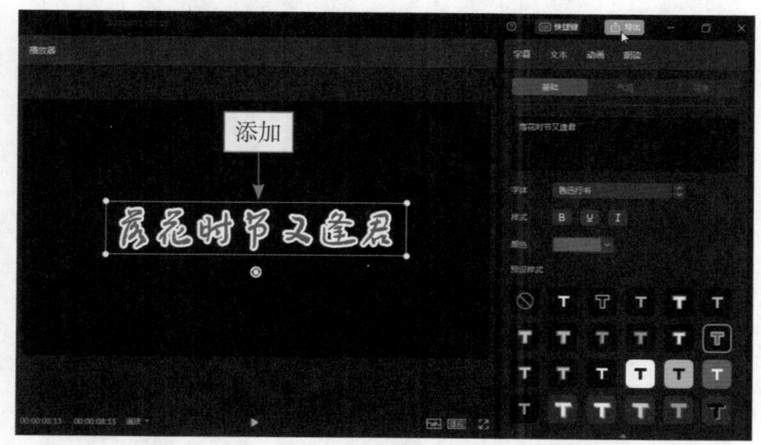

图 9-51　设置一样的时长之后导出素材

▶▷ 步骤 2　新建一个视频草稿，把背景素材和文字素材导入“本地”选项卡中，单击背景素材右下角的“添加到轨道”按钮，如图 9-52 所示，把素材添加到视频轨道中。

▶▷ 步骤 3　拖动文字素材至画中画轨道中，如图 9-53 所示。

▶▷ 步骤 4　❶在“混合模式”面板中选择“滤色”选项；❷调整文字素材的大小和位置，如图 9-54 所示。

第 9 章　字幕特效

图 9-52 单击“添加到轨道”按钮（1）

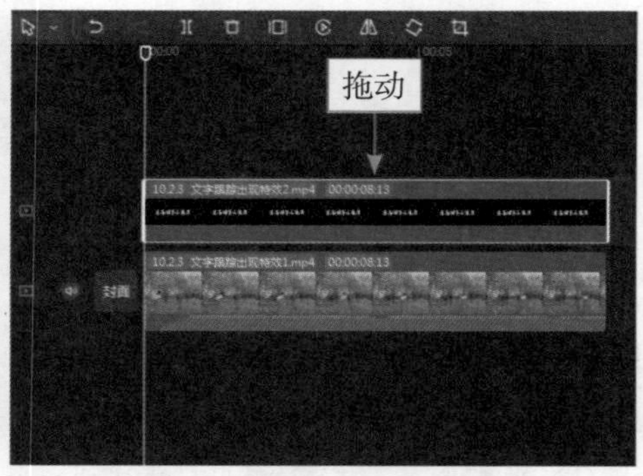

图 9-53 拖动文字素材至画中画轨道中

图 9-54 调整文字素材的大小和位置

▶▷ 步骤 5 ❶切换至“蒙版”选项卡；❷选择“线性”蒙版；❸单击“位置”右侧的◇按钮，添加关键帧◆；❹调整蒙版线的角度和位置，使其处于人物背部的位置，如图 9-55 所示。

图 9-55 调整蒙版线的角度和位置

▶▷ 步骤 6 拖动时间指示器至视频往后一点儿的位置，调整蒙版线的位置，使其仍处于背部的位置，“位置”右侧会自动添加关键帧◆，如图 9-56 所示。

图 9-56 调整蒙版线的位置（1）

▶▷ 步骤 7 用与上相同的操作方法，每移动一点儿时间指示器的位置，就调整蒙版线的位置，直到最后露出所有文字，如图 9-57 所示。

图 9-57 调整蒙版线的位置（2）

9.2.4 影视片头字幕特效

【效果说明】影视片头字幕特效用得最多的就是双色字幕，这种字幕特效非常立体，而且具有正式感。影视片头字幕特效的效果展示如图 9-58 所示。

扫码看案例效果 扫码看教学视频

图 9-58　影视片头字幕特效的效果展示

▶▷ 步骤 1　在剪映的“素材库”选项卡中添加一段透明素材，❶切换至“背景”选项卡；❷在“背景填充”列表框中选择“颜色”选项；❸在“颜色”选项区中选择绿色色块，如图 9-59 所示，方便后期抠图，并设置时长为 3s。“黑白场”选项区中的第 3 个选项就是透明素材。

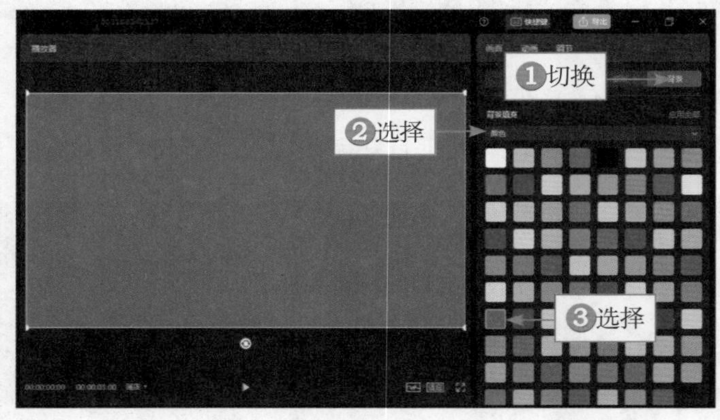

图 9-59　在“颜色”选项区中选择绿色色块

▶▷ 步骤 2　添加合适的文字，颜色为上红下黑，如图 9-60 所示，之后导出素材。

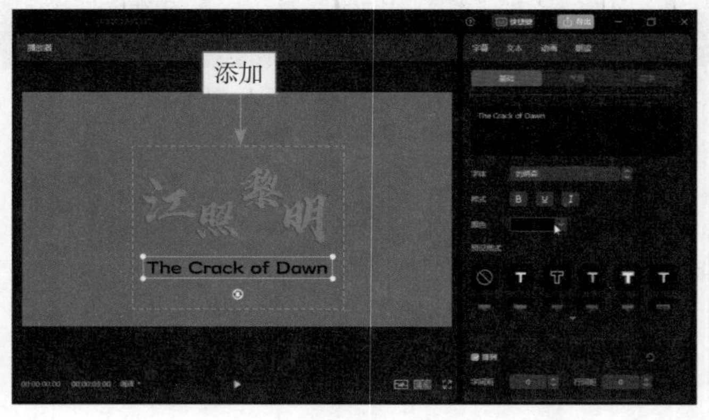

图 9-60　添加合适的文字

步骤 3　把文字颜色都设置为白色，如图 9-61 所示，再次导出素材。

图 9-61　把文字颜色都设置为白色

步骤 4　把刚才导出的两段文字素材和背景视频素材导入“本地”选项卡中，单击背景素材右下角的“添加到轨道”按钮，如图 9-62 所示，把素材添加到视频轨道中。

步骤 5　拖动两段文字素材分别处于两条画中画轨道中，并调整其位置和时长，使每条画中画轨道中有两段相同的文字素材，如图 9-63 所示。

图 9-62　单击“添加到轨道”按钮

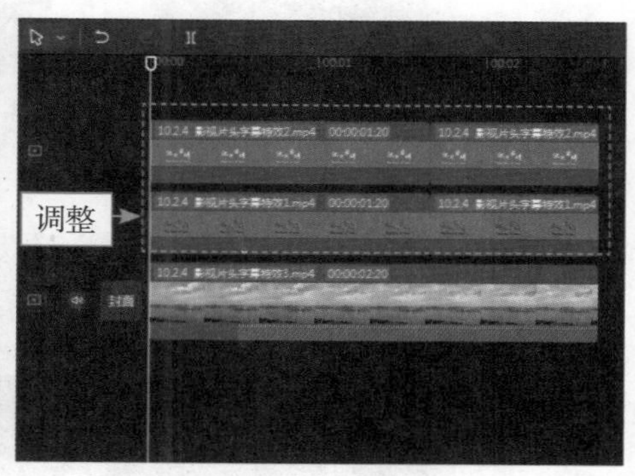

图 9-63　调整文字素材的时长

步骤 6　❶在“抠像”选项卡中对文字素材进行“色度抠图”取色处理；❷设置“强度”参数为 20、“阴影”参数为 16，如图 9-64 所示，抠出文字。对剩下的文字素材都进行取色抠图处理。

步骤 7　调整白色文字素材的位置，制作出立体文字效果，如图 9-65 所示。

图 9-64　设置相关参数

图 9-65　调整白色文字素材的位置

▶▷ 步骤 8　选择画中画轨道中的第 1 段白色文字素材，❶单击“动画”按钮；❷在“入场”选项卡中选择“向左滑动”动画；❸设置“动画时长”为 1.0s，如图 9-66 所示。

图 9-66　设置“动画时长”为 1.0s（1）

▷▷ 步骤 9　选择第 1 段红黑文字素材，❶在“入场”选项卡中选择“向右滑动”动画；❷设置“动画时长”为 1.0s，如图 9-67 所示。

图 9-67　设置“动画时长”为 1.0s（2）

▷▷ 步骤 10　之后为两条画中画轨道中的第 2 段文字素材都设置“轻微放大”出场动画，如图 9-68 所示。

图 9-68　设置“轻微放大”出场动画

9.3　水印字幕特效

视频水印不仅可以防止他人盗取视频，而且还可以起到一定的宣传作用。因此，在视频中添加专属个人水印是非常重要的，有特色的水印还能把视频装饰得更漂亮。下面为大家介绍如何制作水印字幕特效。

9.3.1 移动水印特效

【效果说明】静止不动的水印容易被马赛克涂抹掉，或者被挡住。因此，给视频加移动水印才是最保险的。移动水印特效的效果展示如图 9-69 所示。

扫码看案例效果 扫码看教学视频

图 9-69 移动水印特效的效果展示

步骤 1 把背景视频素材导入“本地”选项卡中，单击素材右下角的“添加到轨道”按钮，如图 9-70 所示，把素材添加到视频轨道中。

步骤 2 添加一段“默认文本”，调整其时长，使其对齐视频的时长，如图 9-71 所示。

图 9-70 单击“添加到轨道”按钮

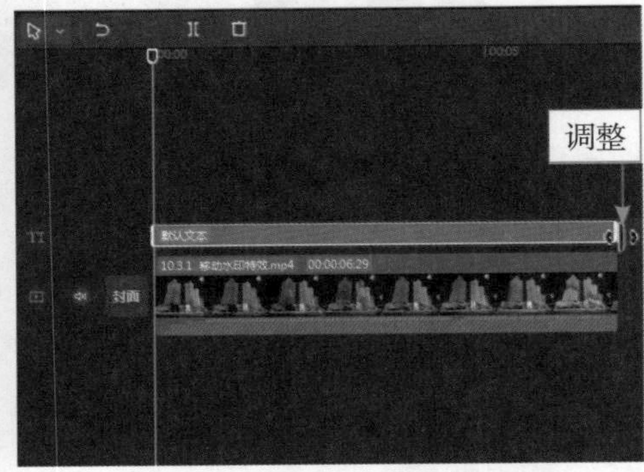

图 9-71 调整文本的时长

▶▷ 步骤 3 输入文字内容并设置合适的字体，❶拖动滑块，设置“不透明度”参数为 64%；❷调整文字的大小和位置，使其处于画面的左上角位置；❸单击“位置”右侧的◇按钮，添加关键帧◆，如图 9–72 所示。

图 9–72 添加关键帧

▶▷ 步骤 4 每拖动一段时间指示器的位置就移动水印文字的位置，使其处于画面的右下角、右上角和左下角，“位置”右侧会自动添加关键帧◆，如图 9–73 所示，设置完成后，水印文字会自动移动。

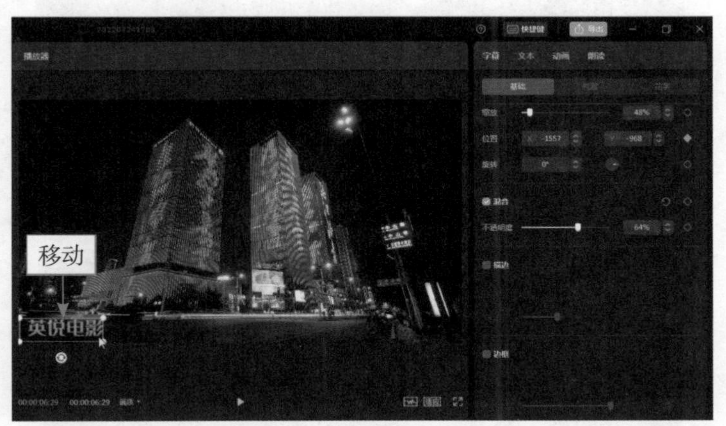

图 9–73 移动水印文字的位置

9.3.2 专属水印特效

扫码看案例效果 扫码看教学视频

【效果说明】在剪映中通过添加个性化的贴纸就能制作出专属水印特效，而且不会撞风格，个性化十足。专属水印特效的效果展示如图 9–74 所示。

图 9-74 专属水印特效的效果展示

步骤 1 以黑场素材为背景，❶设置画面比例为 1 ： 1；❷添加文本并输入文字内容；❸选择合适的字体和预设样式；❹调整文字的大小，如图 9-75 所示，设置时长都为 3s。

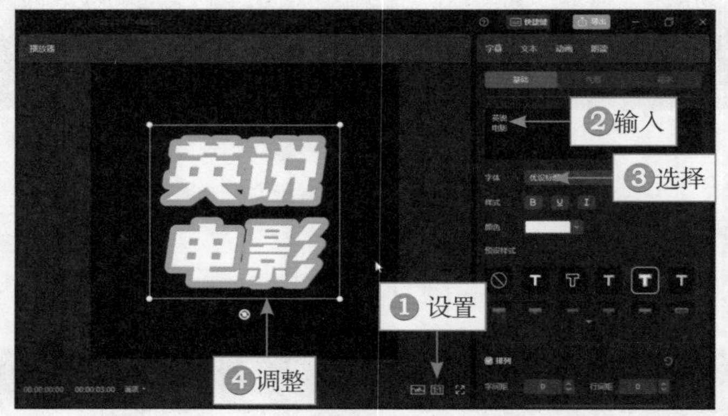

图 9-75 调整文字的大小和位置

步骤 2 选择文字，❶单击“动画”按钮；❷切换至“循环”选项卡；❸选择“晃动”动画，如图 9-76 所示。

图 9-76 选择“晃动”动画

▷▷ 步骤 3　❶单击“贴纸”按钮；❷搜索“圆框”贴纸；❸单击所选贴纸右下角的“添加到轨道”按钮，添加边框贴纸，如图 9–77 所示。

▷▷ 步骤 4　❶切换至“闪闪”选项卡；❷单击所选贴纸右下角的“添加到轨道”按钮，如图 9–78 所示，添加装饰贴纸。遇到喜欢的贴纸可以单击贴纸旁边的按钮收藏起来，下次使用就会很方便。

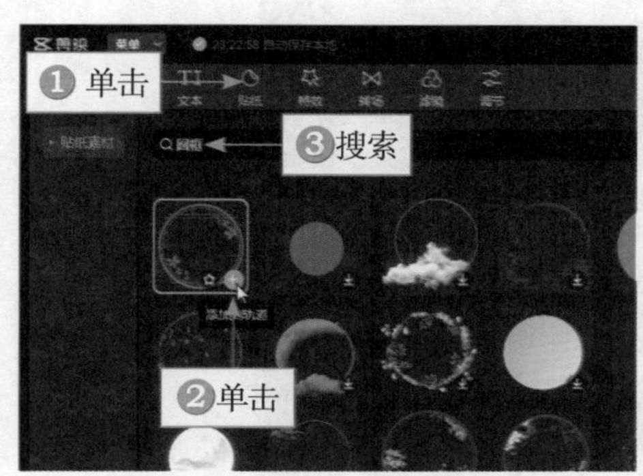

图 9–77　单击“添加到轨道”按钮（1）　图 9–78　单击“添加到轨道”按钮（2）

▷▷ 步骤 5　调整边框贴纸的大小，如图 9–79 所示，之后导出素材。

图 9–79　调整边框贴纸的大小

▷▷ 步骤 6　新建一个视频草稿，导入刚才导出的文字素材和背景素材，选择文字素材，❶在“混合模式”面板中选择“滤色”选项；❷调整文字素材的大小；❸单击“位置”和“缩放”右侧的按钮，添加两个关键帧，如图 9–80 所示。

▷▷ 步骤 7　拖动时间指示器至文字素材的末尾位置，调整文字素材的大小和位置，使其处于画面的右下角位置，“位置”和“缩放”右侧会自动添加关键帧，如图 9–81 所示。

图 9-80　添加两个关键帧

图 9-81　调整文字素材的大小和位置

▶▷ 步骤 8　在文字素材的末尾位置单击“定格”按钮，定格画面，如图 9-82 所示。

▶▷ 步骤 9　调整背景素材的时长，约为 6s，如图 9-83 所示。

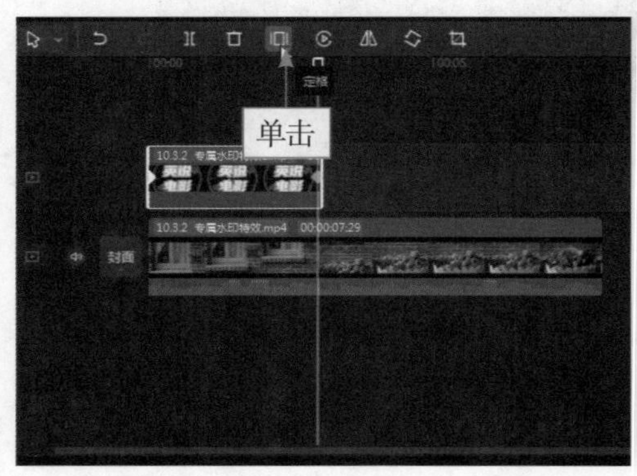

图 9-82　单击“定格”按钮

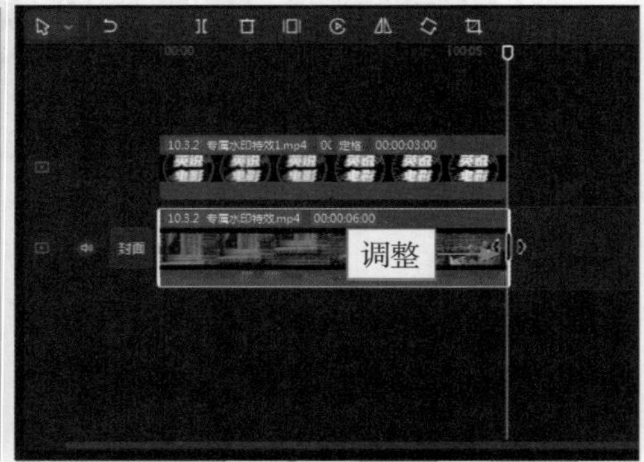

图 9-83　调整背景素材的时长

▶▷ 步骤 10　选择定格素材，并设置“缩小旋转”组合动画，如图 9-84 所示，水印文字会从中间往右下角移动，并旋转一会儿。

图 9-84　设置“缩小旋转”组合动画

9.4　片尾字幕特效

片尾字幕一般都是谢幕文字，有特色的片尾文字能让视频回味无穷，还有些视频需要滚动字幕来介绍视频中的相关人员，因此，滚动字幕也是必备的一个片尾字幕特效。本节主要为大家介绍片尾字幕特效的制作方法。

9.4.1　镂空字幕特效

【效果说明】镂空文字非常壮观，因为文字的背景的就是视频，而且这种镂空文字的字体一定要有棱角，才能制作出独有的感觉。镂空字幕特效的效果展示如图 9-85 所示。

扫码看案例效果　扫码看教学视频

图 9-85　镂空字幕特效的效果展示

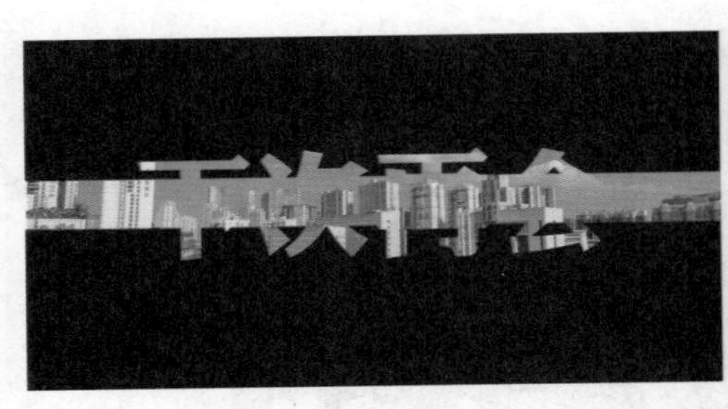

图 9-85 镂空字幕特效的效果展示（续）

▶▷ 步骤 1 以黑场素材为背景，❶添加文本并输入文字内容；❷选择合适的字体；❸调整文字的大小，如图 9-86 所示，之后导出素材。

图 9-86 调整文字的大小

▶▷ 步骤 2 把背景视频素材和文字素材导入“本地”选项卡中，单击背景素材右下角的“添加到轨道”按钮，如图 9-87 所示，把素材添加到视频轨道中。

▶▷ 步骤 3 拖动文字素材至第 1 条和第 2 条画中画轨道中，如图 9-88 所示。

图 9-87 单击“添加到轨道”按钮

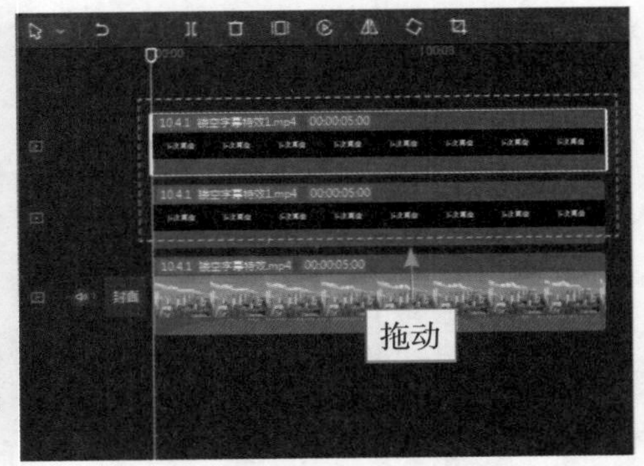

图 9-88 拖动素材至相应的轨道中

▶▷ 步骤 4 在“混合模式”面板中选择“正片叠底”选项，如图 9-89 所示。另一条画中画轨道中的素材也进行同样的设置。

图 9-89 选择“正片叠底”选项

▶▷ 步骤 5 拖动时间指示器至视频 00:00:03:00 的位置，选择第 2 条画中画轨道中的素材，❶切换至“蒙版”选项卡；❷选择“线性”蒙版；❸单击“位置”右侧的◇按钮，添加关键帧◆，如图 9-90 所示。

图 9-90 添加关键帧

▶▷ 步骤 6 选择第 1 条画中画轨道中的素材，❶选择“线性”蒙版；❷单击“位置”右侧的◇按钮，添加关键帧◆；❸单击“反转”按钮，如图 9-91 所示。

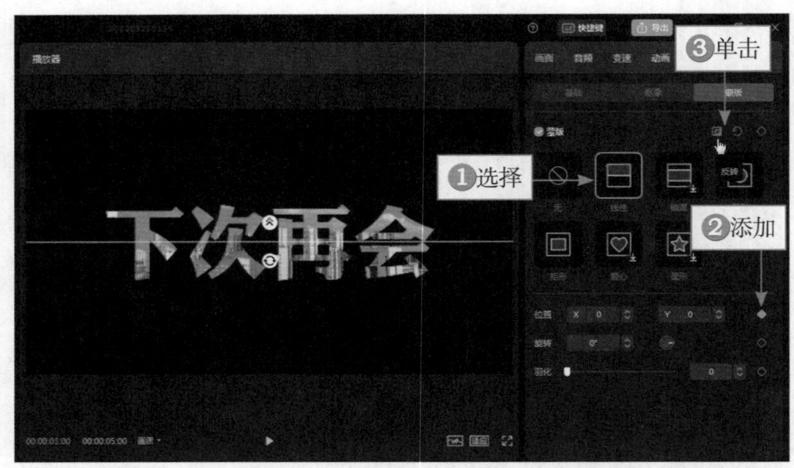

图 9-91　单击“反转”按钮

▶▷ 步骤 7　拖动时间指示器至视频起始位置，把两条画中画轨道中素材的蒙版线拖动至画面的最下方和最上方，露出背景画面，“位置”右侧会自动添加关键帧，如图 9-92 所示。

图 9-92　拖动蒙版线至相应的位置

9.4.2　滚动字幕特效

【效果说明】片尾谢幕文字一般都是滚动字幕的形式，这种字幕特效主要是运用“关键帧”功能制作而成，让人员名单从下往上滚动展示出来，

扫码看案例效果　扫码看教学视频

而且制作方法十分简单。滚动字幕特效的效果展示如图 9-93 所示。

图 9-93　滚动字幕特效的效果展示

▷▷ 步骤 1　导入背景视频素材，在视频起始位置单击“位置”和“缩放”右侧的◇按钮，添加两个关键帧◆，如图 9-94 所示。

图 9-94　添加两个关键帧

▷▷ 步骤 2　拖动时间指示器至视频 00:00:02:00 的位置，调整背景素材的大小和位置，使其慢慢缩小，然后使其处于画面的左边位置，“位置”和“缩放”右侧会自动添加关键帧◆，如图 9-95 所示。

第 9 章　字幕特效

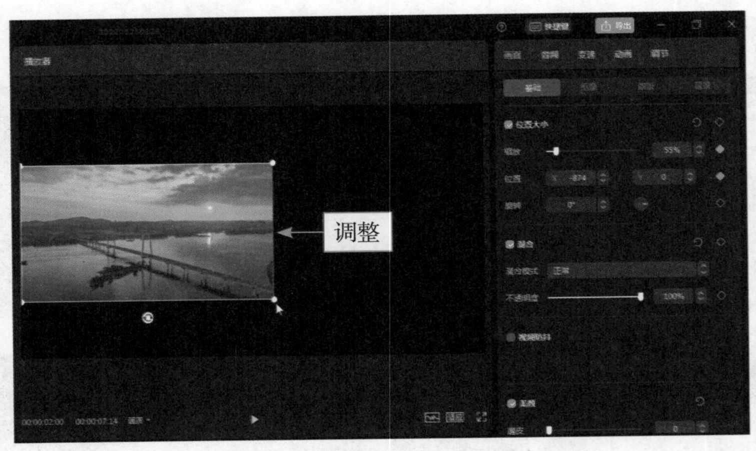

图 9–95 调整背景素材的大小和位置

步骤 3 ❶单击“文本”按钮；❷单击“默认文本”右下角的“添加到轨道”按钮，如图 9–96 所示，添加文本。

步骤 4 调整“默认文本”的时长，使其末尾位置处于视频 00:00:06:20 的位置，如图 9–97 所示。

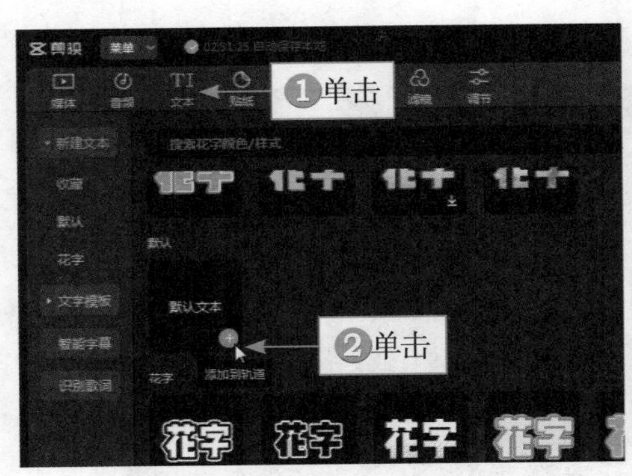

图 9–96 单击“添加到轨道”按钮

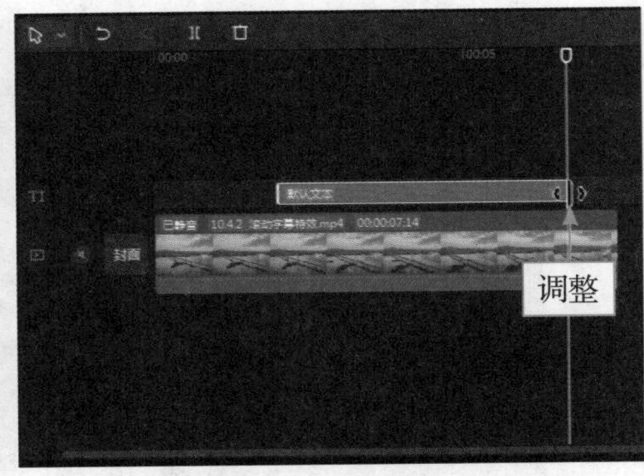

图 9–97 调整“默认文本”的时长

步骤 5 输入谢幕文字并选择合适的字体，❶单击“位置”右侧的按钮，添加关键帧；❷调整文字的大小和位置，使其处于画面最下方的位置，如图 9–98 所示。

步骤 6 拖动时间指示器至文字素材的末尾位置，调整文字的位置，使其处于画面最上方的位置，如图 9–99 所示，“位置”右侧会自动添加关键帧。

步骤 7 ❶在谢幕文字末尾处添加一段“感谢观看”文字；❷选择合适的字体；❸调整文字的大小和位置，使其处于画面右边中间的位置，如图 9–100 所示。

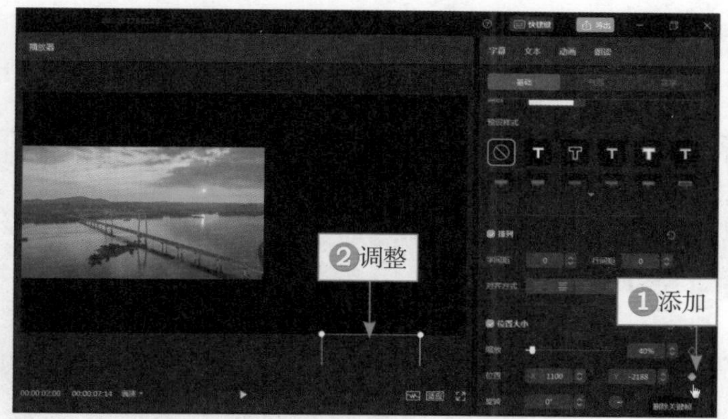

图 9-98　调整文字的大小和位置（1）

图 9-99　调整文字的位置

图 9-100　调整文字的大小和位置（2）

步骤 8 ❶单击“动画”按钮；❷在“入场”选项卡中选择“生长”动画，让文字动起来，如图 9-101 所示。

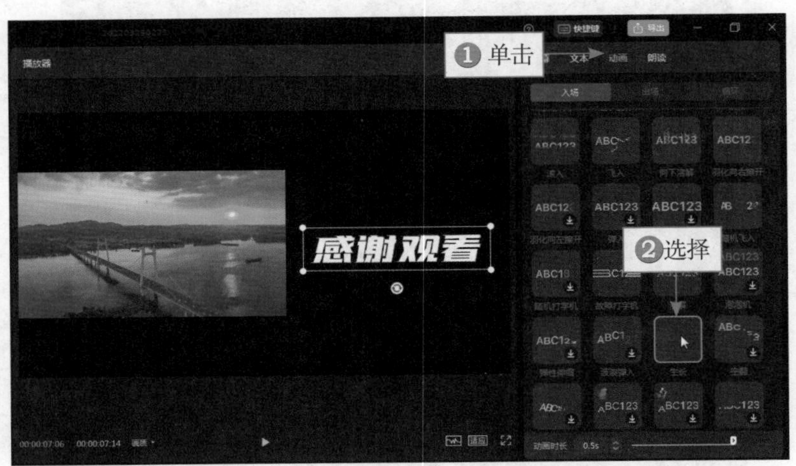

图 9-101 选择“生长”动画

【广告师篇】

第10章 影视栏目片头制作

片头是主题内容的表达、艺术手法的呈现，主要用来引导观众对后面情节的兴趣，吸引观众。不仅电影、电视剧中需要用到片头，电视栏目、商业广告、宣传预告片等都需要用到片头。本章主要介绍影视栏目开场片头的制作方法，包括影视开场片头、节目开场片头及创意开场片头等。

新手重点索引

- 影视开场片头
- 节目开场片头
- 创意开场片头

效果图片欣赏

10.1 影视开场片头

随着电影、电视剧的发展，开幕展示片名的片头种类越来越多。本节主要介绍在剪映中制作电影错屏开幕效果、电影上下屏开幕效果及片名缩小开场效果等几种比较经典和常用的影视开场片头。

扫码看案例效果 扫码看教学视频

10.1.1 电影错屏开幕效果

【效果说明】电影错屏开幕效果是指画面在黑屏时，左上和右下两端往反方向滑动，错屏展示影片内容，然后在交错时逐渐显示影片片名。电影错屏开幕效果如图 10-1 所示。

图 10-1　电影错屏开幕效果展示

步骤 1　在剪映中导入一个背景视频和一个错屏开幕视频，如图 10-2 所示。

步骤 2　将两个视频分别添加到视频轨道和画中画轨道中，如图 10-3 所示。

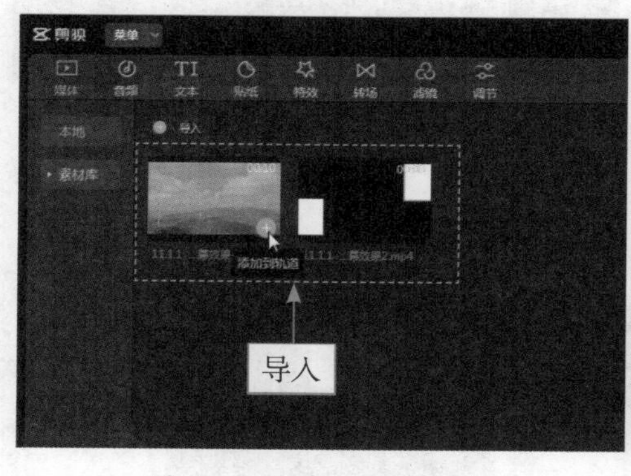

图 10-2　导入两个视频

图 10-3　添加两个视频到对应的轨道中

步骤 3　在“混合模式”面板中选择“正片叠底”选项，如图 10-4 所示。

步骤 4　拖动时间指示器至视频 00:00:01:20 的位置，❶单击“文本”按钮；❷单击“默认文本”右下角的“添加到轨道”按钮，如图 10-5 所示，添加文本。

步骤 5　调整文本的时长，使其末端对齐视频的末尾位置，如图 10-6 所示。

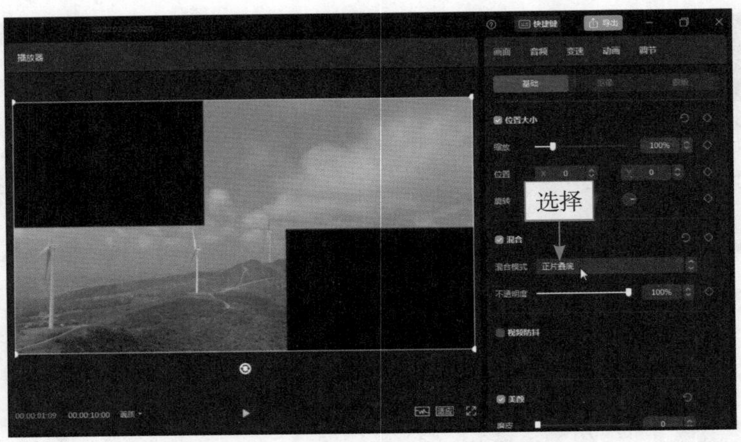

图 10-4　选择“正片叠底”选项

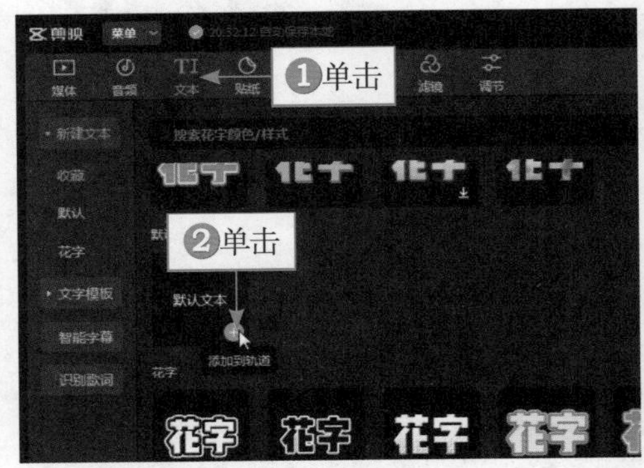

图 10-5　单击“添加到轨道”按钮

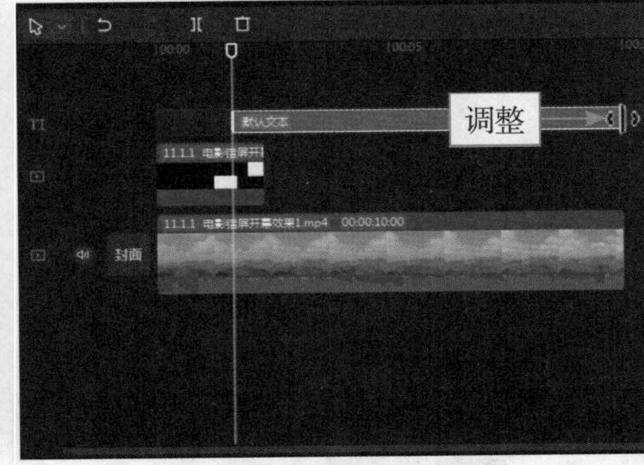

图 10-6　调整文本的时长

步骤 6　❶输入文字；❷选择字体；❸在“预设样式”选项区中选择白字蓝框选项，如图 10-7 所示。

图 10-7　选择白字蓝框选项

▶▷ 步骤 7 设置“字间距”参数为 5，如图 10-8 所示，调整文字之间的距离。

图 10-8 设置“字间距”参数

▶▷ 步骤 8 ❶单击“动画”按钮；❷在“入场”选项卡中选择“生长”动画；❸设置“动画时长”为 2.0s，如图 10-9 所示。

图 10-9 设置“动画时长”为 2.0s（1）

▶▷ 步骤 9 在视频 00:00:03:05 的位置复制并粘贴上一段文本，调整文本的时长，❶输入第 2 段文字；❷设置“动画时长”为 1.0s；❸调整两段文字在画面中的位置，如图 10-10 所示。

▶▷ 步骤 10 在视频 00:00:04:10 的位置添加一段英文文字，调整其时长，❶选择字体；❷选择蓝色颜色；❸调整文字的大小和位置；如图 10-11 所示，设置“字间距”参数为 1。

图 10-10　设置“动画时长”为 1.0s

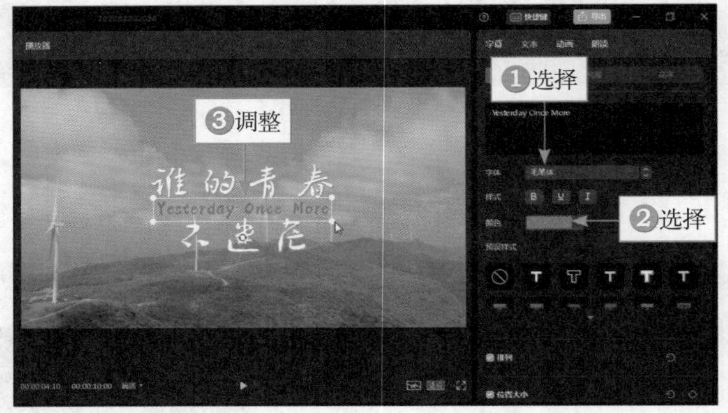

图 10-11　调整文字的大小和位置

▶▷ 步骤 11　❶单击“动画”按钮；❷在“入场”选项卡中选择“收拢”动画；❸设置“动画时长”为 2.0s，如图 10-12 所示。

图 10-12　设置“动画时长”为 2.0s（2）

▶▷ 步骤 12　复制并粘贴英文文字，设置文字颜色为白色，如图 10–13 所示。

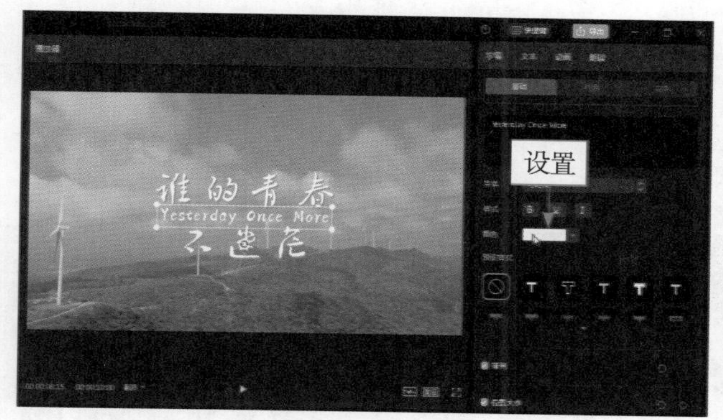

图 10–13　设置文字颜色为白色

▶▷ 步骤 13　在白色英文文字的起始位置单击“不透明度”右侧的◇按钮，添加关键帧◆，如图 10–14 所示。

图 10–14　添加关键帧

▶▷ 步骤 14　拖动时间指示器至白色文字的末尾位置，设置“不透明度”参数为 0%，如图 10–15 所示，实现文字颜色渐变的效果。

图 10–15　设置“不透明度”参数

10.1.2 电影上下屏开幕效果

【效果说明】电影上下屏开幕效果是指画面在黑屏时，从中间往上下两端滑动，开幕后展示影片内容和影片片名。电影上下屏开幕效果如图 10-16 所示。

扫码看案例效果

扫码看教学视频

图 10-16 电影上下屏开幕效果展示

步骤 1 在剪映中导入一个背景视频，添加到视频轨道中，如图 10-17 所示。

步骤 2 ①单击“特效”按钮；②切换至“基础”选项卡；③单击“开幕”特效右下角的“添加到轨道”按钮，如图 10-18 所示，添加开幕特效。

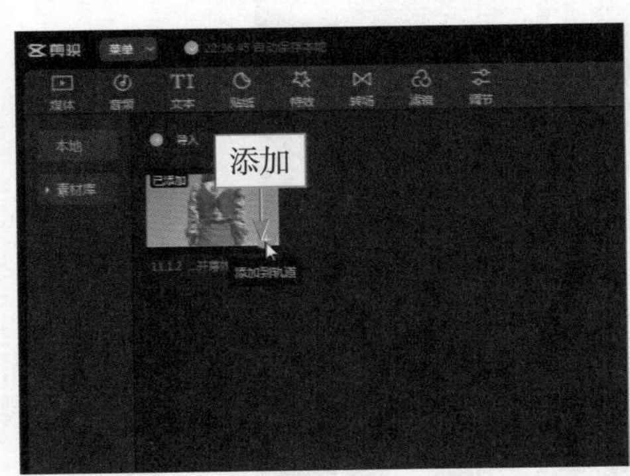

图 10-17 将视频添加到视频轨道中

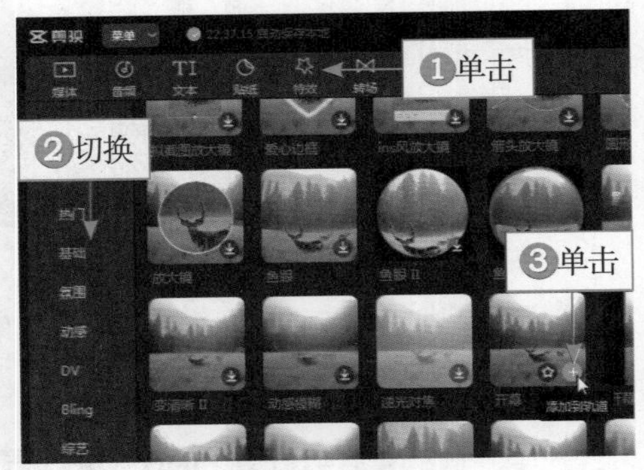

图 10-18 单击“添加到轨道”按钮（1）

步骤 3 拖动时间指示器至视频 00:00:01:06 的位置，①单击“文本”按钮；②单击“默认文本”右下角的“添加到轨道”按钮，如图 10-19 所示，添加文本。

步骤 4 调整“默认文本”的时长，使其末端对齐视频的末尾位置，如图 10-20 所示。

▶▷ 步骤 5　❶输入文字；❷选择合适的字体，如图 10-21 所示。

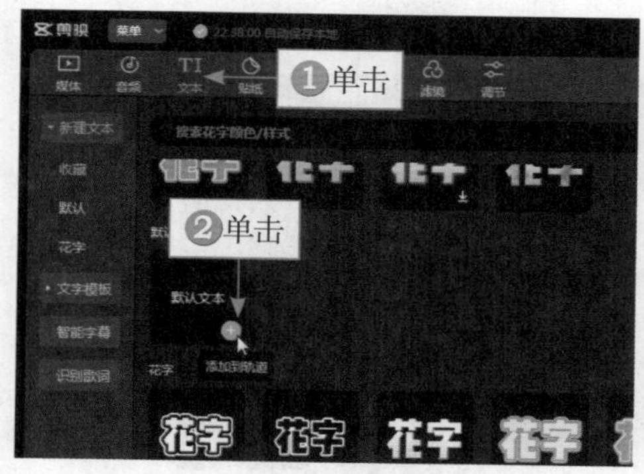

图 10-19　单击"添加到轨道"按钮（2）

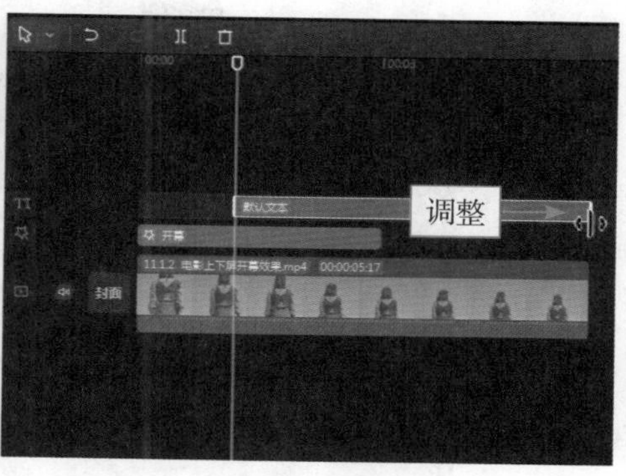

图 10-20　调整"默认文本"的时长

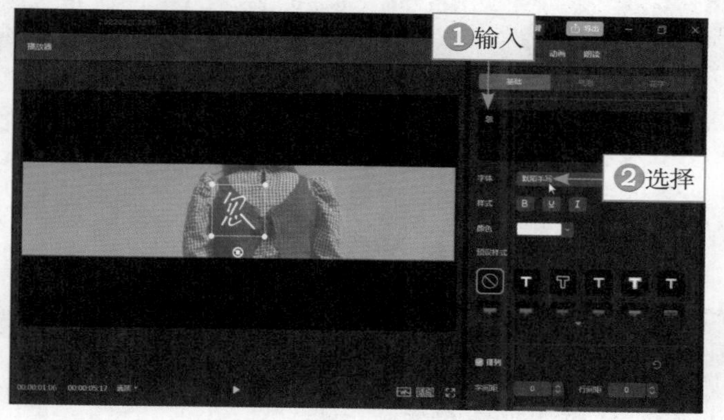

图 10-21　选择字体

▶▷ 步骤 6　❶单击"动画"按钮；❷在"入场"选项卡中选择"溶解"动画；❸设置"动画时长"为 2.0s，如图 10-22 所示。

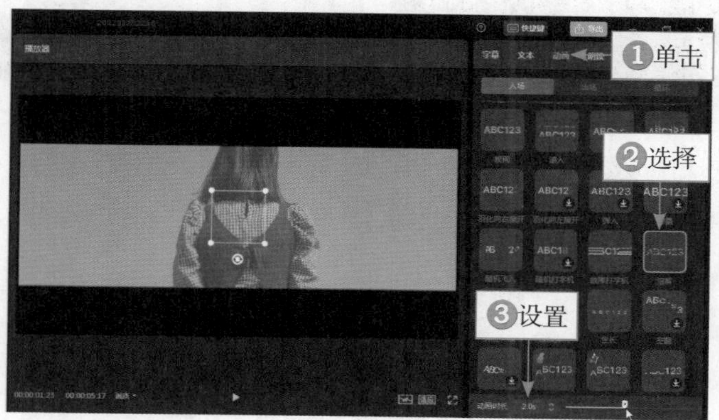

图 10-22　设置"动画时长"为 2.0s

▶▷ 步骤 7 ❶切换至“出场”选项卡；❷选择“渐隐”动画；❸设置“动画时长”为 1.0s，如图 10-23 所示。

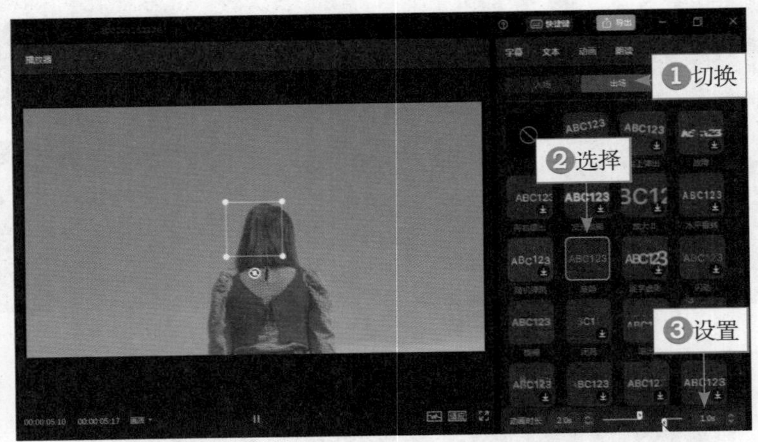

图 10-23　设置“动画时长”为 1.0s（1）

▶▷ 步骤 8 复制并粘贴出三段文本，如图 10-24 所示。

▶▷ 步骤 9 更改文字内容，调整每个文字的大小和位置，如图 10-25 所示。

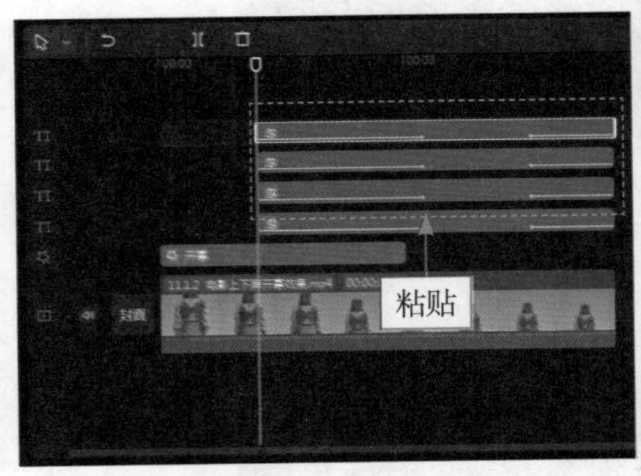

图 10-24　复制并粘贴出三段文本

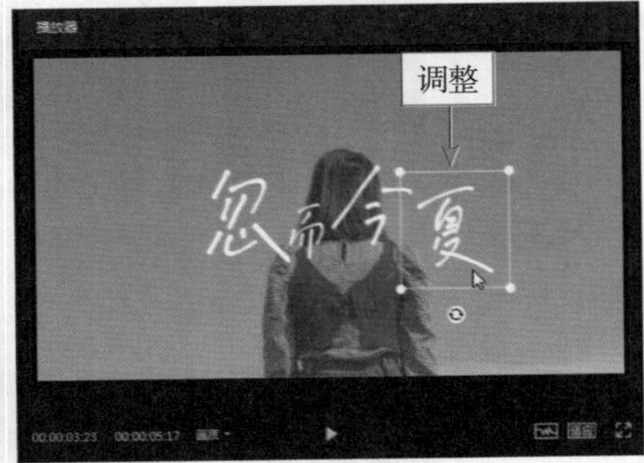

图 10-25　调整文字的大小和位置

▶▷ 步骤 10 ❶单击“贴纸”按钮；❷切换至“春日”选项卡；❸添加一款蜻蜓贴纸，如图 10-26 所示。

▶▷ 步骤 11 调整贴纸的轨道位置，使其末端对齐视频的末尾位置，如图 10-27 所示。

▶▷ 步骤 12 ❶调整贴纸的大小和位置；❷单击“动画”按钮；❸在“出场”选项卡中选择“渐隐”动画；❹设置“动画时长”为 1.0s，如图 10-28 所示。

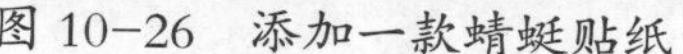
图 10-26　添加一款蜻蜓贴纸

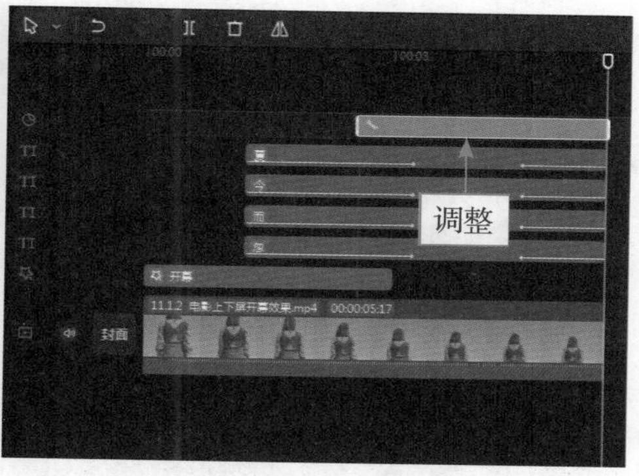

图 10-27　调整贴纸的轨道位置

图 10-28　设置"动画时长"为 1.0s（2）

10.1.3　片名缩小开场效果

【效果说明】在剪映中制作片名缩小开场效果，主要是通过设置关键帧的方式制作而成的，让文字实现由大到小缩放的效果。片名缩小开场效果如图 10-29 所示。

扫码看案例效果

扫码看教学视频

图 10-29　片名缩小开场效果展示

步骤 1 在剪映中把导入的视频素材添加到视频轨道中，如图 10–30 所示。

步骤 2 添加一段“默认文本”，调整其时长，使其末端对齐视频的末尾位置，如图 10–31 所示。

图 10–30 把素材添加到视频轨道中

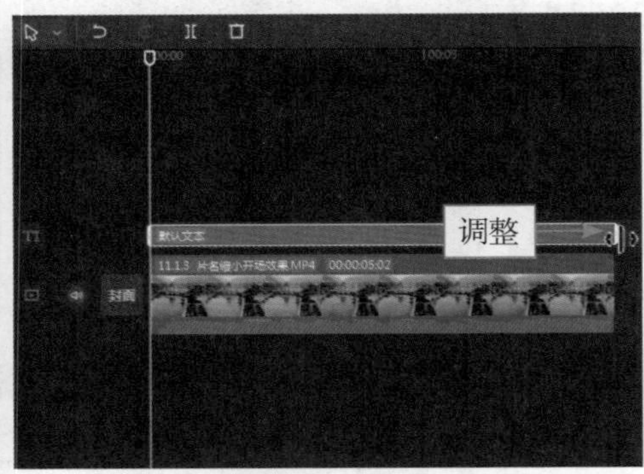

图 10–31 调整“默认文本”的时长

步骤 3 ❶输入文字内容；❷选择字体；❸在“预设样式”选项区中选择橙色立体样式；❹调整文字的大小和位置，如图 10–32 所示。

图 10–32 调整文字的大小和位置（1）

步骤 4 拖动时间指示器至视频 00:00:03:20 的位置，单击“缩放”右侧的◇按钮，添加关键帧◆，如图 10–33 所示。

步骤 5 拖动时间指示器至视频起始位置，拖动滑块，设置“缩放”参数为 500%，如图 10–34 所示，实现文字由大到小缩放的效果。

步骤 6 ❶单击“动画”按钮；❷切换至“出场”选项卡；❸选择“溶解”动画，如图 10–35 所示。

图 10-33　添加关键帧

图 10-34　设置“缩放”参数

图 10-35　选择“溶解”动画

第 10 章　影视栏目片头制作

步骤 7 在视频 3 s 的位置添加一段拼音文字，并调整其时长，❶选择字体；❷选择预设样式；❸调整文字的大小和位置，如图 10-36 所示，并设置"字间距"参数为 2。

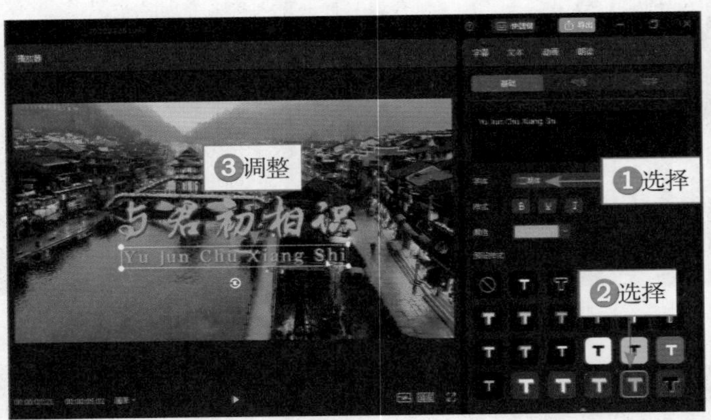

图 10-36　调整文字的大小和位置（2）

步骤 8 ❶单击"动画"按钮；❷在"入场"选项卡中选择"逐字显影"动画，如图 10-37 所示，设置"溶解"出场动画。

图 10-37　选择"逐字显影"动画

10.2　节目开场片头

节目片头是一档电视节目性质、主题及内容的呈现。本节主要介绍节目倒计时开场效果和飞机拉泡泡开场效果的制作方法。

扫码看案例效果　扫码看教学视频

10.2.1　节目倒计时开场效果

【效果说明】节目倒计时开场效果是很多棚内综艺、大型晚会、颁奖典礼等节目常用的片头。在剪映中制作节目倒计时开场效果，需要用到一个倒计时的片头视频，在倒计时结束位置添加节目名称。节目倒计时开场效果如图 10-38 所示。

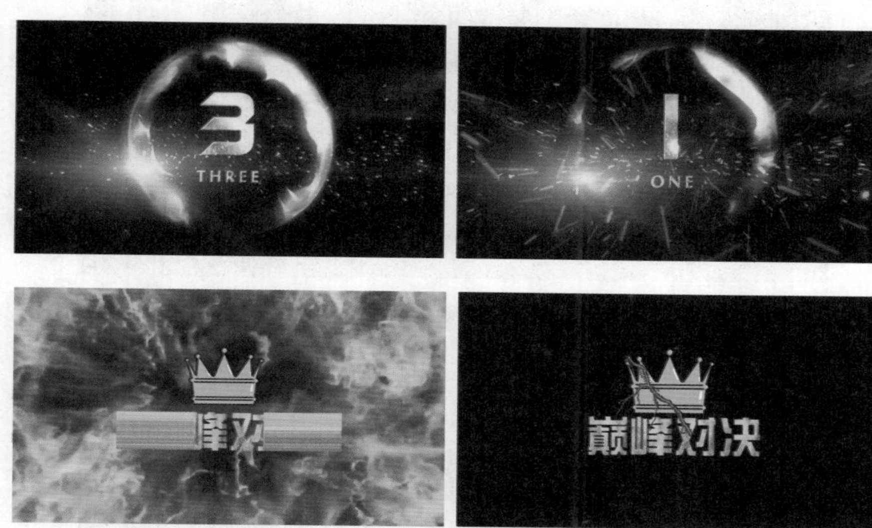

图 10-38　节目倒计时开场效果展示

步骤 1　在剪映中导入倒计时素材，❶在视频 00:00:03:03 的位置单击“文本”按钮；❷在“收藏”选项区中单击所选花字右下角的“添加到轨道”按钮，如图 10-39 所示。

步骤 2　调整文本的时长，使其末端对齐视频的末尾位置，如图 10-40 所示。

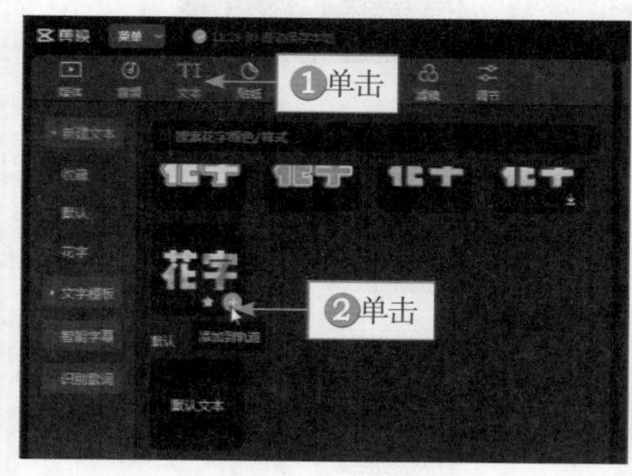

图 10-39　单击“添加到轨道”按钮（1）

图 10-40　调整文本的时长

步骤 3 ❶输入文字；❷选择字体；❸调整文字的大小和位置，如图 10-41 所示。

图 10-41　调整文字的大小和位置

步骤 4 ❶单击“动画”按钮；❷选择“故障打字机”入场动画；❸设置“动画时长”为 1.0 s，如图 10-42 所示。

图 10-42　设置“动画时长”为 1.0s（1）

步骤 5 ❶单击“贴纸”按钮；❷在“收藏”选项卡中单击皇冠贴纸右下角的“添加到轨道”按钮，如图 10-43 所示，添加贴纸，调整贴纸的大小和位置。

步骤 6 调整贴纸的时长，使其末端对齐视频的末尾位置，如图 10-44 所示。

步骤 7 ❶单击“动画”按钮；❷选择“弹入”入场动画；❸设置“动画时长”为 1.0 s，如图 10-45 所示。

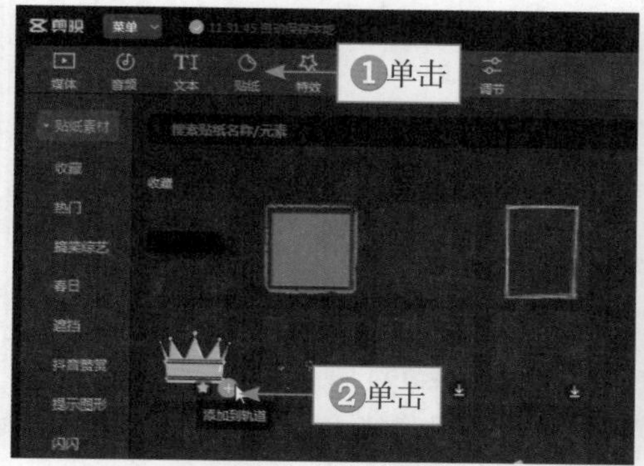

图 10-43　单击“添加到轨道”按钮（2）

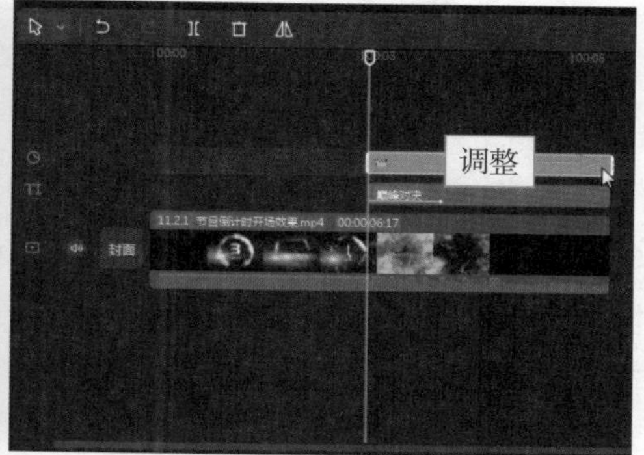

图 10-44　调整贴纸的时长（1）

图 10-45　设置“动画时长”为 1.0s（2）

▶▷ 步骤 8　❶在动画结束的位置搜索“闪电”贴纸；❷选择闪电贴纸；❸调整贴纸的时长，如图 10-46 所示。

图 10-46　调整贴纸的时长（2）

专家指点：倒计时中的节目播报语音，可以用剪映中的“朗读”功能制作。

10.2.2 飞机拉泡泡开场效果

【效果说明】飞机拉泡泡开场效果适用于户外真人秀等综艺类节目。制作飞机拉泡泡开场效果，需要准备一个飞机飞行拉泡泡的视频素材，设置“滤色”混合模式使其与背景视频进行合成，在泡泡即将消失的位置添加节目名称。飞机拉泡泡开场效果如图 10–47 所示。

扫码看案例效果 扫码看教学视频

图 10–47 飞机拉泡泡开场效果展示

▶▷ 步骤 1 在剪映中导入背景视频素材和飞机拉泡泡素材，单击背景素材右下角的“添加到轨道”按钮➕，如图 10–48 所示，把素材添加到视频轨道中。

▶▷ 步骤 2 拖动飞机拉泡泡素材至画中画轨道中，如图 10–49 所示。

图 10–48 单击“添加到轨道”按钮（1）

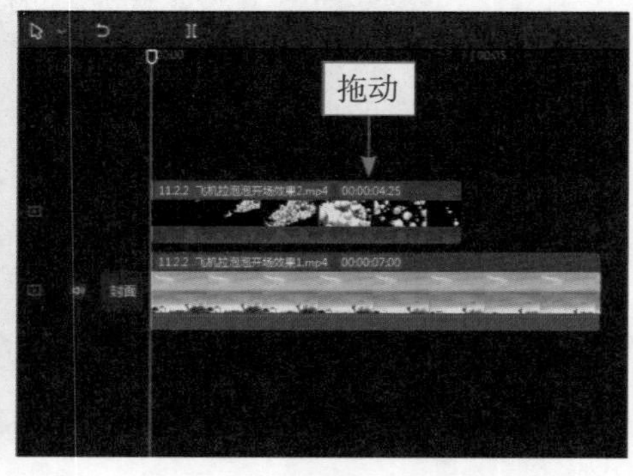

图 10–49 拖动素材至画中画轨道中

步骤 3 ❶设置“缩放”参数为 106%，放大素材画面；❷在“混合模式”面板中选择“滤色”选项，如图 10-50 所示。

图 10-50 选择“滤色”选项

步骤 4 拖动时间指示器至视频 00:00:03:00 的位置，❶单击“文本”按钮；❷在“花字”选项区中单击所选花字右下角的“添加到轨道”按钮，如图 10-51 所示，添加文本。

步骤 5 调整“默认文本”的时长，使其对齐视频的末尾位置，如图 10-52 所示。

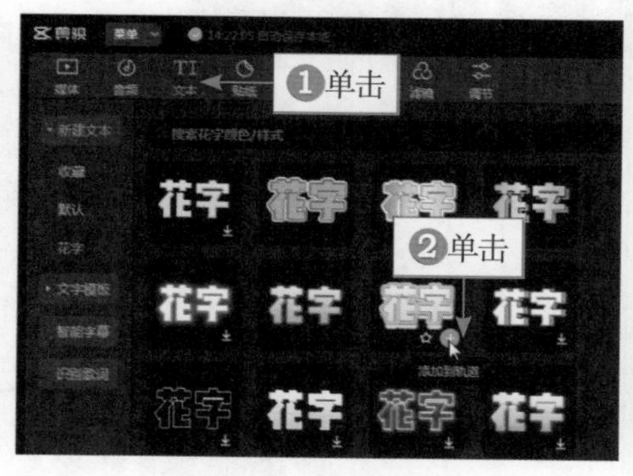

图 10-51 单击“添加到轨道”按钮（2）

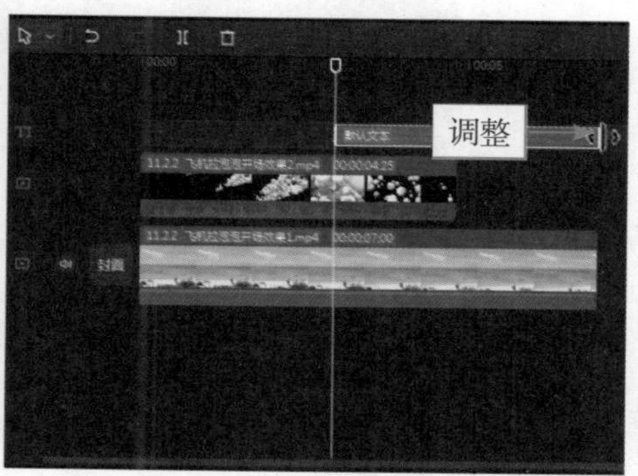

图 10-52 调整“默认文本”的时长

步骤 6 ❶输入文字内容；❷选择合适的字体，如图 10-53 所示。

步骤 7 ❶单击“动画”按钮；❷在“入场”选项卡中选择“溶解”动画；❸设置“动画时长”为 1.5 s，如图 10-54 所示。

图 10-53　选择合适的字体

图 10-54　设置“动画时长”为 1.5s

10.3　创意开场片头

除了前面介绍的开场片头外，用户还可以运用所学，在剪映中制作更多的创意开场片头，例如，本节要介绍的栅栏开场效果、箭头开场效果及方块开场效果等创意开场片头。

10.3.1　栅栏开场效果

【效果说明】栅栏开场效果是以一栏栏的黑条拉开序幕，展示视频画面，然后显示视频主体。栅栏开场效果如图 10-55 所示。

扫码看案例效果　扫码看教学视频

图 10-55　栅栏开场效果展示

▷▷ 步骤 1　导入背景素材和栅栏素材，把背景素材添加到视频轨道中，如图 10-56 所示。

▷▷ 步骤 2　拖动栅栏素材至画中画轨道中，如图 10-57 所示。

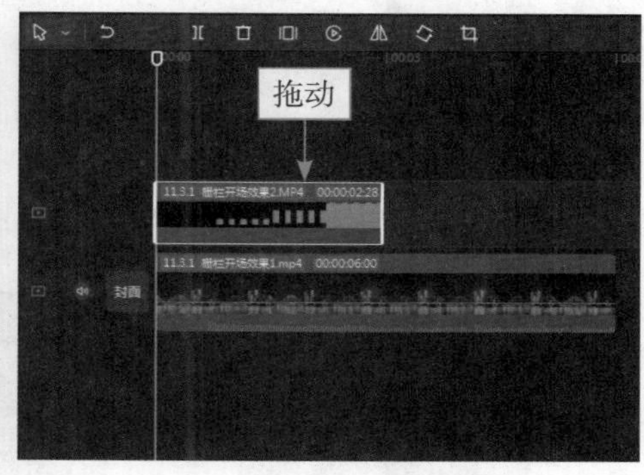

图 10-56　把背景素材添加到视频轨道中　图 10-57　拖动栅栏素材至画中画轨道中

▷▷ 步骤 3　❶切换至"抠像"选项卡；❷选中"色度抠图"复选框；❸单击"取色器"按钮，在画面中取样红色；❹拖动滑块，设置"强度"参数为 50、"阴影"参数为 25，如图 10-58 所示。

图 10-58　设置相关参数

▶▷ 步骤 4 ❶单击“文本”按钮；❷切换至“文字模板”选项卡；❸在“片头标题”选项区中添加一款文字模板，如图 10-59 所示。

▶▷ 步骤 5 调整文本的时长，使其末端对齐视频的末尾位置，如图 10-60 所示。

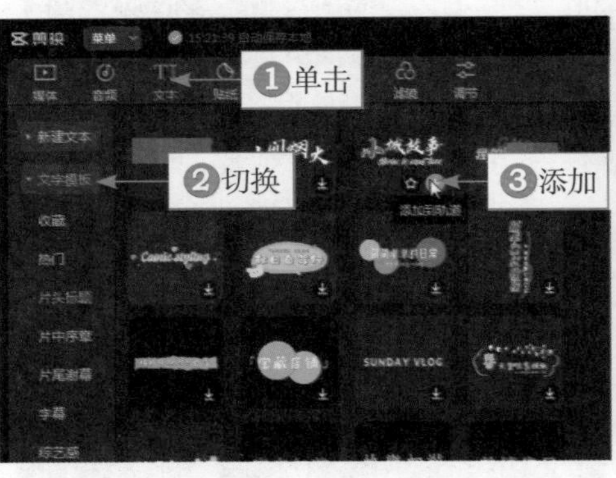

图 10-59 添加文字模板

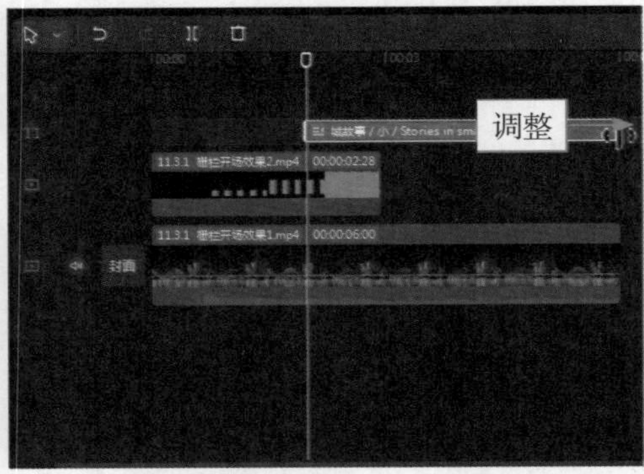

图 10-60 调整文本的时长

▶▷ 步骤 6 ❶更改文字内容；❷调整文字的大小，如图 10-61 所示。

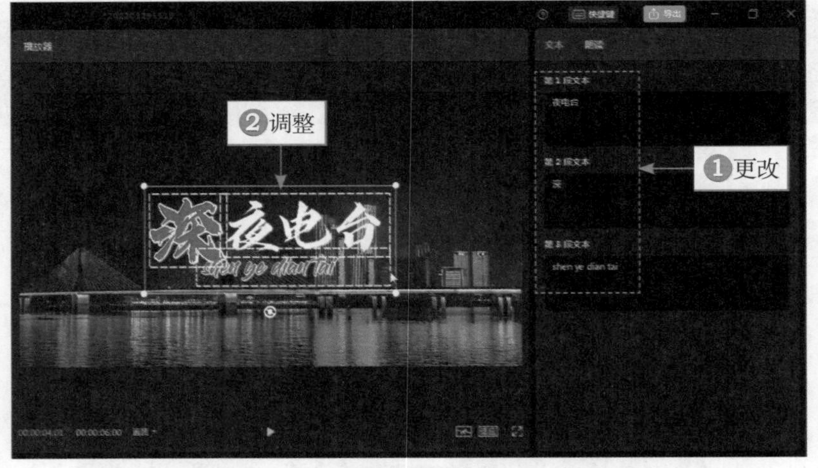

图 10-61 调整文字的大小

10.3.2 箭头开场效果

【效果说明】箭头开场效果是指画面黑屏时，箭头从左向右移出画面，显示背景视频和节目片名。箭头开场效果如图 10-62 所示。

扫码看案例效果 扫码看教学视频

图 10-62　箭头开场效果展示

▶▷ 步骤 1　导入背景素材和箭头开场素材，把背景素材添加到视频轨道中，如图 10-63 所示。

▶▷ 步骤 2　拖动箭头开场素材至画中画轨道中，如图 10-64 所示。

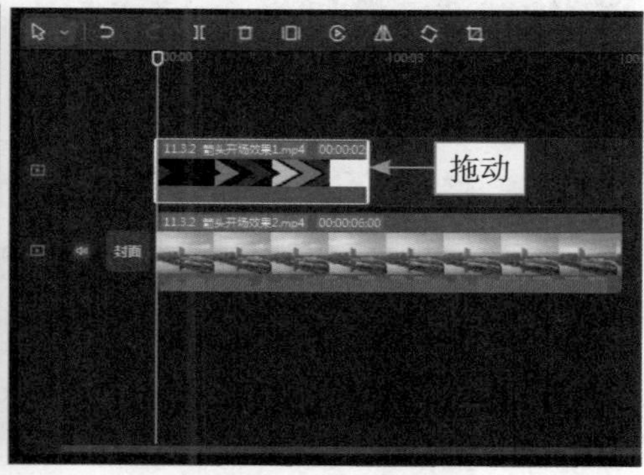

图 10-63　将视频添加到轨道中　　图 10-64　拖动箭头开场素材至画中画轨道中

▶▷ 步骤 3　在“混合模式”面板中选择“正片叠底”选项，如图 10-65 所示。

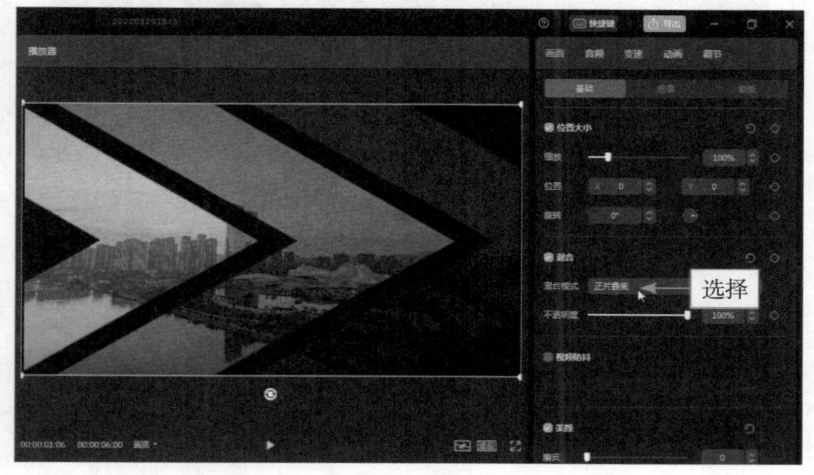

图 10-65　选择“正片叠底”选项

▶▷ 步骤 4 拖动时间指示器至视频 2s 的位置，❶单击“文本”按钮；❷在“文字模板”选项卡中展开“美食”选项区；❸添加一款文字模板，如图 10-66 所示。

▶▷ 步骤 5 调整文本的时长，使其末端对齐视频的末尾位置，如图 10-67 所示。

图 10-66 添加一款文字模板

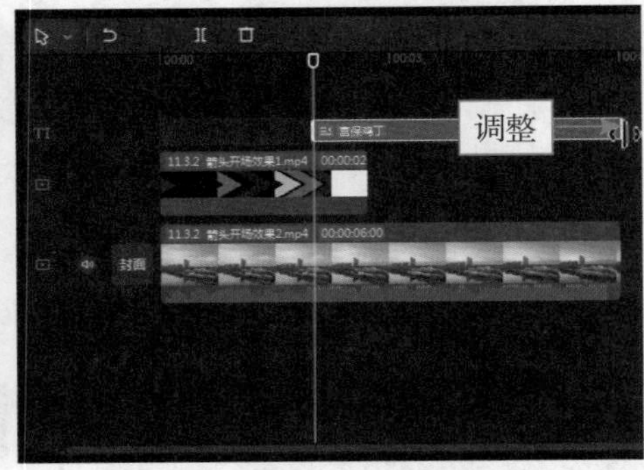

图 10-67 调整文本的时长

▶▷ 步骤 6 ❶更改文字内容；❷调整文字的大小，如图 10-68 所示。

图 10-68 调整文字的大小

10.3.3 方块开场效果

【效果说明】方块开场效果是指画面黑屏时，屏幕上出现多个方块，当中间的方块放大后即可显示背景视频和片名。方块开场效果如图 10-69 所示。

扫码看案例效果 扫码看教学视频

图 10-69　方块开场效果展示

▶▷ 步骤 1　导入背景素材和方块开场素材，把背景素材添加到视频轨道中，拖动方块开场素材至画中画轨道中，如图 10-70 所示。

▶▷ 步骤 2　在“混合模式”面板中选择“正片叠底”选项，如图 10-71 所示。

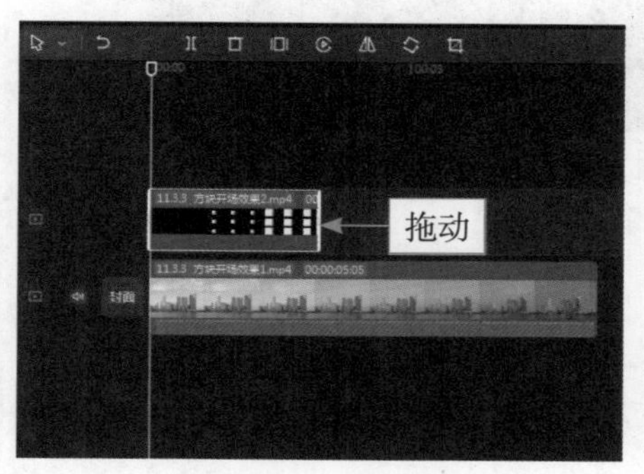

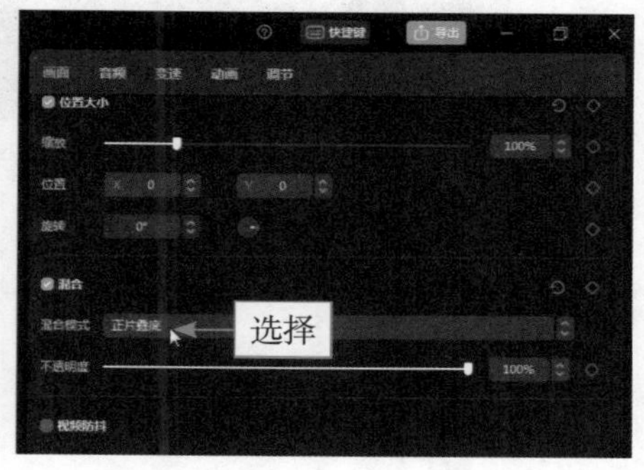

图 10-70　拖动素材至相应的轨道中　　图 10-71　选择“正片叠底”选项

▶▷ 步骤 3　拖动时间指示器至视频 00:00:01:20 的位置，❶单击“文本”按钮；❷切换至“文字模板”选项卡；❸在“片头标题”选项区中添加一款文字模板，如图 10-72 所示。

▶▷ 步骤 4　调整文本的时长，使其末端对齐视频末尾位置，如图 10-73 所示。

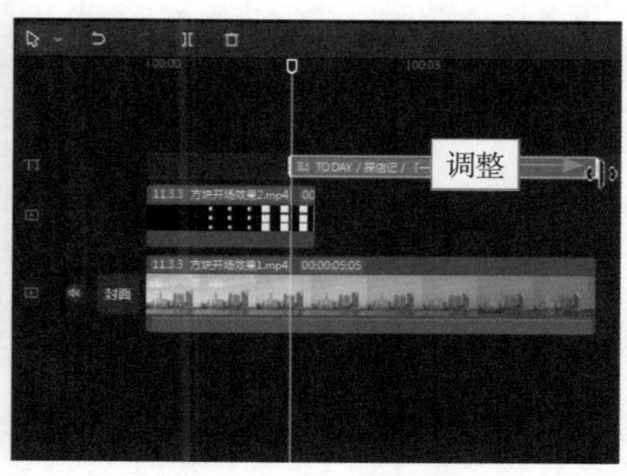

图 10-72　添加一款文字模板　　图 10-73　调整文本的时长

▶▷ 步骤5 ❶更改文字内容；❷调整文字的大小和位置，如图 10–74 所示。

图 10–74　调整文字的大小和位置

第11章 影视栏目片尾制作

本章主要介绍的是影视栏目片尾的制作方法。片尾意味着影片的结束，一部好的影片、一档好的节目，其制作凝聚了所有工作人员大量的心血和汗水，当影片播放到结尾时，才会在荧幕上出现他们的名字。因此，片尾的工作人员名单，其实是在对所有付出艰辛努力的人表示致敬和感谢。

新手重点索引

- 影视片尾
- 节目片尾

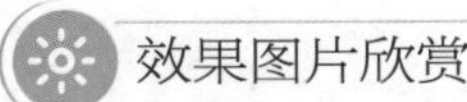

效果图片欣赏

11.1 影视片尾

随着影视行业的不断发展，影视片尾的展示也逐渐呈现多样化，很多片尾的制作原理是相通的，如果想要制作出更多精彩的影视片尾，就需要制作新花样。本节向大家介绍画面上滑黑屏滚动效果、片尾字幕向右滚动效果及画面双屏字幕淡入淡出等片尾的制作方法。

11.1.1 画面上滑黑屏滚动效果

【效果说明】画面上滑黑屏滚动效果是指在电影结尾时，影片画面向上滑动，使屏幕呈现黑屏状态，与此同时，工作人员或演职人员的名单也会随着影片画面上滑滚动。画面上滑黑屏滚动效果如图 11-1 所示。

扫码看案例效果

扫码看教学视频

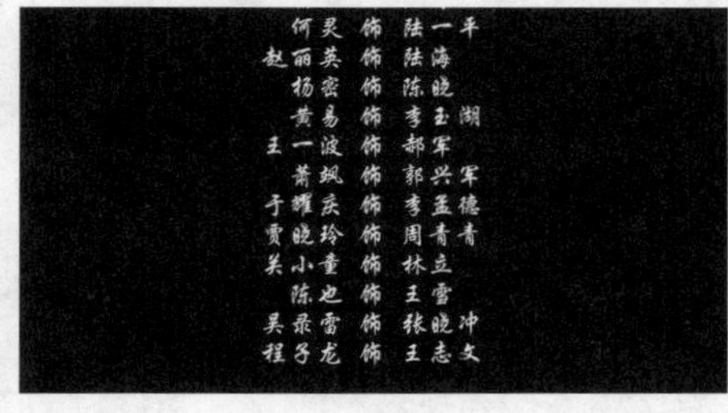

图 11-1　画面上滑黑屏滚动效果展示

▶▷ 步骤 1　在剪映中把背景视频添加到视频轨道中，如图 11-2 所示。

▶▷ 步骤 2　❶单击“音频”按钮；❷展开“抖音”选项区；❸单击所选音乐右下角的“添加到轨道”按钮⊕，如图 11-3 所示，添加音乐。

图 11-2　把背景视频添加到视频轨道中　图 11-3　单击“添加到轨道”按钮（1）

▶▷ 步骤 3　调整音频的时长，使其时长为 00:00:05:27，如图 11-4 所示。

▶▷ 步骤 4　在“音频”面板中拖动滑块，设置“淡出时长”为 0.5s，如图 11-5 所示。

▶▷ 步骤 5　❶单击“文本”按钮；❷单击“默认文本”右下角的“添加到轨道”按钮⊕，如图 11-6 所示，添加文本。

▶▷ 步骤 6　添加两段文本并调整其时长，如图 11-7 所示。

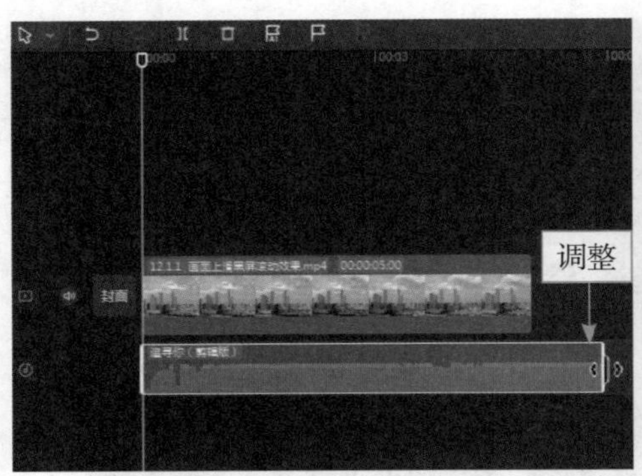

图 11-4　调整音频的时长

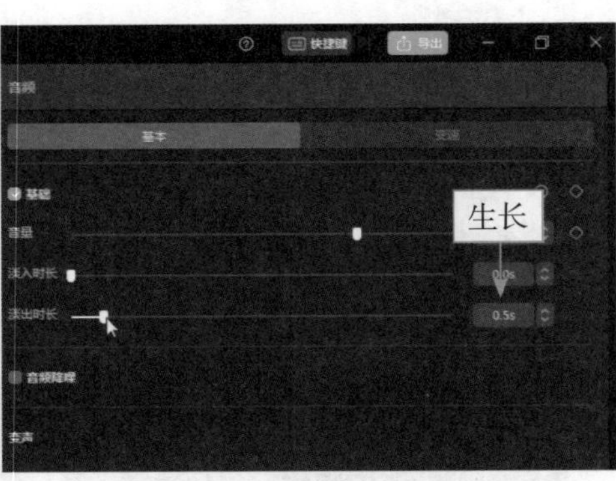

图 11-5　设置“淡出时长”为 0.5s

图 11-6　单击“添加到轨道”按钮（2）

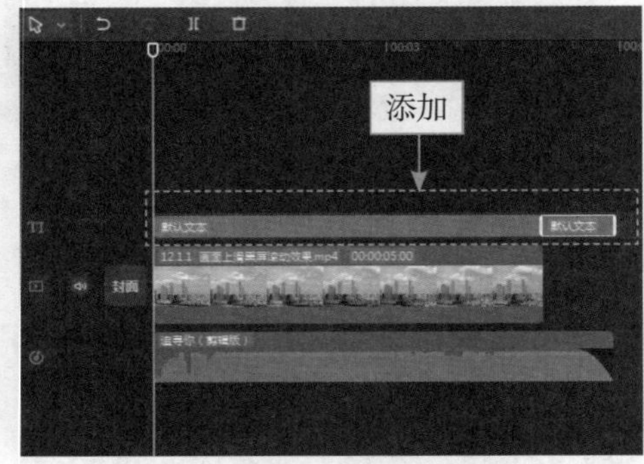

图 11-7　添加两段文本

▶▷ 步骤 7　选择视频素材，在素材起始位置单击“位置”右侧的◇按钮，添加关键帧◆，如图 11-8 所示。

图 11-8　添加关键帧（1）

▷▷ 步骤 8　拖动时间指示器至视频 00:00:02:05 的位置，调整素材的位置，使其处于画面最上方，如图 11-9 所示，也可以通过设置“位置”参数改变素材的位置。

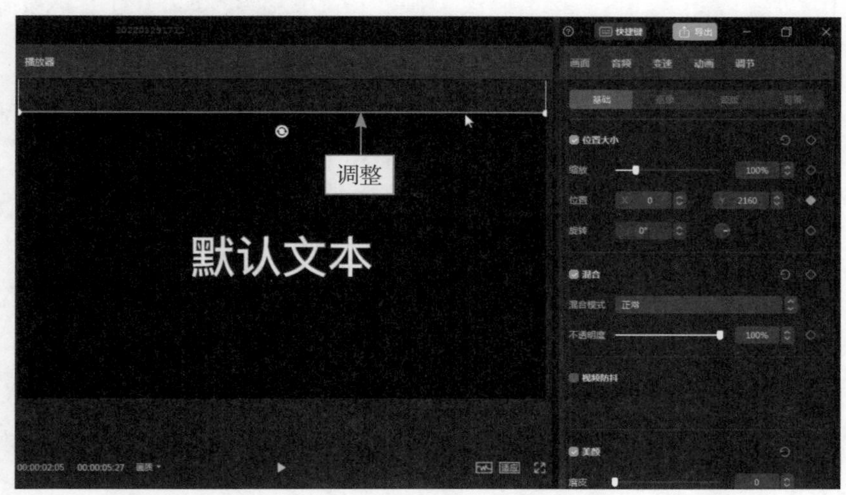

图 11-9　调整素材的位置

▷▷ 步骤 9　选择第 1 段“默认文本”，❶输入人员名单；❷选择合适的字体，如图 11-10 所示。

图 11-10　选择合适的字体

▷▷ 步骤 10　❶设置“行间距”参数为 2；❷调整文字的大小和位置，使其处于画面的最下方；❸单击“位置”右侧的◇按钮，添加关键帧◆，如图 11-11 所示。

图 11-11　添加关键帧（2）

▶▷ 步骤 11　拖动时间指示器至第 1 段文本的末尾位置，调整文字的位置，使其处于画面的最上方，如图 11-12 所示，也可以通过设置"位置"参数改变素材的位置。

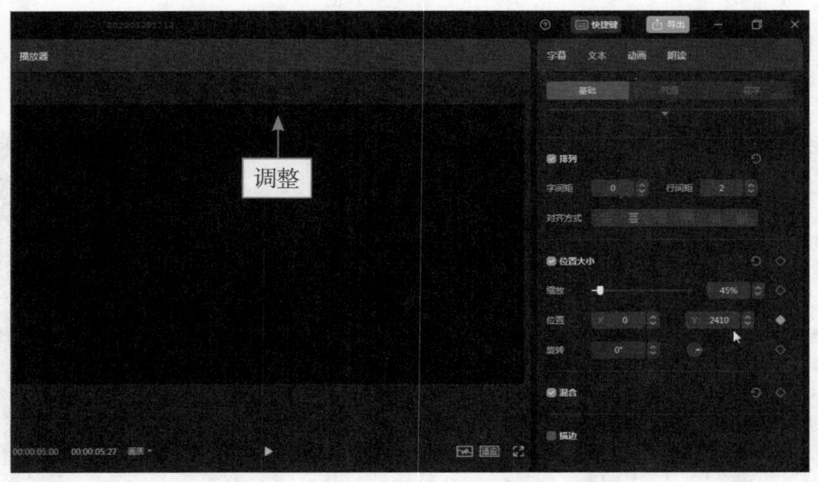

图 11-12　调整文字的文字

▶▷ 步骤 12　选择第 2 段文本，①输入文字内容；②选择字体；③选择第 2 款预设样式，如图 11-13 所示。

▶▷ 步骤 13　①单击"动画"按钮；②选择"生长"入场动画，如图 11-14 所示。

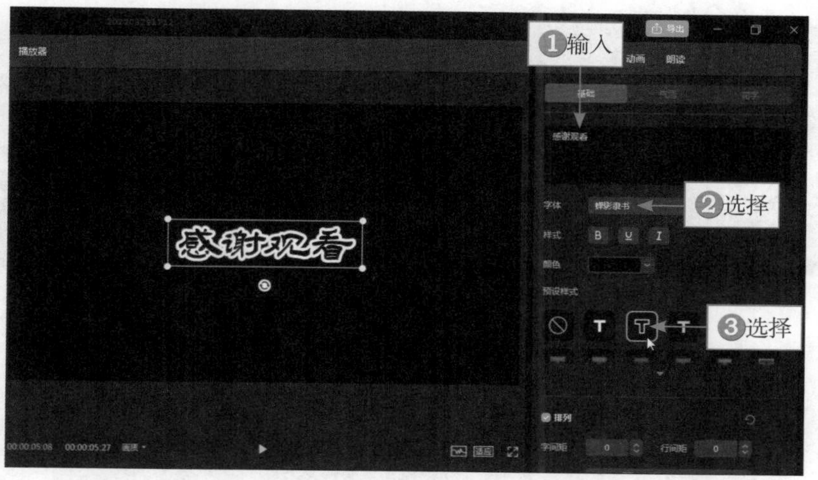

图 11-13　选择第 2 款预设样式

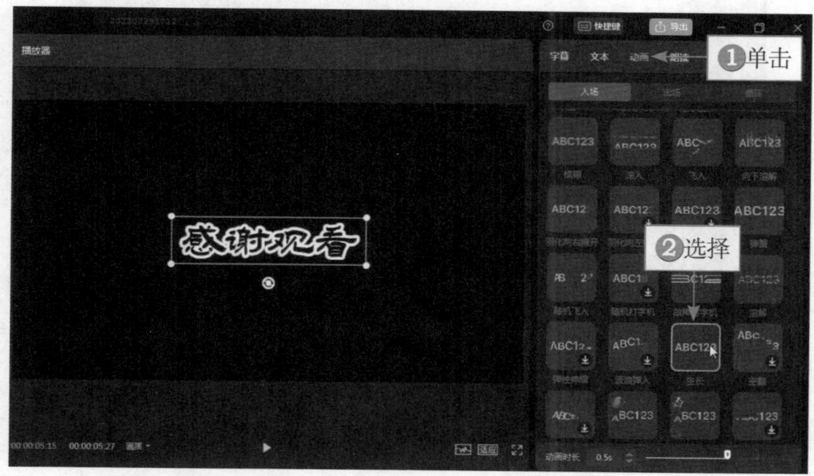

图 11-14　选择"生长"入场动画

11.1.2　片尾字幕向右滚动效果

【效果说明】片尾字幕向右滚动效果是指在电影结尾时，影片画面占据屏幕上面的三分之二，屏幕下方的三分之一呈现黑屏状态，工作人员或演职人员的名单在黑屏的位置从左向右滚动。片尾字幕向右滚动效果如图 11-15 所示。

扫码看案例效果

扫码看教学视频

图 11-15 片尾字幕向右滚动效果展示

步骤 1 在剪映中把导入的视频微微向上拖动，底下留出黑色，如图 11-16 所示。

图 11-16 拖动视频素材的位置

步骤 2 添加一段“默认文本”，调整其时长，❶输入人员名单；❷选择合适的字体，如图 11-17 所示。

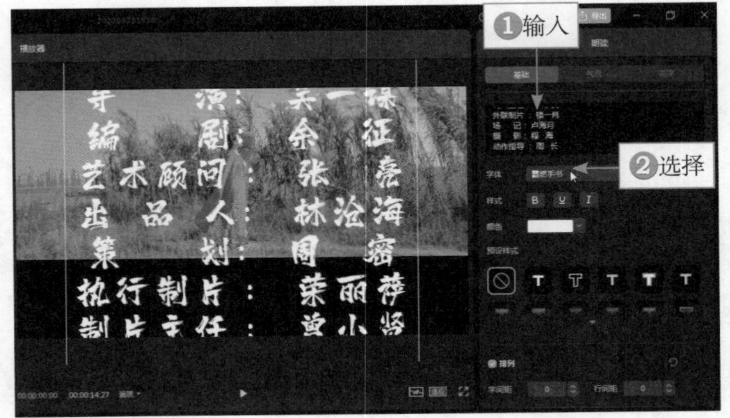

图 11-17 选择合适的字体

▶▷ 步骤 3　❶选择第 4 个对齐方式；❷设置"行间距"参数为 40；❸缩小文字，如图 11-18 所示。

图 11-18　缩小文字

▶▷ 步骤 4　❶调整文字的位置，使其处于黑底画面中的最左边位置；❷单击"位置"右侧的◇按钮，添加关键帧◆，如图 11-19 所示。

图 11-19　添加关键帧

▶▷ 步骤 5　拖动时间指示器至视频末尾位置，调整文字的位置，使其处于黑底画面中的最右边，如图 11-20 所示，让文字从左往右移动，也可以通过设置"位置"参数改变文字的位置。

▶▷ 步骤 6　选择视频素材，❶单击"动画"按钮；❷选择"渐隐"出场动画，如图 11-21 所示，使视频画面慢慢变黑闭幕。

图 11-20 调整文字的位置

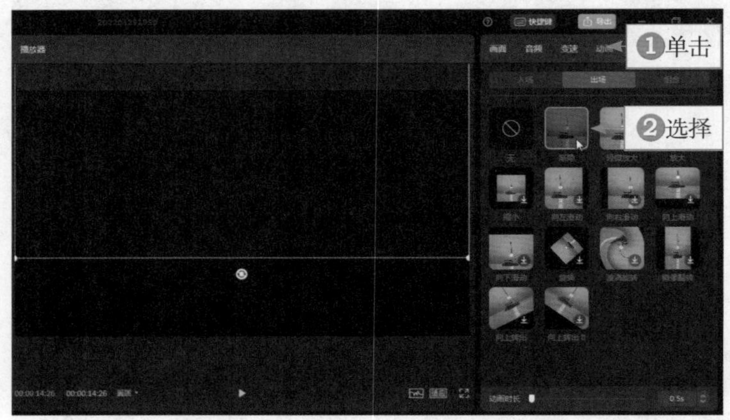

图 11-21 选择“渐隐”出场动画

11.1.3 画面双屏字幕淡入淡出

【效果说明】画面双屏字幕淡入淡出效果是指在电影结尾时，影片画面从全屏状态慢慢缩小，占据屏幕一半左右的位置，屏幕的另一半则呈现黑屏状态，黑屏的位置会淡入淡出地显示多组工作人员或演职人员的名单。画面双屏字幕淡入淡出效果如图 11-22 所示。

扫码看案例效果

扫码看教学视频

▶▷ 步骤 1 在视频起始位置单击“缩放”和“位置”右侧的◇按钮，添加关键帧◆，如图 11-23 所示。

图 11-22 画面双屏字幕淡入淡出效果展示

图 11-23 添加关键帧

▶▷ 步骤 2 拖动时间指示器至视频 00:00:01:20 的位置，调整视频画面的大小和位置，使其缩小至画面的左边位置，如图 11-24 所示。

图 11-24 调整视频画面的大小和位置

第 11 章 影视栏目片尾制作

▶▷ 步骤 3　❶添加一段“默认文本”，输入“联合主演”人员名单；❷选择合适的字体；❸调整文字的大小和位置，如图 11-25 所示。

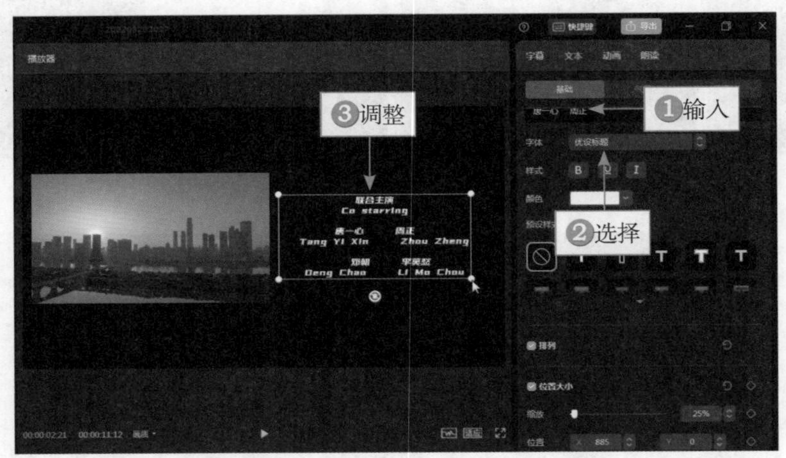

图 11-25　调整文字的大小和位置

▶▷ 步骤 4　❶单击“动画”按钮；❷选择“渐显”入场动画；❸设置“动画时长”为 1.0 s，如图 11-26 所示。

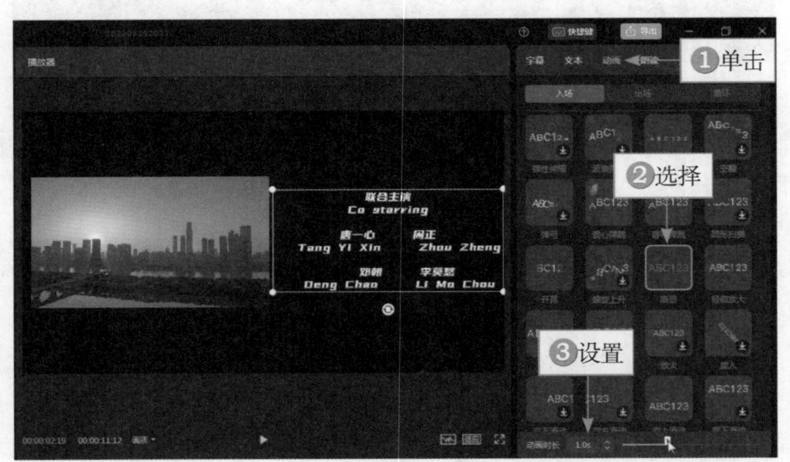

图 11-26　设置“动画时长”为 1.0s

▶▷ 步骤 5　❶切换至“出场”选项卡；❷选择“渐隐”动画，如图 11-27 所示。

▶▷ 步骤 6　在时间线面板中复制两段相同的文本，如图 11-28 所示，这样就不用再次添加新的“默认文本”和设置动画效果了。

图 11-27 选择“渐隐”动画

▷▷ 步骤 7 选择第 2 段文本，更改人员名单，微微调整其画面位置，如图 11-29 所示，第 3 段文本也是同样的操作，为视频素材设置“渐隐”出场动画，让视频画面变黑闭幕。

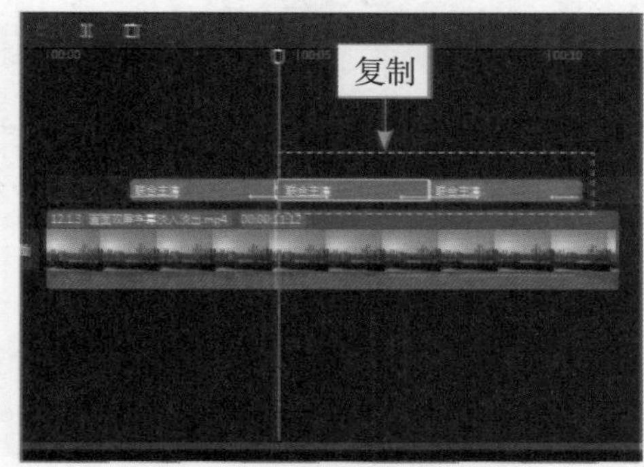

图 11-28 复制两段文本

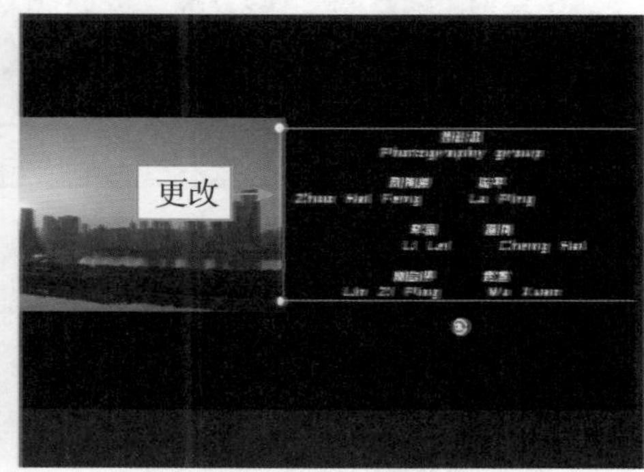

图 11-29 更改人员名单

11.2 节目片尾

节目片尾起着烘托和升华主题的作用，一个好看的片尾更能展示节目的艺术效果。本节将向大家介绍综艺片尾底部向左滚动和综艺方框悬挂片尾效果节目片尾的制作方法，让大家学会制作更多风格的片尾。

11.2.1 综艺片尾底部向左滚动

【效果说明】综艺片尾底部向左滚动效果是指在节目结尾时，片尾字幕会在画面底部从右向左滚动，为免字幕太过单调，可以在画面底部添加贴纸或文字模板进行修饰。综艺片尾底部向左滚动效果如图 11–30 所示。

扫码看案例效果 扫码看教学视频

图 11–30 综艺片尾底部向左滚动效果展示

▶▷ 步骤 1 在剪映中导入一个视频并添加到视频轨道中，❶单击“文本”按钮；❷在“文字模板”选项卡中展开“综艺感”选项区；❸单击“比赛正式开始”文字右下角的“添加到轨道”按钮，如图 11–31 所示，添加文本。

▶▷ 步骤 2 调整文本的时长，使其末端对齐视频的末尾位置，如图 11–32 所示。

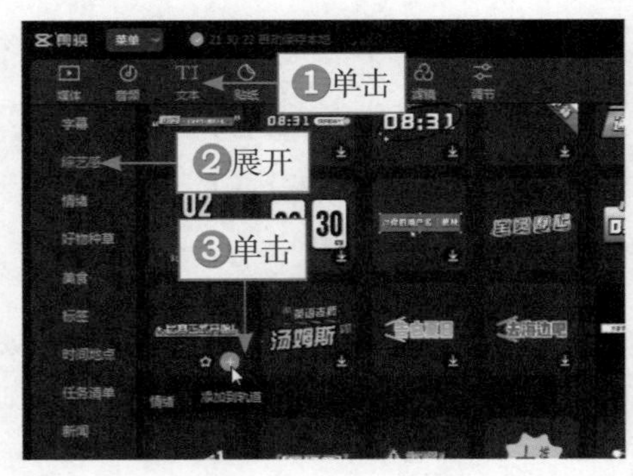

图 11–31 单击“添加到轨道”按钮

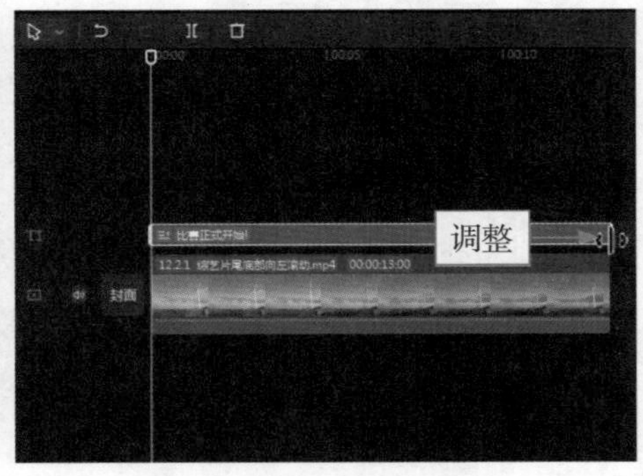

图 11–32 调整文本的时长（1）

▶▷ 步骤 3 ❶清空文字内容；❷调整文字模板的大小和位置，如图 11–33 所示。

图 11–33　调整文字模板的大小和位置（1）

▶▷ 步骤 4 拖动时间指示器至视频 00:00:00:28 的位置，在“综艺感”选项区中添加第 2 款文字模板，如图 11–34 所示。

▶▷ 步骤 5 调整文本的时长，使其末端对齐视频的末尾位置，如图 11–35 所示。

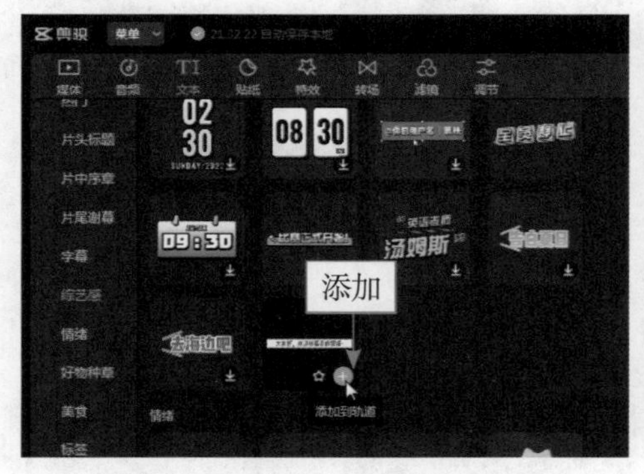

图 11–34　添加第 2 款文字模板

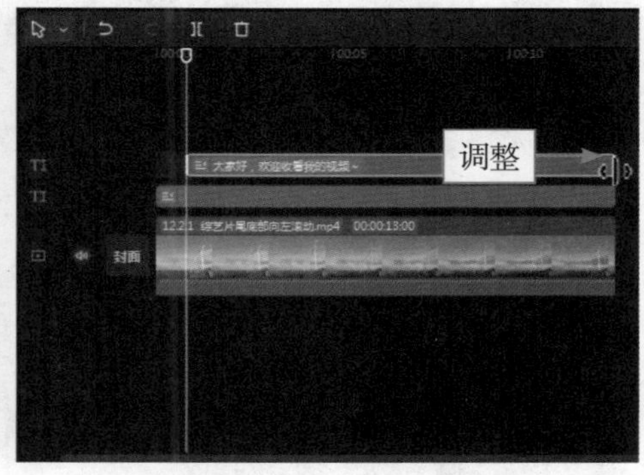

图 11–35　调整文本的时长（2）

▶▷ 步骤 6 ❶输入新的文字内容；❷调整文字模板的大小和位置，如图 11–36 所示。

▶▷ 步骤 7 ❶单击“贴纸”按钮；❷搜索“饮料”贴纸；❸添加第 1 款饮料贴纸，如图 11–37 所示。

▶▷ 步骤 8 ❶继续搜索“雪花”；❷添加第 2 款雪花贴纸，如图 11–38 所示。

图 11-36　调整文字模板的大小和位置（2）

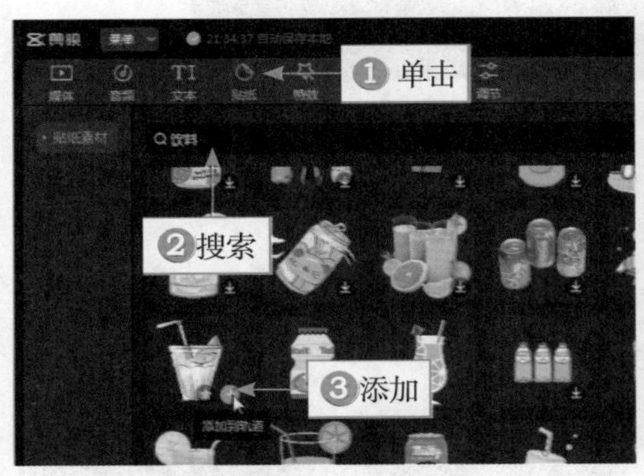

图 11-37　添加第 1 款饮料贴纸

图 11-38　添加第 2 款雪花贴纸

步骤 9　①再继续搜索“雪人”；②添加第 3 款雪人贴纸，如图 11-39 所示。

步骤 10　在雪人贴纸的下面再添加一段“默认文本”，并调整文本、贴纸的时长和位置，如图 11-40 所示。

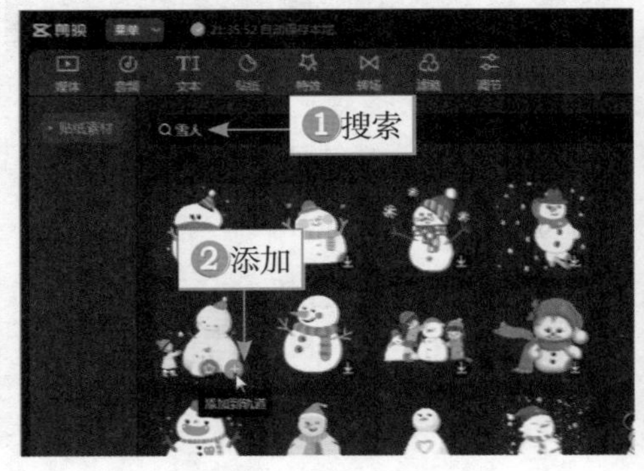

图 11-39　添加第 3 款雪人贴纸

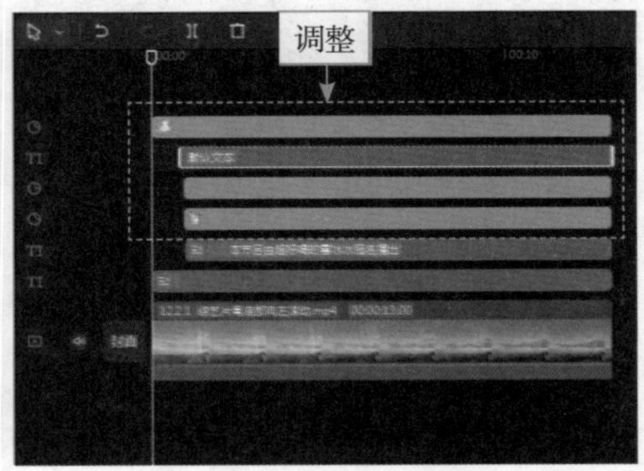

图 11-40　调整文本、贴纸的时长和位置

▶▷ 步骤 11 ❶调整 3 段贴纸在画面中的大小和位置；❷为雪人贴纸设置“渐显”入场动画，设置“动画时长”为 1.0 s，如图 11-41 所示。

图 11-41 设置“动画时长”为 1.0s

▶▷ 步骤 12 选择“默认文本”，❶输入人员名单；❷设置“字间距”参数为 2、“行间距”参数为 6；❸调整文字的大小和位置，如图 11-42 所示。

图 11-42 调整文字的大小和位置

▶▷ 步骤 13 ❶在文字素材的起始位置调整文字的位置，使其处于画面的最右边；❷单击“位置”右侧的◇按钮，添加关键帧◆，如图 11-43 所示。

▶▷ 步骤 14 拖动时间指示器至文字的末尾位置，更改“位置”参数调整文字的位置，使其处于画面的左边位置，如图 11-44 所示。

图 11-43　添加关键帧

图 11-44　调整文字的位置

11.2.2　综艺方框悬挂片尾效果

【效果说明】综艺方框悬挂片尾效果是指在节目结尾时，画面左侧或画面右侧悬挂一个方框，片尾字幕会在悬挂的方框中从下往上滚动。综艺方框悬挂片尾效果如图 11-45 所示。

扫码看案例效果

扫码看教学视频

图 11-45　综艺方框悬挂片尾效果展示

▶▷ 步骤 1　在“素材库”选项卡中单击黑场素材右下角的“添加到轨道”按钮，如图 11-46 所示，设置素材的时长为 10 s。

▶▷ 步骤 2　添加一段“默认文本”，并调整其时长，如图 11-47 所示。

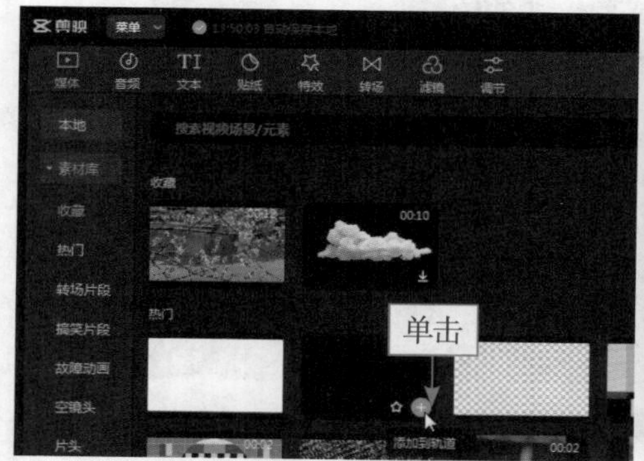

图 11-46　单击“添加到轨道”按钮（1）

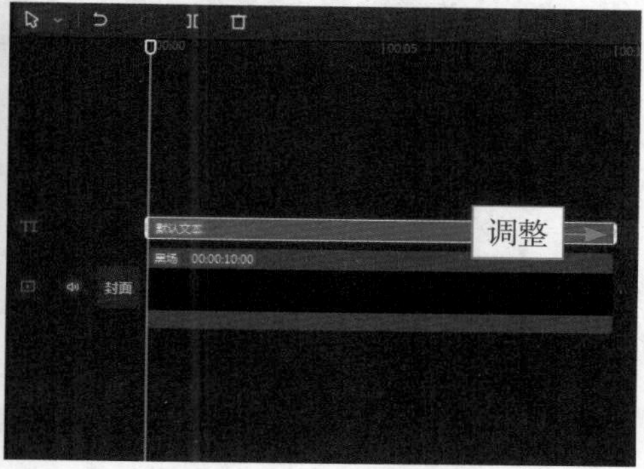

图 11-47　调整“默认文本”的时长

▶▷ 步骤 3　❶设置画面比例为 9 ∶ 16；❷输入文字内容；❸选择合适的字体，如图 11-48 所示。

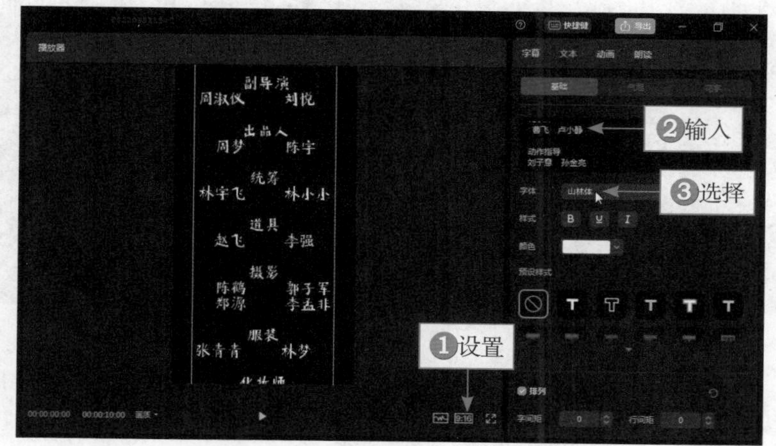

图 11-48　选择合适的字体

▶▷ 步骤 4　❶设置“字间距”为 2、“行间距”为 7；❷在文本的起始位置调整文字的位置，使其处于画面的最下方；❸单击“位置”右侧的按钮，添加关键帧，如图 11-49 所示。

▶▷ 步骤 5　在文本的末尾位置通过设置“位置”参数调整文字的位置，使其处于画面的最上方，如图 11-50 所示，之后单击“导出”按钮导出素材。

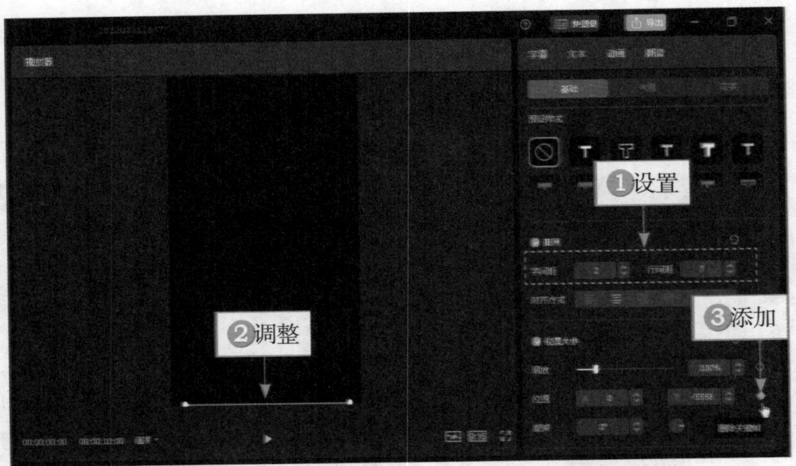

图 11-49　添加关键帧

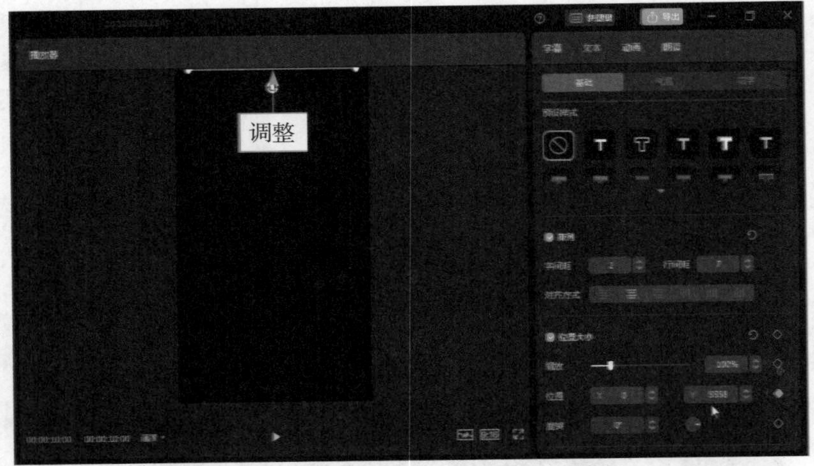

图 11-50　调整文字的位置

▶▷ 步骤 6　在剪映中导入背景视频素材和上一步导出的文字素材，单击背景视频素材右下角的“添加到轨道”按钮，如图 11-51 所示，把素材添加到视频轨道中。

▶▷ 步骤 7　拖动文字素材至画中画轨道中，如图 11-52 所示。

▶▷ 步骤 8　①在“混合模式”面板中选择“滤色”选项；②调整文字素材的大小和位置，如图 11-53 所示。

▶▷ 步骤 9　①在视频起始位置单击“贴纸”按钮；②搜索“矩形框”；③添加一款矩形框贴纸，如图 11-54 所示。

图 11–51　单击“添加到轨道”按钮（2）

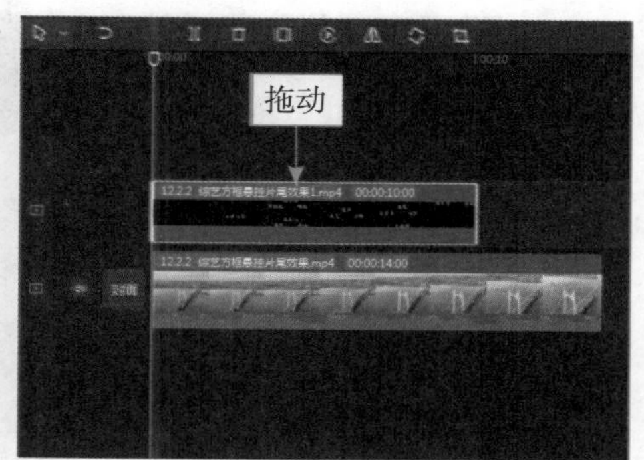

图 11–52　拖动文字素材至画中画轨道中

图 11–53　调整文字素材的大小和位置

步骤 10　调整贴纸的时长，使其末端对齐视频的末尾位置，如图 11–55 所示。

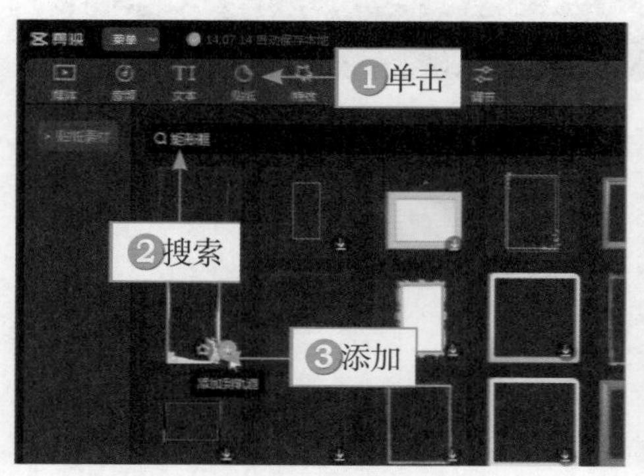

图 11–54　添加一款矩形框贴纸

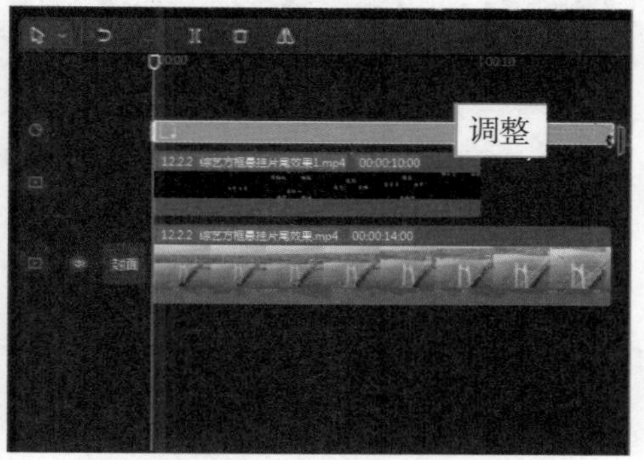

图 11–55　调整贴纸的时长

步骤 11　调整贴纸的大小和位置，使文字内容在框内，如图 11–56 所示。

图 11-56　调整贴纸的大小和位置

▶▷ 步骤 12　❶在文字素材的末尾位置单击“文本”按钮；❷在“花字”选项区中添加一款花字样式，如图 11-57 所示。

▶▷ 步骤 13　调整“默认文本”的时长，使其末端对齐视频的末尾位置，如图 11-58 所示。

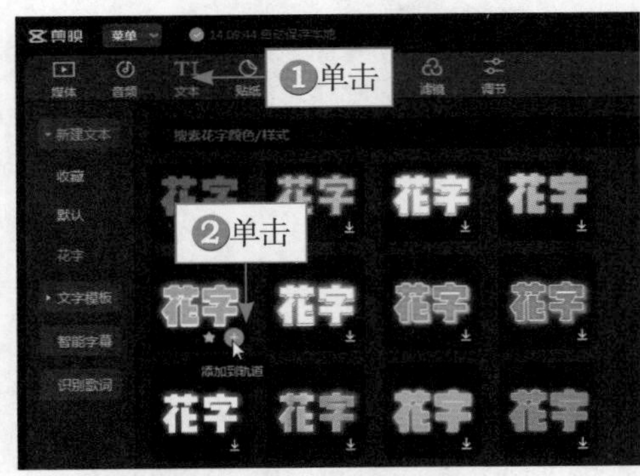

图 11-57　添加一款花字样式

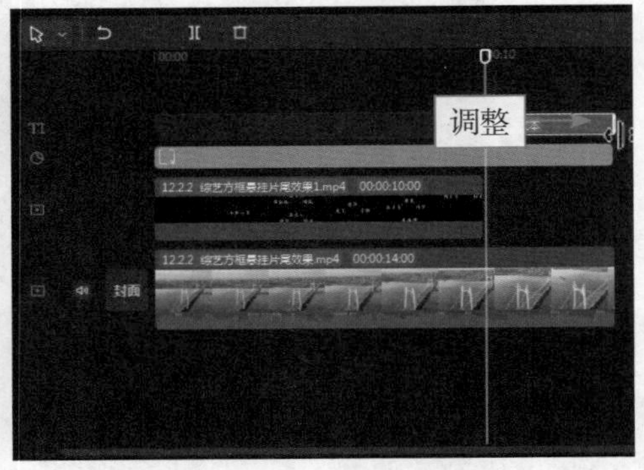

图 11-58　调整“默认文本”的时长

▶▷ 步骤 14　❶输入“下期再会”文字；❷选择字体；❸调整文字的大小和位置，如图 11-59 所示。

▶▷ 步骤 15　❶单击“动画”按钮；❷选择“向下溶解”入场动画；❸设置“动画时长”为 1.0 s，如图 11-60 所示。

▶▷ 步骤 16　❶在起始位置单击“贴纸”按钮；❷在“闪闪”选项卡中添加一款蝴蝶贴纸，如图 11-61 所示，并调整贴纸的画面位置，使其处于矩形框内中间的位置。

▶▷ 步骤 17 复制同段贴纸粘贴至剩下的视频中，一共有 5 段贴纸，调整最后一段贴纸的时长，如图 11-62 所示。

图 11-59　调整文字的大小和位置

图 11-60　设置“动画时长”为 1.0s

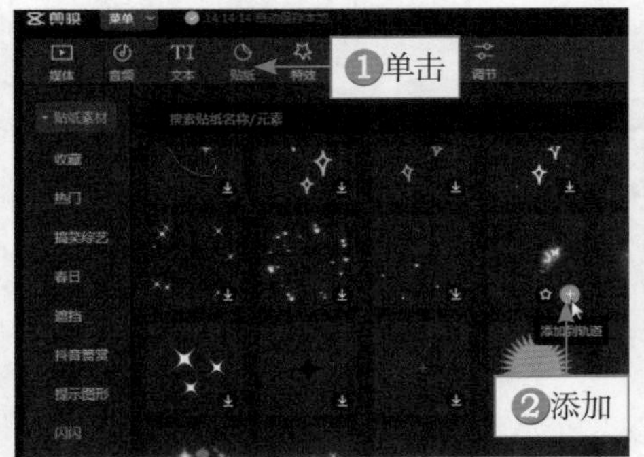

图 11-61　添加一款蝴蝶贴纸

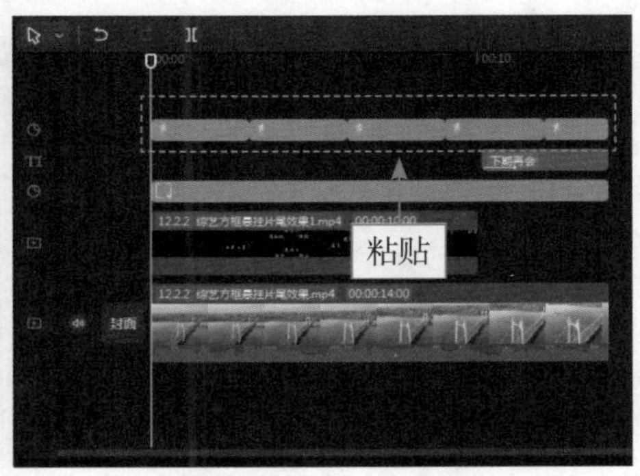

图 11-62　复制并粘贴贴纸

第 11 章 影视栏目片尾制作

第12章 综艺栏目特效制作

在综艺栏目中，虽然依靠嘉宾的表演、情节互动来构成内容，但也要用到大量的艺术特效，以丰富画面内容、调节气氛，增加节目的可观赏性，向观众传达更加准确的信息。本章主要介绍综艺栏目特效的制作，包括人物出场特效、综艺常用特效及综艺弹幕贴纸等。

新手重点索引

- 人物出场特效
- 综艺常用特效
- 综艺弹幕贴纸

效果图片欣赏

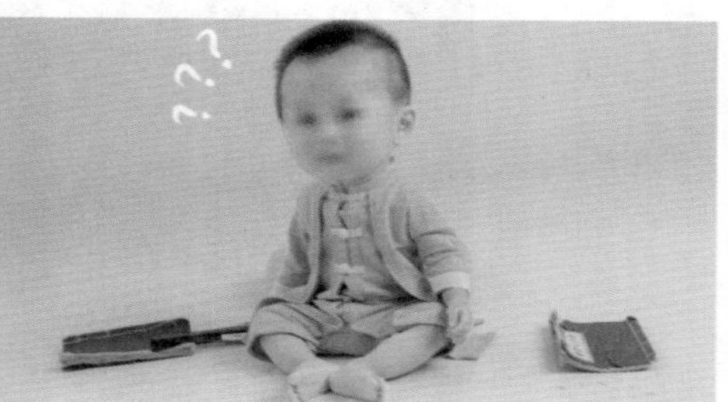

12.1 人物出场特效

在综艺栏目中，人物在出场时都会对其进行特别介绍，随着后期特效的发展，人物出场时的介绍越来越个性化、多样化，观赏度也更高了。本节主要介绍人物出场定格、人物角色介绍及团队成员介绍等特效的制作方法。

12.1.1 人物出场定格

【效果说明】在剪映中制作人物出场定格特效，需要在人物看向镜头时，将画面定格，再通过“智能抠像”功能对定格画面中的人物进行抠像，

扫码看案例效果 扫码看教学视频

最后添加人物介绍说明文字和音效即可。人物出场定格效果如图 12-1 所示。

图 12-1　人物出场定格效果展示

步骤 1　在剪映中导入视频，在视频 00:00:01:20 的位置单击“定格”按钮，如图 12-2 所示，定格画面。

步骤 2　复制定格素材粘贴至画中画轨道中，删除多余视频，如图 12-3 所示。

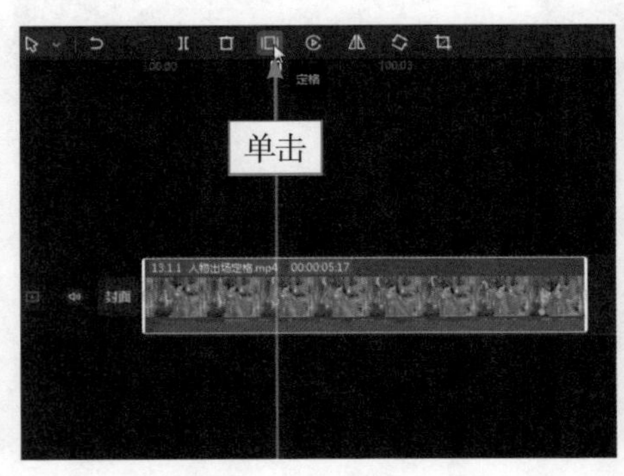

图 12-2　单击“定格”按钮

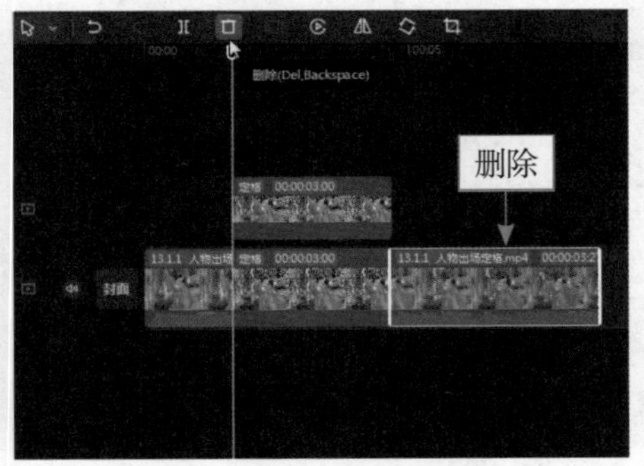

图 12-3　复制定格素材粘贴至画中画轨道中

步骤 3　选择视频轨道中的第 2 段素材，在“基础”选项卡中拖动滑块，设置“不透明度”参数为 0%，如图 12-4 所示。

步骤 4　❶切换至“背景”选项卡；❷在“背景填充”面板中选择第 4 个模糊样式，如图 12-5 所示。

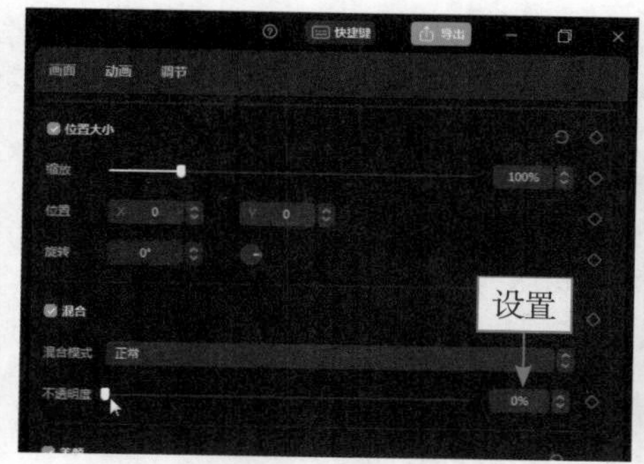

图 12-4 设置“不透明度”参数

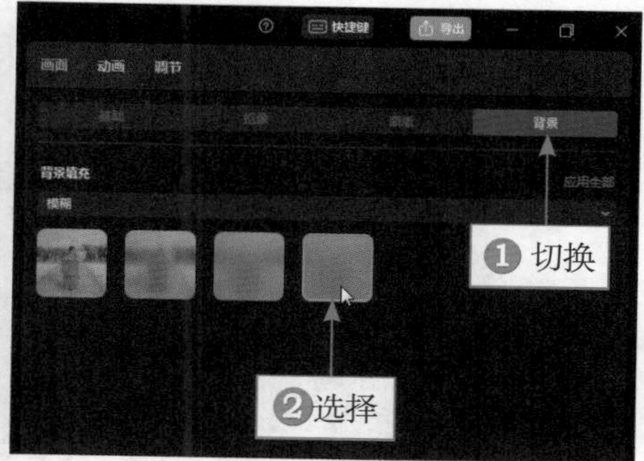

图 12-5 选择第 4 个模糊样式

▷▷ 步骤 5 选择画中画轨道中的素材，在“抠像”选项卡中选中“智能抠像”复选框，如图 12-6 所示，抠出人像。

图 12-6 选中“智能抠像”复选框

▷▷ 步骤 6 ❶添加一段人物介绍文字；❷选择字体；❸选择预设样式；❹调整文字的位置，如图 12-7 所示。

图 12-7 调整文字的位置

▶▷ 步骤 7 ❶单击“动画”按钮；❷选择“打字机Ⅰ”入场动画；❸设置“动画时长”为 1.0 s，如图 12-8 所示。

图 12-8 设置“动画时长”为 1.0 s

▶▷ 步骤 8 ❶单击“音频”按钮；❷切换至“音效素材”选项卡；❸搜索“出场”音效；❹单击“仙女出场”音效右下角的“添加到轨道”按钮，如图 12-9 所示。

▶▷ 步骤 9 ❶在定格素材的起始位置切换至“机械”选项区；❷单击“打字声 2”音效右下角的“添加到轨道”按钮，如图 12-10 所示。

图 12-9 单击“添加到轨道”按钮（1） 图 12-10 单击“添加到轨道”按钮（2）

▶▷ 步骤 10 ❶单击“关闭原声”按钮，把视频设置为静音；❷调整“打字声 2”音效的时长，使其对齐“打字声Ⅰ”文字动画的时长，如图 12-11 所示。

专家指点：添加场景音效可以让视频画面更加具有代入感，平时也可以多收藏一些实用的音效。

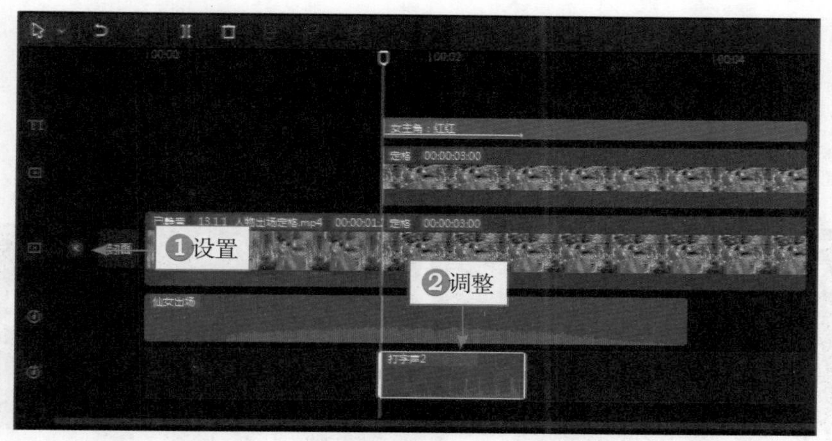

图 12-11　调整“打字声 2”音效的时长

12.1.2　人物角色介绍

【效果说明】有些节目在介绍特邀嘉宾时，会将嘉宾的代表作和扮演的角色也一并进行介绍，增加观众对嘉宾的认知度。在剪映中制作人物角色介绍效果时，可以先准备一个好看的背景，再将人物从照片中抠出来，最后为人物添加作品和角色介绍即可。人物角色介绍效果如图 12-12 所示。

扫码看案例效果　扫码看教学视频

图 12-12　人物角色介绍效果展示

▶▷ 步骤 1 在剪映中导入两张人物照片和一个背景视频，将背景视频添加到视频轨道上，如图 12-13 所示。

▶▷ 步骤 2 在视频 00:00:01:07 的位置上拖动第 1 个人物素材至画中画轨道中，并设置其时长为 4 s，如图 12-14 所示。

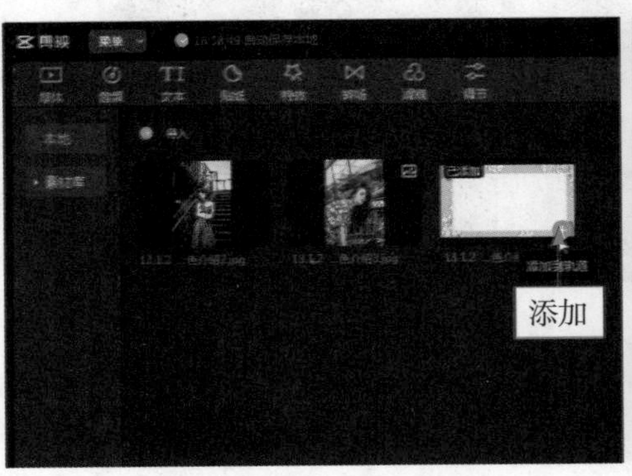

图 12-13 将背景视频添加到视频轨道上

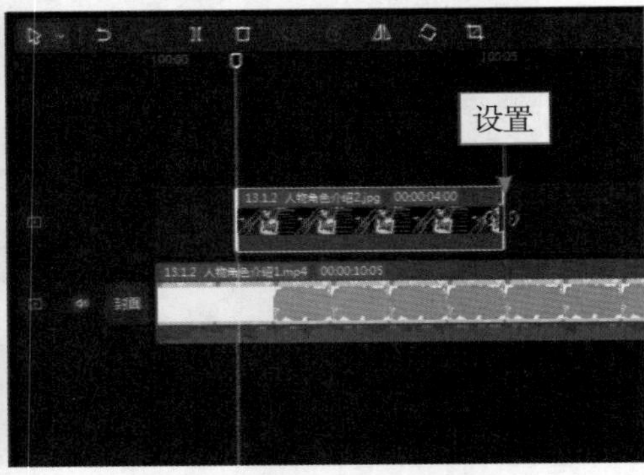

图 12-14 设置素材的时长

▶▷ 步骤 3 ❶切换至“抠像”选项卡；❷选中“智能抠像”复选框，抠出人像；❸调整人像的位置，如图 12-15 所示。

图 12-15 调整人像的位置

▶▷ 步骤 4 ❶单击“动画”按钮；❷选择“渐显”入场动画；❸设置“动画时长”为 1.0 s，如图 12-16 所示。

▶▷ 步骤 5 在视频 00:00:04:00 的位置上分割人像素材，选择第 2 段人像素材，❶切换至“出场”选项卡；❷选择“渐隐”动画，如图 12-17 所示。

图 12-16　设置“动画时长”为 1.0 s（1）

图 12-17　选择“渐隐”动画（1）

▶▷ 步骤 6　❶在入场动画结束的位置添加一段“默认文本”，输入文字内容；❷选择字体；❸选择第 1 个对齐方式；❹调整文字的大小和位置，如图 12-18 所示。

图 12-18　调整文字的大小和位置

▶▷ 步骤 7 ❶单击“动画”按钮；❷选择“打字机Ⅱ”入场动画；❸设置“动画时长”为 1.0 s，如图 12-19 所示。

图 12-19 设置“动画时长”为 1.0 s（2）

▶▷ 步骤 8 ❶切换至“出场”选项卡；❷选择“渐隐”动画，如图 12-20 所示。

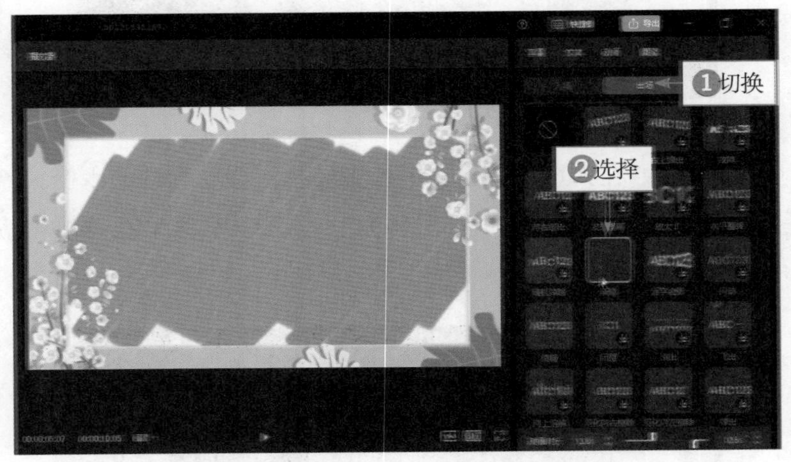

图 12-20 选择“渐隐”动画（2）

▶▷ 步骤 9 把人像素材和文字素材复制并粘贴到后面的轨道中，并调整其轨道位置，使其末端对齐视频的末尾位置，如图 12-21 所示。

▶▷ 步骤 10 ❶选中复制后的第 1 段人像素材并右击；❷在弹出的列表框中选择“替换片段”选项，如图 12-22 所示。

图 12–21　调整素材的位置

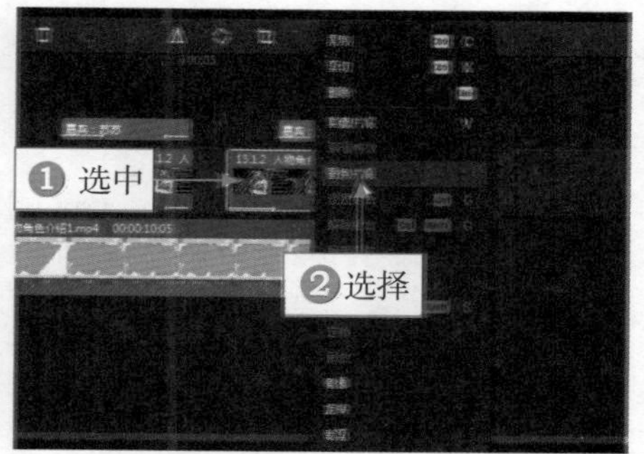

图 12–22　选择“替换片段”选项

▶▷ 步骤 11　❶在“请选择媒体资源”对话框中选择第 2 个人像素材；❷单击“打开”按钮，如图 12–23 所示。

▶▷ 步骤 12　在“替换”对话框中单击“替换片段”按钮，如图 12–24 所示，替换剩下的人像素材。

图 12–23　单击“打开”按钮

图 12–24　单击“替换片段”按钮

▶▷ 步骤 13　更改第 2 段文本中的部分文字内容，如图 12–25 所示。

图 12–25　更改第 2 段文本中的部分文字内容

12.2 综艺常用特效

综艺特效能够起到画面解说的作用，也能渲染视频氛围。本节主要介绍综艺常用特效的制作方法，包括人物大头特效、地图穿梭特效及慢放渲染气氛等。

12.2.1 人物大头特效

【效果说明】人物大头特效主要用来放大人物头部，将人物脸上的表情放大，例如惊讶、不屑、嫌弃、偷笑、疑问、发呆、害怕等表情。人物大头特效如图 12–26 所示。

扫码看案例效果 扫码看教学视频

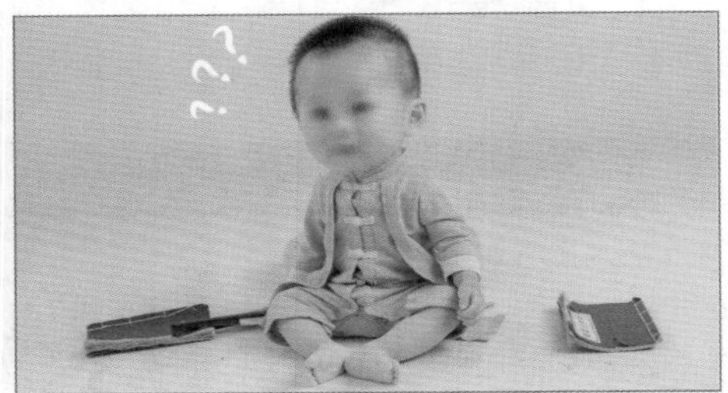

图 12–26 人物大头特效展示

▶▷ 步骤 1 在剪映中将导入的视频素材添加到视频轨道中，如图 12–27 所示。

▶▷ 步骤 2 复制视频素材并粘贴至画中画轨道中，如图 12–28 所示。

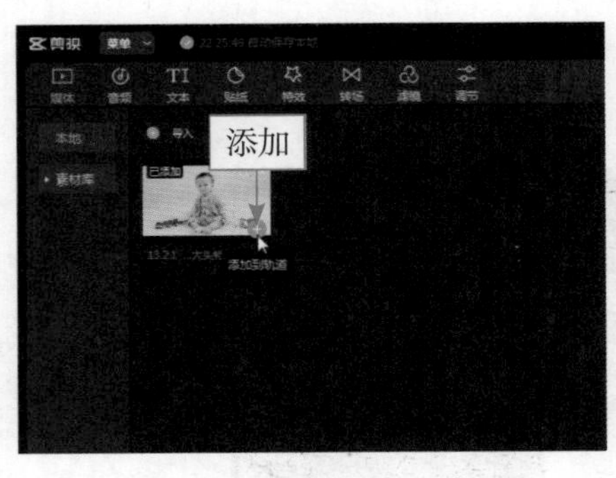

图 12–27 添加视频素材

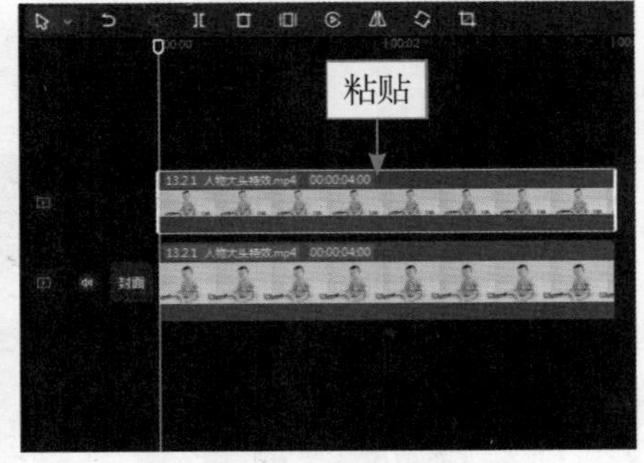

图 12–28 复制视频粘贴至画中画轨道中

▶▷ 步骤 3 ❶切换至“蒙版”选项卡；❷选择“圆形”蒙版；❸调整蒙版的大小和位置；❹拖动 按钮，设置“羽化”参数为 4，如图 12–29 所示，羽化边缘。

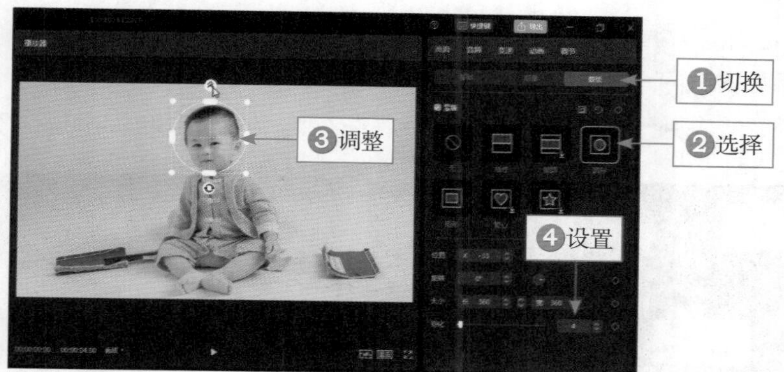

图 12-29　设置“羽化”参数

步骤 4　❶切换至“基础”选项卡；❷在视频起始位置单击“缩放”和“位置”右侧的◇按钮，添加关键帧◆，如图 12-30 所示。

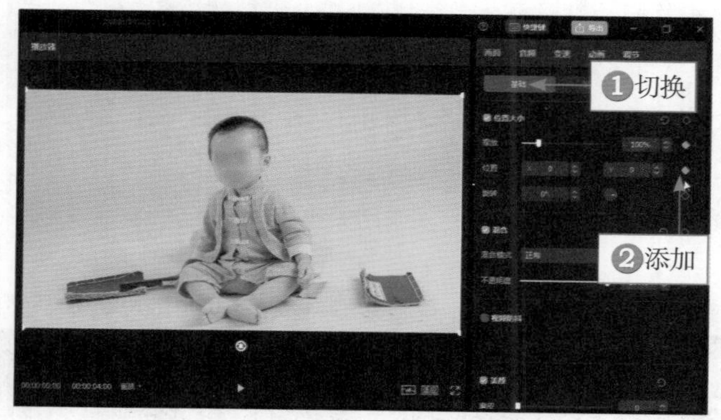

图 12-30　添加关键帧

步骤 5　拖动时间指示器至视频 1 秒的位置，通过设置“缩放”和“位置”参数调整素材的大小和位置，如图 12-31 所示，放大头部。

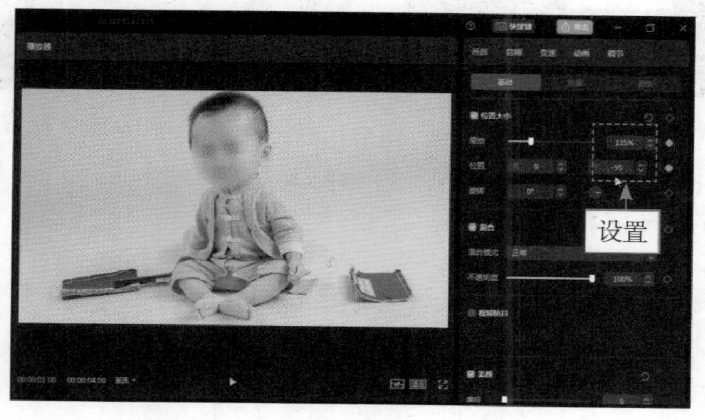

图 12-31　调整素材的大小和位置

▶▷ 步骤 6 ❶单击“贴纸”按钮；❷在搜索栏中搜索“问号”贴纸；❸添加一款问号贴纸，如图 12-32 所示。

▶▷ 步骤 7 调整贴纸在画面中的大小、位置和角度，如图 12-33 所示。

图 12-32 添加一款问号贴纸

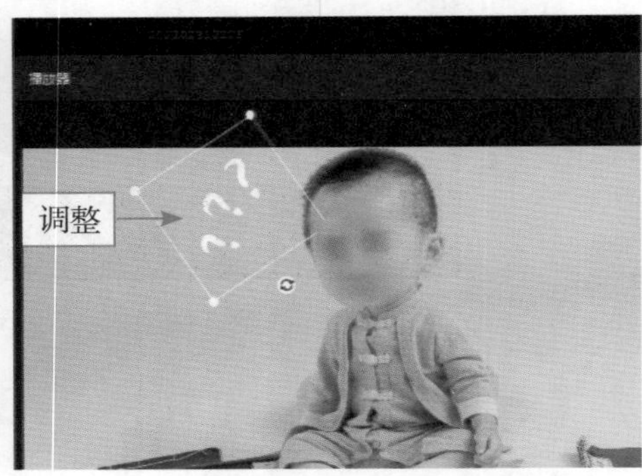

图 12-33 调整贴纸在画面中的大小、位置和角度

▶▷ 步骤 8 拖动时间指示器至视频起始位置，❶单击“音频”按钮；❷切换至“音效素材”选项卡；❸搜索“疑惑”音效；❹添加一款音效，如图 12-34 所示。

▶▷ 步骤 9 在人物出现大头特效的位置再添加第 2 段疑惑音效，如图 12-35 所示。

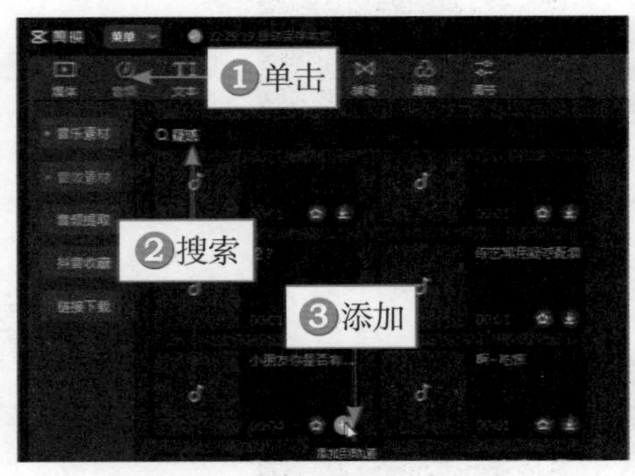

图 12-34 添加一款音效

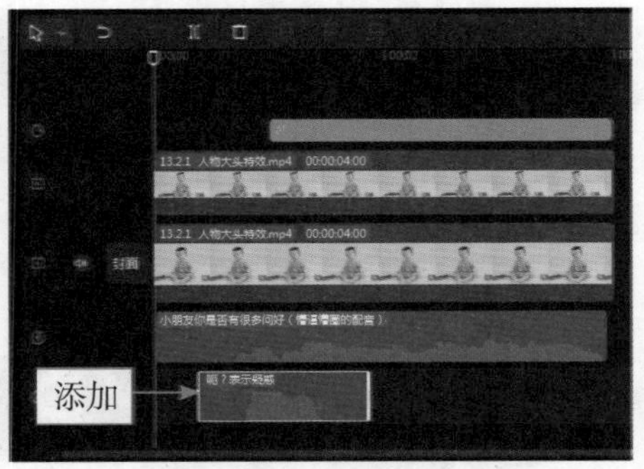

图 12-35 添加第 2 段疑惑音效

12.2.2 地图穿梭特效

【效果说明】地图穿梭特效是户外真人秀等综艺节目中比较常用的效果之一，通常用于更换拍摄地点时使用。在剪映中制作地图穿梭特效可以通

扫码看案例效果

扫码看教学视频

过添加贴纸和文字来实现，效果如图 12-36 所示。

图 12-36　地图穿梭特效展示

▶▷ 步骤 1　在剪映中将视频素材添加到视频轨道中，如图 12-37 所示。

▶▷ 步骤 2　❶单击“贴纸”按钮；❷搜索“地标”贴纸；❸添加一款贴纸，如图 12-38 所示。

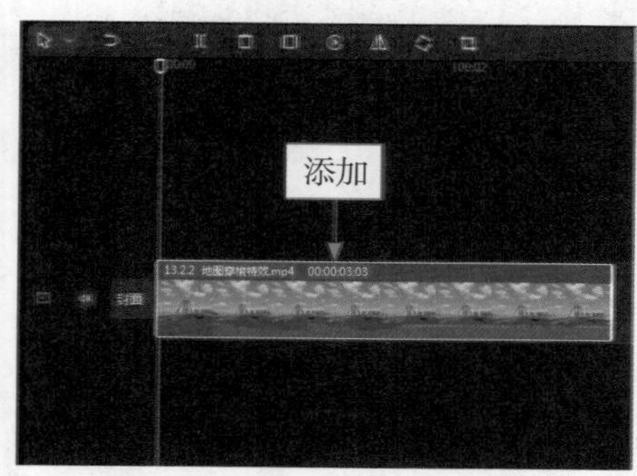

图 12-37　添加视频素材

图 12-38　添加一款贴纸

▶▷ 步骤 3　在“播放器”面板中调整贴纸的大小和位置，如图 12-39 所示。

▶▷ 步骤 4　❶单击“文本”按钮；❷在“收藏”选项区中添加一款花字，如图 12-40 所示。

图 12-39　调整贴纸的大小和位置

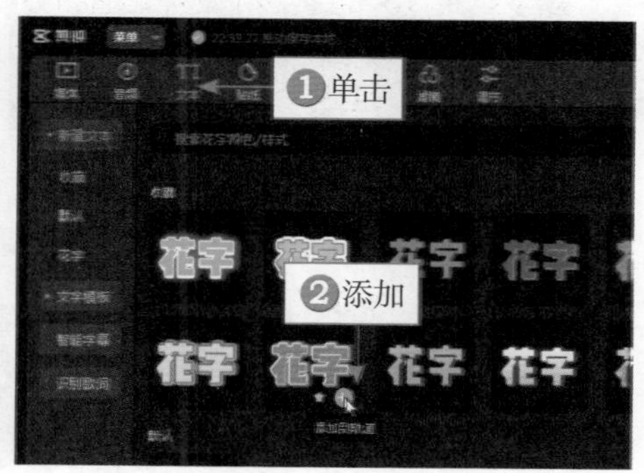

图 12-40　添加一款花字

▶▷ 步骤 5 ❶输入文字；❷选择字体；❸调整文字的大小和位置，如图 12-41 所示。

图 12-41　调整文字的大小和位置

▶▷ 步骤 6 在时间线面板中复制并粘贴文字和贴纸，调整其时长，如图 12-42 所示。

▶▷ 步骤 7 调整复制之后贴纸和文字的位置，更改地名，如图 12-43 所示。

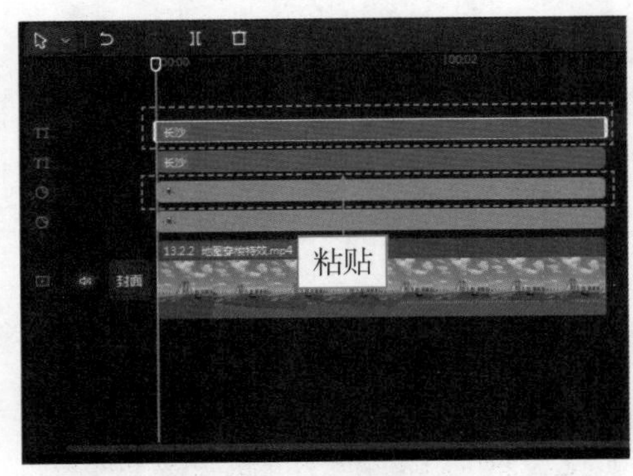

图 12-42　复制并粘贴文字和贴纸

图 12-43　更改地名

▶▷ 步骤 8 ❶单击“贴纸”按钮；❷搜索“箭头”贴纸；❸添加一款蓝色的箭头贴纸，如图 12-44 所示。

▶▷ 步骤 9 在“播放器”面板中调整贴纸的大小、位置和角度，如图 12-45 所示。

▶▷ 步骤 10 ❶单击“动画”按钮；❷切换至“循环”选项卡；❸选择“闪烁”动画，如图 12-46 所示，让贴纸动起来。

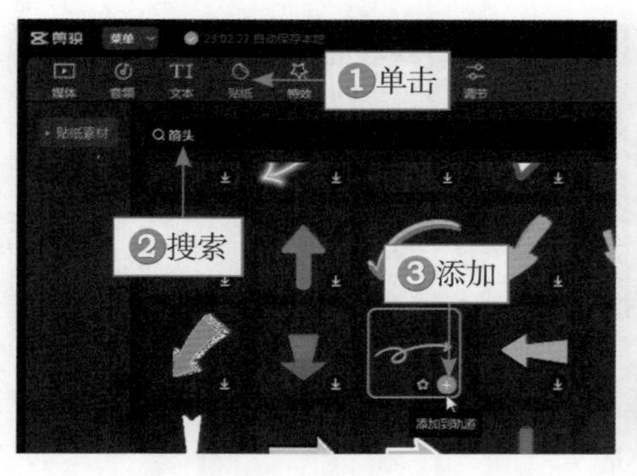

图 12-44　添加一款蓝色的箭头贴纸

图 12-45　调整贴纸的大小、位置和角度

步骤 11　调整箭头贴纸的时长，使其末端对齐视频的末尾位置，如图 12-47 所示。

图 12-46　选择“闪烁”动画

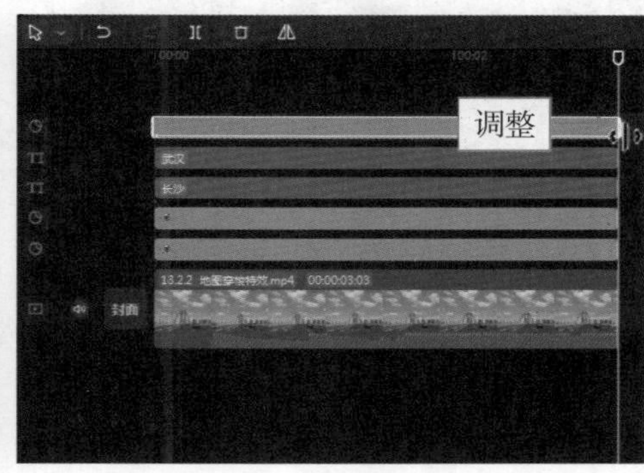

图 12-47　调整箭头贴纸的时长

12.2.3　慢放渲染气氛

【效果说明】慢放特效又称为升格特效，是综艺后期剪辑中常用的手法之一，通过放慢画面的播放速度，使人物的动作更加清楚地呈现，而且还能渲染期待、煽情及浪漫等画面气氛，提醒观众下一个画面即将发生的一些事情，引起观众的好奇心。慢放渲染气氛效果如图 12-48 所示。

扫码看案例效果

扫码看教学视频

步骤 1　在剪映中导入视频素材，将视频素材添加到视频轨道中，❶拖动时间指示器至 00:00:01:10 的位置；❷单击“分割”按钮，如图 12-49 所示，分割素材。

图 12-48　慢放渲染气氛效果展示

▶▷ 步骤 2　选择分割后的第 2 段视频，❶单击“变速”按钮；❷在“常规变速”选项卡中拖动滑块，设置“倍数”参数为 0.5x，如图 12-50 所示，放慢动作。

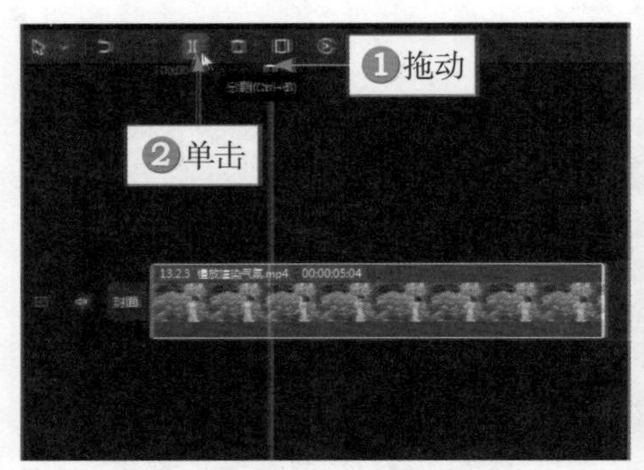

图 12-49　单击“分割”按钮

图 12-50　设置“倍数”参数

▶▷ 步骤 3　❶单击“特效”按钮；❷切换至“氛围”选项卡；❸添加“光斑飘落”特效，如图 12-51 所示。

▶▷ 步骤 4　❶在“光斑飘落”特效的末尾位置再次添加同款特效；❷调整视频的时长，使其末端对齐第 2 段特效的末尾位置，如图 12-52 所示。

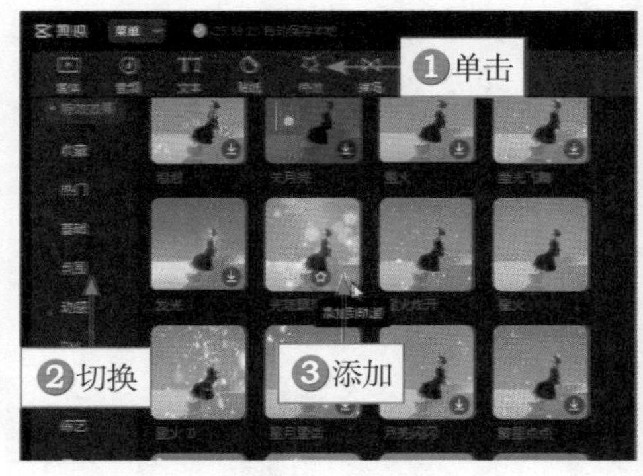

图 12-51　添加“光斑飘落”特效

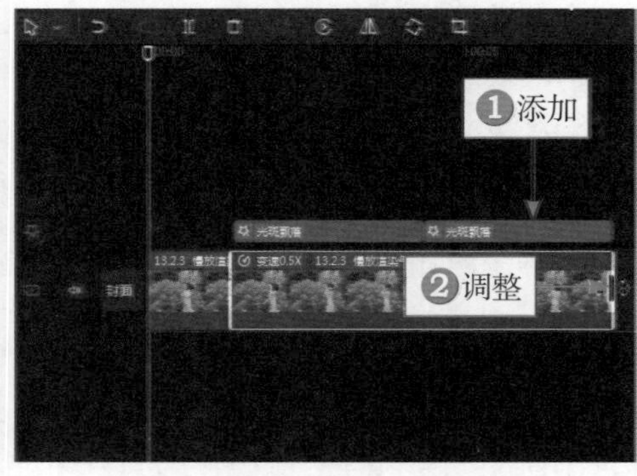

图 12-52　调整视频的时长

▷▷ 步骤 5 ❶在视频起始位置单击"音频"按钮；❷搜索"浪漫"；❸添加一首背景音乐，如图 12-53 所示。

▷▷ 步骤 6 调整背景音乐的时长，使其对齐视频的时长，如图 12-54 所示。

图 12-53 调整视频的时长

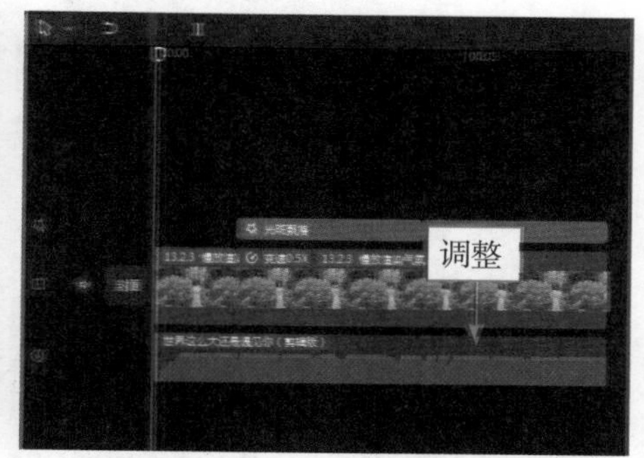

图 12-54 调整背景音乐的时长

12.3 综艺弹幕贴纸

弹幕贴纸在综艺节目中随处可见，合适的弹幕贴纸可以使视觉感受更加具体、丰富。本节主要介绍神秘嘉宾贴纸、笑出"鹅叫声"贴纸及弹幕刷屏贴纸的制作方法，帮助大家熟练使用贴纸。

12.3.1 神秘嘉宾贴纸

【效果说明】在综艺节目预告片中，为了加强当期节目嘉宾的神秘感，会将嘉宾的脸遮挡起来，给观众制造悬念感，引起观众的好奇心。如果在嘉宾的脸上打上马赛克，会显得很不美观，因此，综艺后期人员基本上都会选择用一个萌宠贴纸或者写了"秘"字的贴纸，将嘉宾的脸遮挡起来。神秘嘉宾贴纸效果如图 12-55 所示。

扫码看案例效果

扫码看教学视频

▷▷ 步骤 1 在剪映中将视频素材添加到视频轨道中，如图 12-56 所示。

▷▷ 步骤 2 ❶单击"贴纸"按钮；❷搜索"神秘"贴纸；❸添加一款"秘"贴纸，如图 12-57 所示。

图 12-55　神秘嘉宾贴纸效果展示

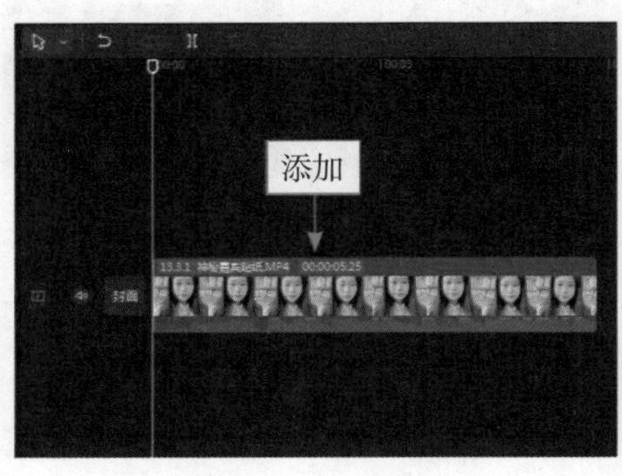

图 12-56　添加视频素材

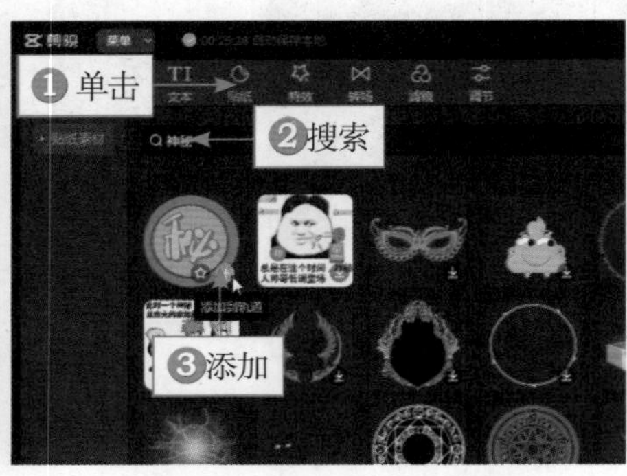

图 12-57　添加一款“秘”贴纸

▶▷ 步骤 3　调整贴纸的时长，使其末端对齐视频的末尾位置，如图 12-58 所示。

▶▷ 步骤 4　在“播放器”面板中调整贴纸的大小和位置，如图 12-59 所示，使其一直盖住人的五官。

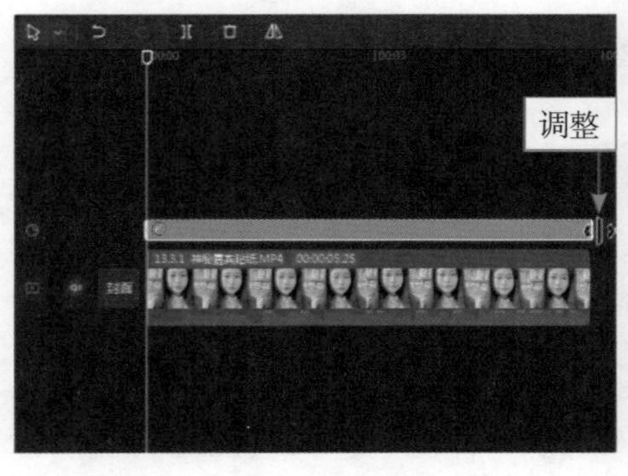

图 12-58　调整贴纸的时长

图 12-59　调整贴纸的大小和位置

▶▷ 步骤 5　在视频起始位置单击“位置”右侧◇按钮，添加关键帧◆，如图 12-60 所示。

图 12-60　添加关键帧

▶▷ 步骤 6　拖动时间指示器至视频00:00:02:28贴纸没盖住五官的位置，在“播放器”面板中调整贴纸的位置，使其盖住五官，如图 12-61 所示，在其他贴纸没盖住五官的位置也进行同样的操作。

图 12-61　调整贴纸的位置

12.3.2　笑出“鹅叫声”贴纸

扫码看案例效果　扫码看教学视频

【效果说明】在综艺节目中，很多人在看到好笑的情景时，会忍不住地笑出声来，有的人是哈哈大笑，也有的人会笑出“鹅叫声”。为了增加节目的趣味性，可以在画面中添加惊讶、笑出“鹅叫声”

等贴纸。笑出“鹅叫声”贴纸效果如图 12-62 所示。

图 12-62　笑出“鹅叫声”贴纸效果展示

▷▷ 步骤 1　❶在剪映中将视频素材添加到视频轨道中；❷拖动时间指示器至视频 00:00:03:08 的位置，如图 12-63 所示。

▷▷ 步骤 2　❶单击“贴纸”按钮；❷切换至“综艺字”选项卡；❸添加一款“惊”贴纸，如图 12-64 所示。

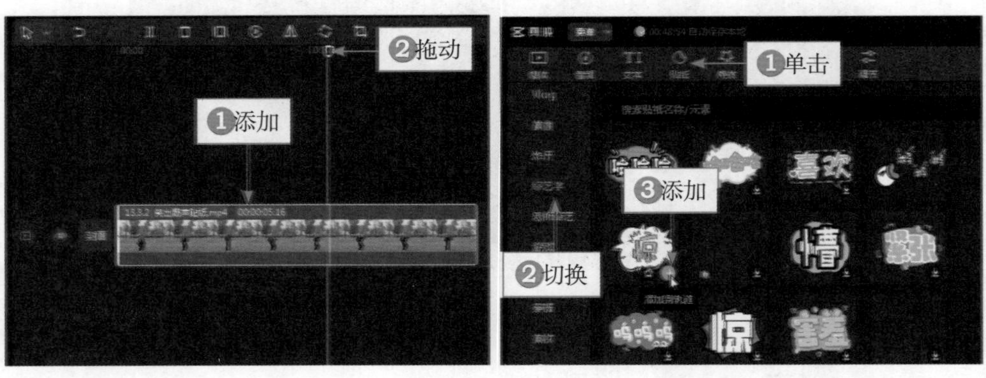

图 12-63　拖动时间指示器至相应的位置（1）　　图 12-64　添加一款“惊”贴纸

▷▷ 步骤 3　❶调整贴纸的时长，使其末端对齐视频的末尾位置；❷拖动时间指示器至视频 00:00:03:28 的位置，如图 12-65 所示。

▷▷ 步骤 4　在“综艺字”选项卡中添加“鹅叫声”贴纸，如图 12-66 所示，并调整其时长。

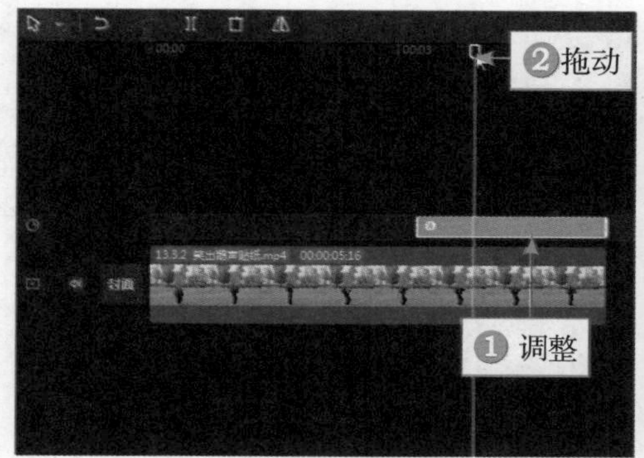

图 12-65　拖动时间指示器至相应的位置（2）

图 12-66　添加“鹅叫声”贴纸

▷▷ 步骤 5　在“播放器”面板中调整两款贴纸的大小和位置，如图 12-67 所示。

图 12-67　调整两款贴纸的大小和位置

▷▷ 步骤 6　拖动时间指示器至视频起始位置，❶单击“音频”按钮；❷切换至“音效素材”选项卡；❸在 BGM 选项区中添加“韩剧搞笑配乐”音效，如图 12-68 所示。

▷▷ 步骤 7　拖动时间指示器至“惊”贴纸的起始位置，❶搜索“惊讶”音效；❷添加“啊～吃惊”音效，如图 12-69 所示。

▷▷ 步骤 8　❶在“啊～吃惊”音效的末尾位置搜索“鹅叫声”音效；❷添加“鹅叫声”音效，如图 12-70 所示。

▷▷ 步骤 9　在“音频”面板中设置“鹅叫声”音效的“时长”为 1.6 s，如图 12-71 所示，使其对齐视频的末尾位置。

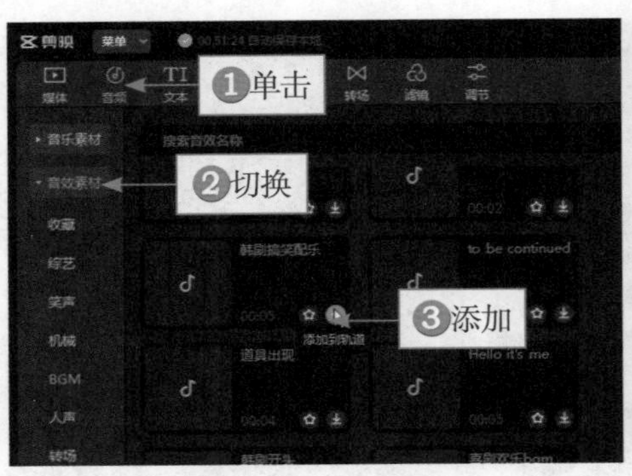

图 12-68　添加“韩剧搞笑配乐”音效

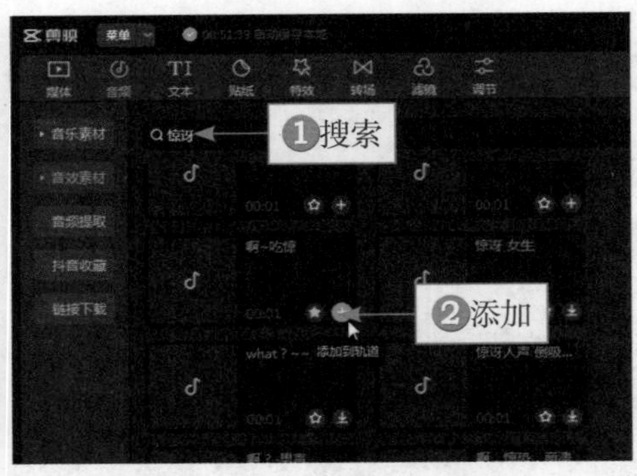

图 12-69　添加“啊～吃惊”音效

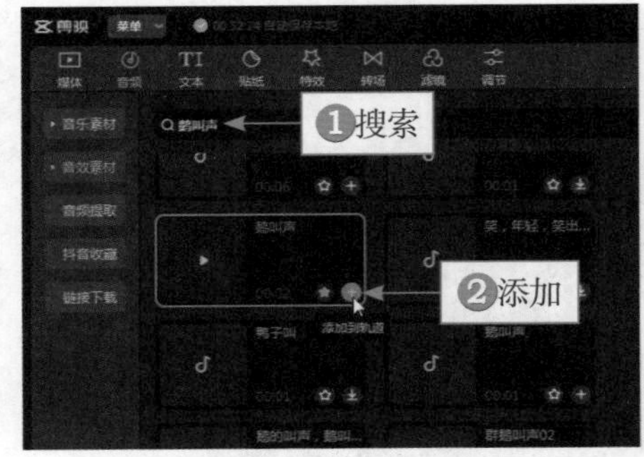

图 12-70　添加“鹅叫声”音效

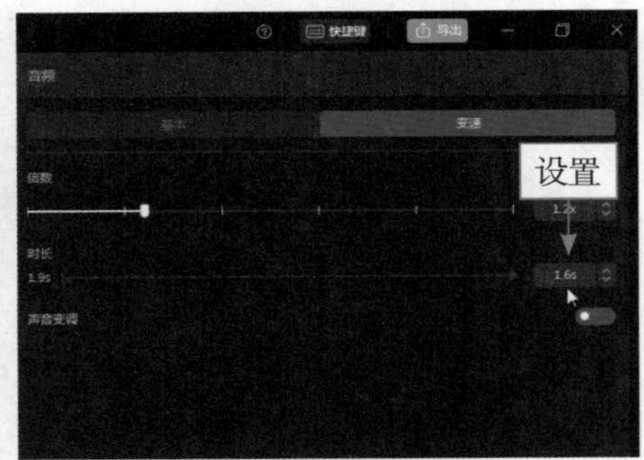

图 12-71　设置音效的“时长”

12.3.3　弹幕刷屏贴纸

【效果说明】自从可以发弹幕后，后期人员在剪辑综艺节目时，也会在比较搞笑的综艺片段中添加搞笑的弹幕刷屏贴纸并添加观众的笑声音效，丰富画面中的元素，同时也能向观众传达信息，引起观众的共鸣。弹幕刷屏贴纸效果如图 12-72 所示。

扫码看案例效果

扫码看教学视频

▶▷ 步骤 1　添加一段视频素材至视频轨道中，❶设置比例为 9 ∶ 16；❷切换至“背景”选项卡；❸在“背景填充”面板中选择第 4 个模糊样式，如图 12-73 所示。

▶▷ 步骤 2　❶单击“贴纸”按钮；❷搜索“弹幕”贴纸；❸添加一款贴纸，如图 12-74 所示。

▶▷ 步骤 3　调整贴纸的时长，使其末端对齐视频的末尾位置，如图 12-75 所示。

图 12-72　弹幕刷屏贴纸效果展示

图 12-73　选择第 4 个模糊样式

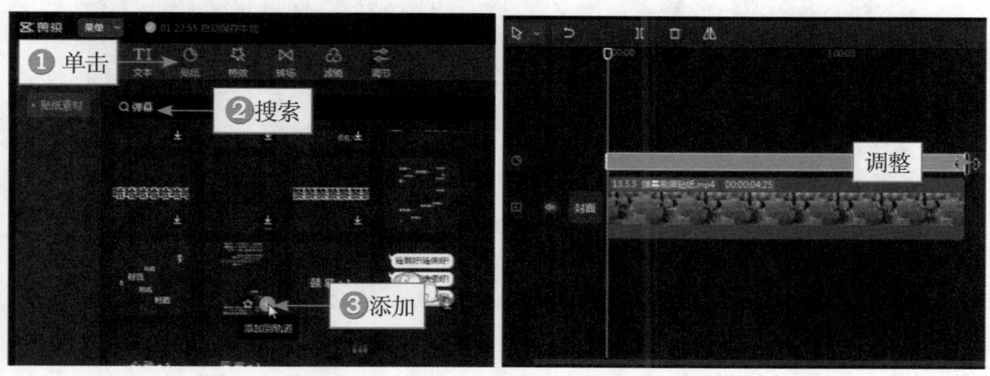

图 12-74　添加一款贴纸

图 12-75　调整贴纸的时长

▶▷ 步骤 4 ❶调整贴纸的大小和位置，使其覆盖画面并处于画面的最右边；❷单击“位置”右侧的◇按钮，添加关键帧◆，如图 12-76 所示。

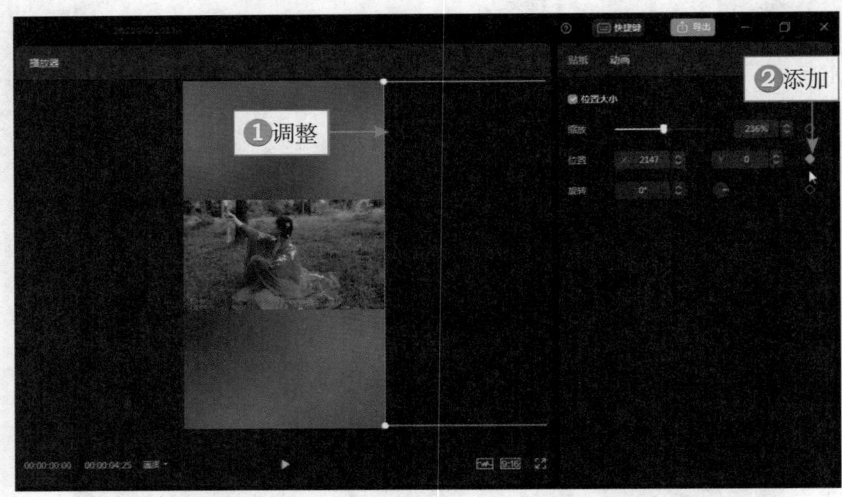

图 12-76　添加关键帧

▶▷ 步骤 5 拖动时间指示器至视频末尾位置，调整贴纸的位置，使其处于画面的左边，如图 12-77 所示，让弹幕从右往左滚动起来。

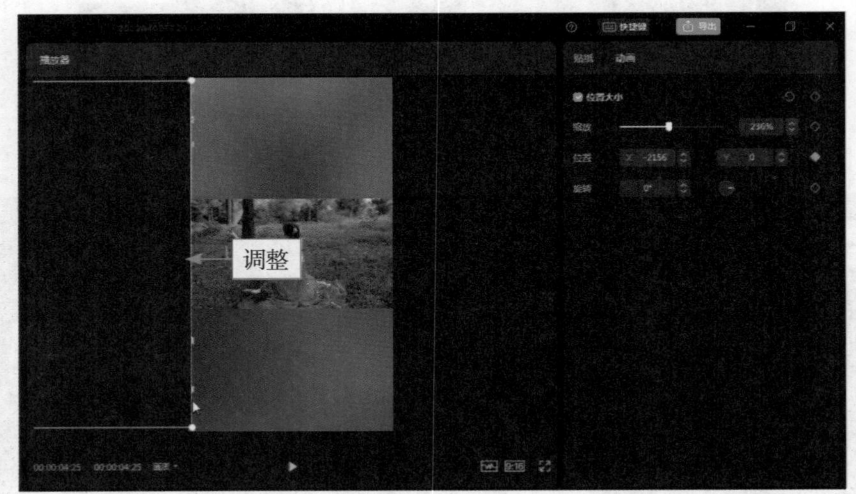

图 12-77　调整贴纸的位置

▶▷ 步骤 6 拖动时间指示器至视频起始位置，❶单击“音频”按钮；❷在“收藏”选项区中添加背景音乐，如图 12-78 所示。

步骤 7 调整背景音乐的时长，使其对齐视频的时长，如图 12-79 所示。

图 12-78 添加背景音乐

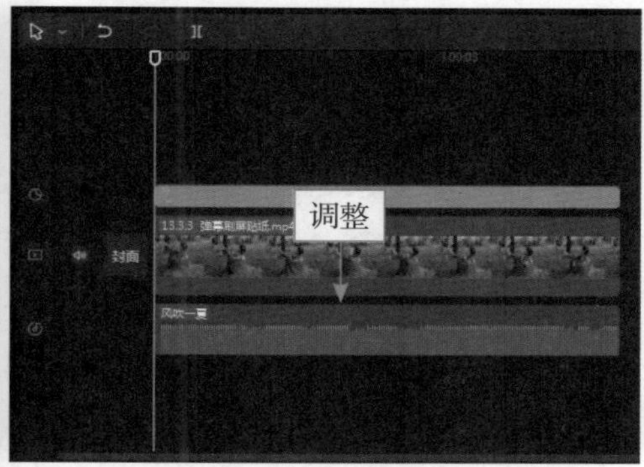

图 12-79 调整背景音乐的时长

第13章 产品广告短片制作

广告在人们的生活中随处可见，而产品广告短片主要是向消费者介绍产品，吸引消费者的注意力，促使消费者购买产品广告短片中的产品或服务，提高产品销量。本章主要介绍的是旅游广告短片和美食广告短片的制作方法。

新手重点索引

- 旅游广告短片制作
- 美食广告短片制作

效果图片欣赏

13.1 旅游广告短片制作

扫码看案例效果

【效果说明】旅游广告主要展现的是旅游地点的风景，向消费者宣传当地的优点和特点。制作旅游广告短片，可以多选用一些美丽的风景视频，比如航拍风光视频、日出日落视频及一些镜头变换的风景延时视频，再通过后期调整、添加转场和广告文本，加深消费者对旅游地点的了解，从而产生极大的兴趣。旅游广告短片效果如图 13-1 所示。

图 13-1 旅游广告短片效果展示

专家指点：挑选制作广告视频的素材，画面一定要精美、画质一定要高清，不能挑选画面抖动或者模糊的视频，还要尽量减少使用有人脸的视频，避免肖像侵权的问题。在素材的排列组合中，也需要注意时间逻辑或者运镜逻辑，使视频之间的连续播放更加完美。

13.1.1 添加风景视频素材

【效果说明】添加素材之后，我们需要对素材的时长进行剪辑处理，还可以使用“变速”功能实现快速调整。下面介绍添加风景视频素材的操作方法。

扫码看教学视频

▶▷ 步骤 1 在剪映中导入 6 段视频素材至“本地”选项卡中，如图 13-2 所示。

▶▷ 步骤 2 按照顺序，把视频素材添加到视频轨道中，如图 13-3 所示。

图 13-2 导入视频素材

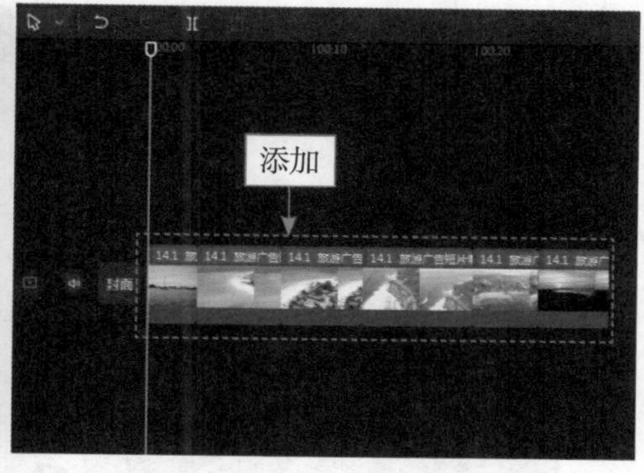

图 13-3 把视频素材添加到视频轨道中

▶▷ 步骤 3 选择第 2 段视频，❶单击“变速”按钮；❷在“常规变速”选项卡中拖动滑块，设置“倍数”参数为 2.0x，如图 13-4 所示，剪辑视频时长。

▶▷ 步骤 4 用与上相同的操作方法，设置第 3 段素材的“倍数”参数为 2.0x、第 4 段和第 5 段素材的“倍数”参数为 1.5x，如图 13-5 所示，加快播放速度，剪辑视频时长。

图 13-4 设置“倍数”参数（1）

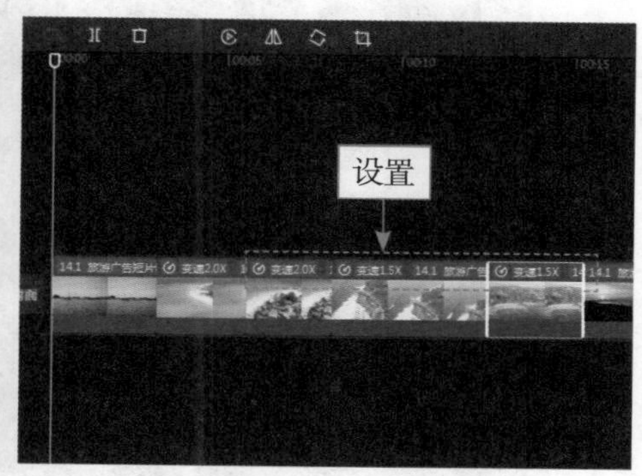

图 13-5 设置“倍数”参数（2）

13.1.2 为风景素材调色

【效果说明】有些视频画面色彩不够鲜艳，画面就不够吸引人，因此，后期可以给视频进行调色，让画面色彩更加亮丽。下面介绍为风景素材调色的操作方法。

扫码看教学视频

▶▷ 步骤 1 选择第1段素材，❶单击“调节”按钮；❷在“调节”面板中拖动滑块，设置“色温”参数为 -35、“饱和度”参数为 15，让画面色彩更加漂亮；❸单击“应用全部”按钮，如图 13-6 所示，设置统一的色调。

图 13-6 单击“应用全部”按钮

▶▷ 步骤 2 选择日落素材，设置“色温”参数为 0，如图 13-7 所示，夕阳不需要冷色调。

图 13-7 设置“色温”参数

▷▷ 步骤 3　选择第 4 段素材，设置“光感”参数为 −19，如图 13−8 所示，降低画面曝光。

图 13−8　设置“光感”参数

13.1.3　添加转场效果

【效果说明】为了让每个视频之间的过渡更加顺滑、自然，可以在两个视频之间添加转场进行过渡。下面介绍添加转场效果的操作方法。

扫码看教学视频

▷▷ 步骤 1　拖动时间指示器至第 1 段素材和第 2 段素材之间的位置，如图 13−9 所示。

▷▷ 步骤 2　❶单击“转场”按钮；❷切换至“运镜转场”选项卡；❸添加“拉远”转场，如图 13−10 所示。

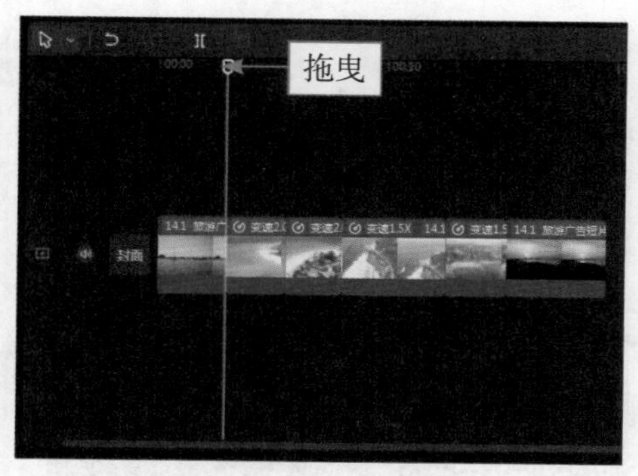

图 13−9　拖动时间指示器至相应的位置上（1）

图 13−10　添加“拉远”转场

▷▷ 步骤 3　拖动时间指示器至第 2 段素材和第 3 段素材之间的位置，如图 13−11 所示。

▶▷ 步骤 4　在“运镜转场”选项卡中添加“推近”转场，如图 13-12 所示，为剩下的素材之间添加“拉远”运镜转场、“渐变擦除”基础转场和“色彩溶解”基础转场。

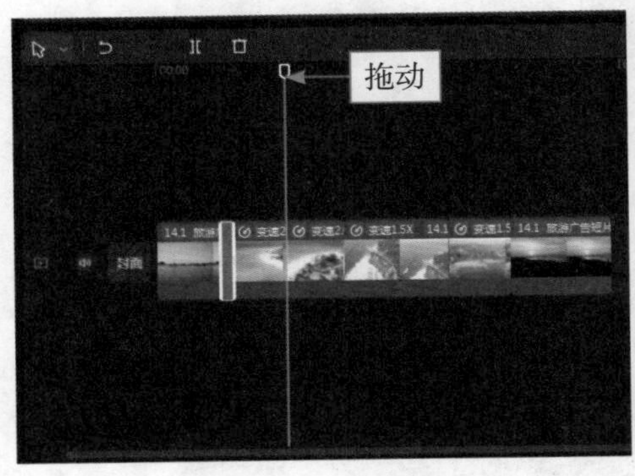

图 13-11　拖动时间指示器至相应的位置上（2）

图 13-12　添加“推近”转场

13.1.4　制作广告片头

【效果说明】在剪映中的“文字模板”选项卡中有很多片头标题模板，因此，可以直接添加模板制作广告片头。下面介绍制作广告片头的操作方法。

扫码看教学视频

▶▷ 步骤 1　❶在视频起始位置单击“文本”按钮；❷切换至“文字模板”选项卡；❸展开“片头标题”选项区；❹添加一款文字模板，如图 13-13 所示。

▶▷ 步骤 2　微微调整文本的时长，使其对齐第 1 段素材的时长，如图 13-14 所示。

图 13-13　添加一款文字模板

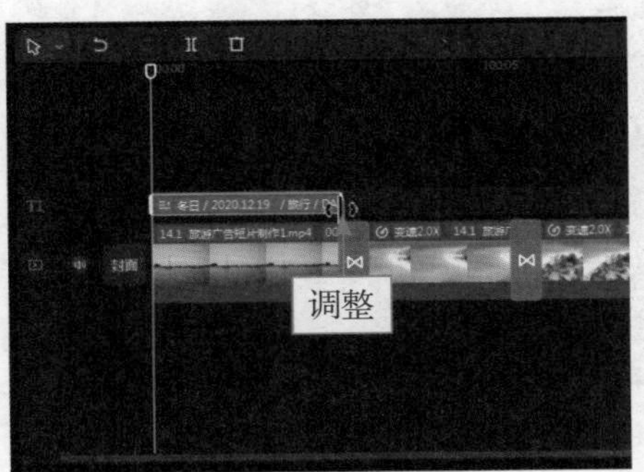

图 13-14　调整文本的时长

▷▷ 步骤 3 ❶更改文本内容；❷微微缩小文字，如图 13-15 所示。

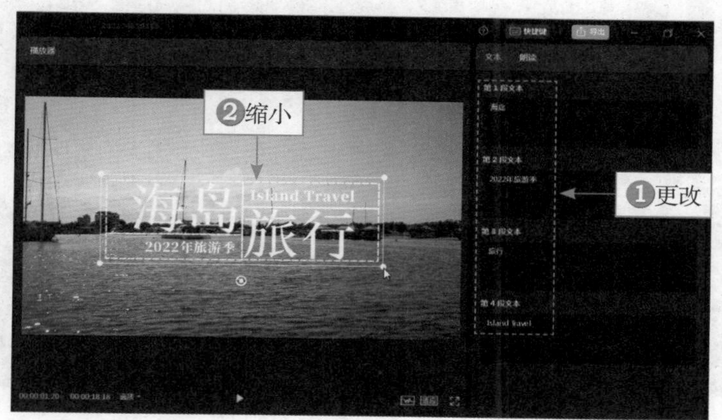

图 13-15 微微缩小文字

13.1.5 制作广告片尾

【效果说明】接下来将制作旅游广告短片中的片尾，主要展现的是收尾词和商家水印。下面介绍制作广告片尾的操作方法。

扫码看教学视频

▷▷ 步骤 1 拖动时间指示器至第 6 段素材的起始位置，❶切换至“片尾谢幕”选项区；❷添加一款文字模板，如图 13-16 所示。

▷▷ 步骤 2 调整文本的时长，使其末端对齐视频的末尾位置，如图 13-17 所示。

图 13-16 添加一款文字模板

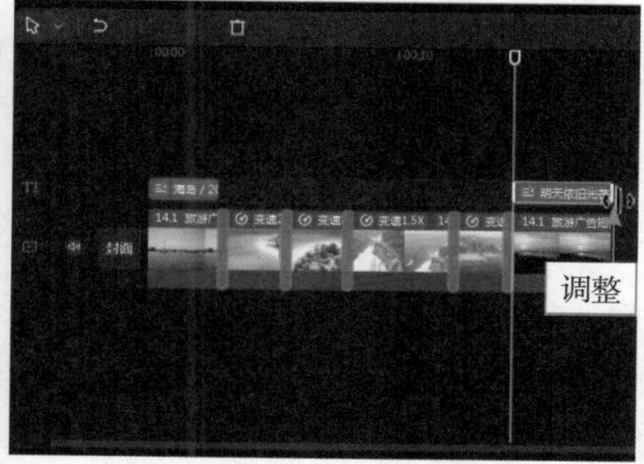

图 13-17 调整文本的时长

▷▷ 步骤 3 ❶更改文字内容；❷调整文字的位置，如图 13-18 所示。

第 13 章 产品广告短片制作

图 13-18　调整文字的位置

▷▷ 步骤 4　在第 6 段素材的末尾位置添加第 2 款“片尾谢幕”文字模板，如图 13-19 所示。

▷▷ 步骤 5　更改文字模板中的水印文字，如图 13-20 所示。

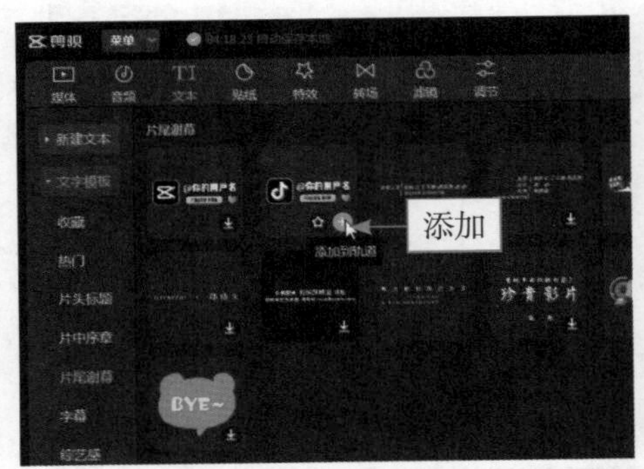

图 13-19　添加第 2 款文字模板

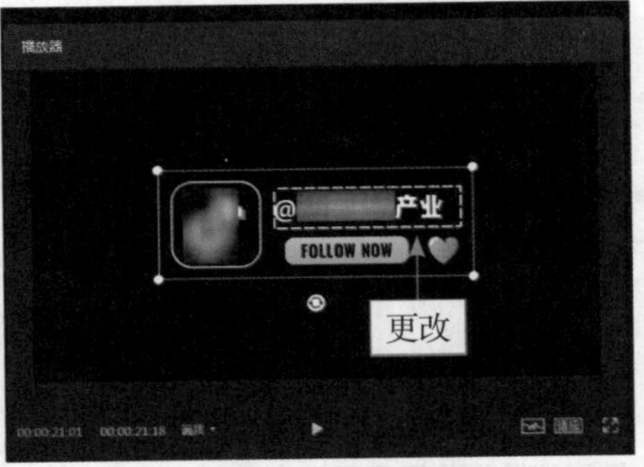

图 13-20　更改文字模板中的水印文字

13.1.6　添加文案和水印

【效果说明】在视频中间需要介绍旅游地点的特色和优点，因此，需要添加介绍文案，在视频中还可以添加商家水印。下面介绍添加文案和水印的操作方法。

扫码看教学视频

▷▷ 步骤 1　拖动时间指示器至第 2 段素材的位置，❶切换至“好物种草”选项区；❷添加一款文字模板，如图 13-21 所示。

▷▷ 步骤 2　调整文本的时长，使其对齐第 2 段素材的时长，如图 13-22 所示。

图 13-21 添加一款文字模板

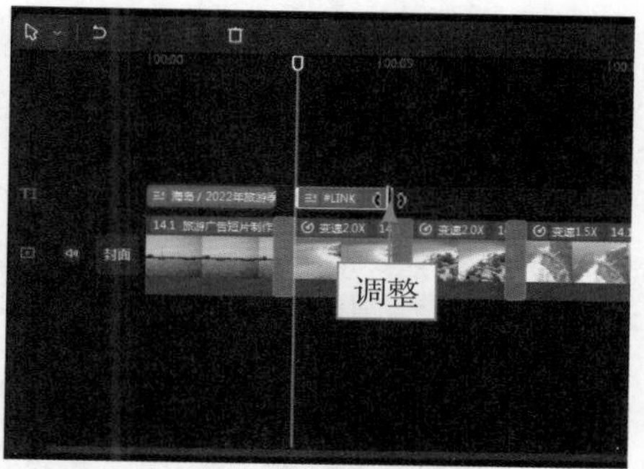

图 13-22 调整文本的时长

▶▷ 步骤 3 ❶更改文字内容；❷调整文字的大小，如图 13-23 所示。

图 13-23 调整文字的大小

▶▷ 步骤 4 ❶在第 3 段素材的位置添加一款“美食”文字模板；❷调整文本的时长；❸更改文字内容；❹调整文字的大小和位置，如图 13-24 所示。

图 13-24 调整文字的大小和位置（1）

▶▷ 步骤 5　❶在第 4 段素材的位置添加一款“任务清单”文字模板；❷调整文本的时长；❸更改文字内容；❹调整文字的大小和位置，如图 13-25 所示。

图 13-25　调整文字的大小和位置（2）

▶▷ 步骤 6　❶在第 5 段素材的位置添加一款“好物种草”文字模板；❷调整文本的时长；❸更改文字内容；❹调整文字的大小和位置，如图 13-26 所示。

图 13-26　调整文字的大小和位置（3）

▶▷ 步骤 7　添加一段在第 5 段素材的末尾位置结束的“默认文本”，如图 13-27 所示。

▶▷ 步骤 8　❶输入水印文字；❷选择合适的字体，如图 13-28 所示。

▶▷ 步骤 9　❶切换至“气泡”选项卡；❷选择一款气泡样式；❸调整文

字的大小和位置，如图 13-29 所示。

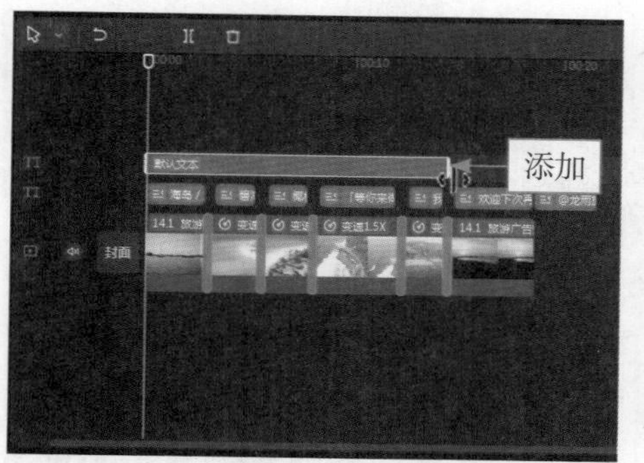

图 13-27　添加一段“默认文本”

图 13-28　选择合适的字体

图 13-29　调整文字的大小和位置（4）

▶▷ 步骤 10　❶单击“动画”按钮；❷在“循环”选项卡中选择“闪烁”动画；❸设置“动画快慢”为 3.0 s，如图 13-30 所示。

图 13-30　设置“动画快慢”为 3.0s

第 13 章　产品广告短片制作

13.1.7 添加音乐和音效

好听的背景音乐会让视频更有记忆点，添加一些合适的场景音效也能让视频更有特色。下面介绍添加音乐和音效的操作方法。

扫码看教学视频

步骤 1 ❶在视频起始位置单击“音频”按钮；❷在“收藏”选项卡中添加背景音乐，如图 13-31 所示。

步骤 2 调整背景音乐的时长，使其对齐视频的时长，如图 13-32 所示。

图 13-31 添加背景音乐

图 13-32 调整背景音乐的时长

步骤 3 选择音频素材，在“音频”面板中设置“淡出时长”为 1.5s，如图 13-33 所示。

步骤 4 ❶在音频末尾位置切换至“音效素材”选项卡；❷搜索“关注”音效；❸添加一款音效，如图 13-34 所示。

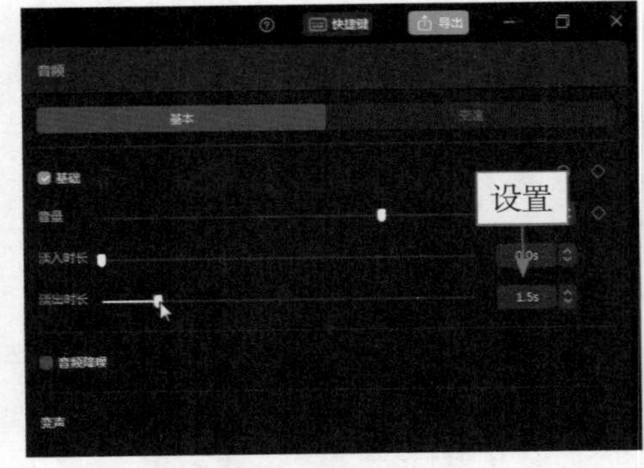

图 13-33 设置“淡出时长”为 1.5 s

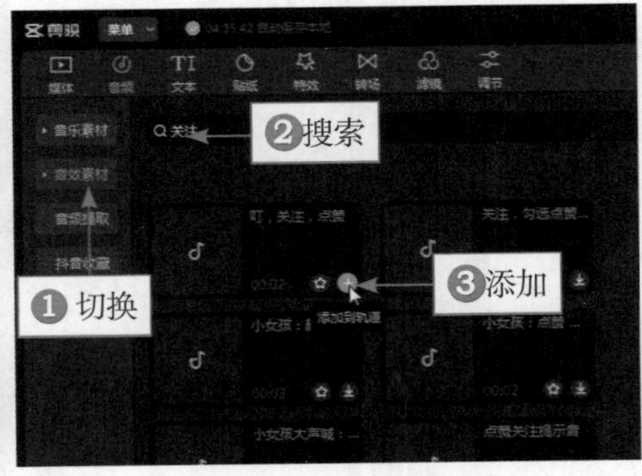

图 13-34 添加一款音效

> 专家指点：挑选抖音平台中使用量较多的音乐作为背景音乐，可以让视频更加吸引人。

13.2 美食广告短片制作

【效果说明】随着人们的经济条件越来越好，对于美食的要求也越来越高，美食的意义不仅仅是填饱肚子，更重要的是，让人们发现新的生活方式。相对美食图片和文字描述来说，美食视频更能引起人们的“口腹之欲”，因此，美食广告短片是线下门店推广菜品、宣传品牌的重要手段。美食广告短片可以展现饭店的招牌菜、食材、特色风味及门店的服务宗旨等内容，制作的美食广告短片不仅可以放在线下门店播放，还可以放在电梯、商场展示屏等处播放。除此以外，在饿了么、美团及大众点评等大众所熟知的餐饮外卖 App 上也可以进行投放，加强宣传力度，吸引更多的客源。美食广告短片效果如图 13-35 所示。

扫码看案例效果

图 13-35　美食广告短片效果展示

13.2.1 添加素材和背景音乐

在制作短片之前，需要把视频和照片素材添加到视频轨道中，调整其时长和画面大小，后续再添加合适的背景音乐。下面介绍添加素材和背景音乐的操作方法。

扫码看教学视频

▶▷ 步骤 1 在剪映中导入视频素材和照片素材，单击视频素材右下角的“添加到轨道”按钮，如图 13-36 所示，作为广告开场片头。

▶▷ 步骤 2 按照顺序，把照片素材拖动至视频轨道中，并调整照片素材的时长为 3 s，如图 13-37 所示。

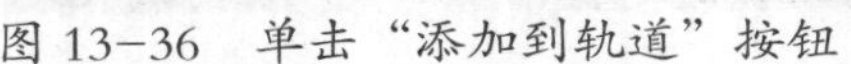
图 13-36 单击“添加到轨道”按钮

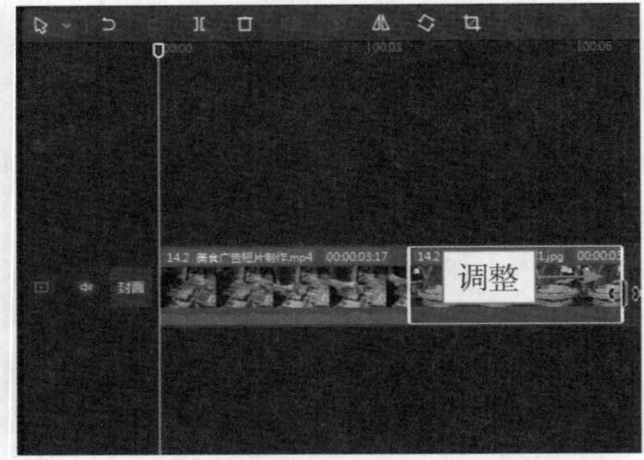

图 13-37 调整照片素材的时长

▶▷ 步骤 3 把剩下的照片素材都拖动至视频轨道中，并调整每段的时长都为 3 s，如图 13-38 所示。

▶▷ 步骤 4 调整每段照片素材的画面大小，使其尺寸适应视频的尺寸，如图 13-39 所示。

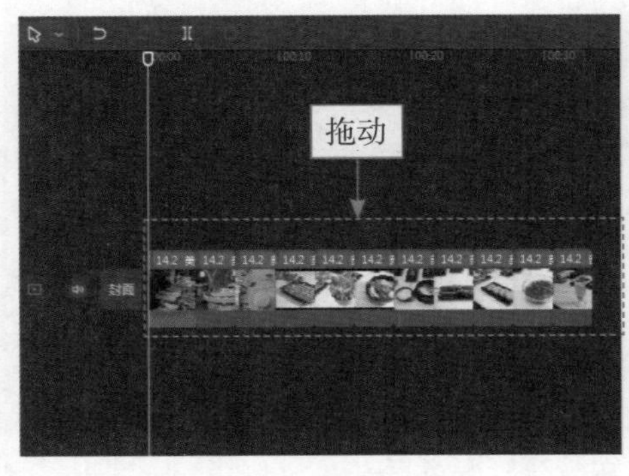

图 13-38 拖动素材至视频轨道中

图 13-39 调整每段照片素材的画面大小

▶▷ 步骤 5 ❶在视频起始位置单击“音频”按钮；❷搜索“美食”音乐；❸添加“美食制作”音乐，如图 13-40 所示。

步骤 6 调整音乐的时长，使其对齐视频的时长，如图 13-41 所示。

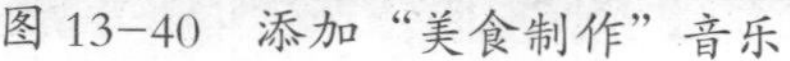
图 13-40　添加“美食制作”音乐

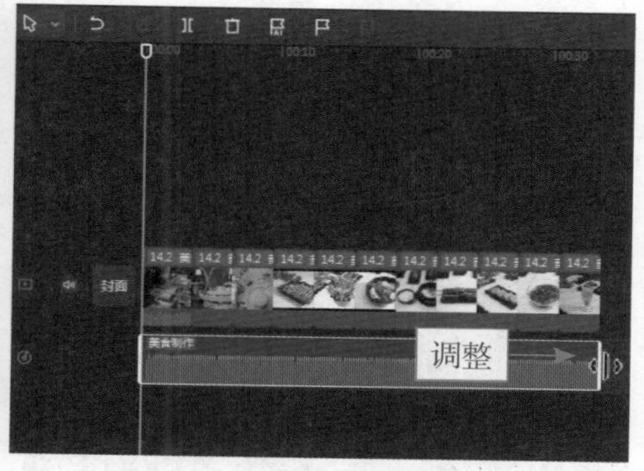

图 13-41　调整音乐的时长

13.2.2　为美食照片添加动画

接下来要制作的是美食广告短片主体，主要由 10 张美食照片构成，为照片添加动画可以使照片动起来，下面介绍具体的操作方法。

扫码看教学视频

步骤 1 在时间线面板中选择第 1 张美食照片素材，如图 13-42 所示。

步骤 2 ❶单击“动画”按钮；❷选择“降落旋转”组合动画，如图 13-43 所示。

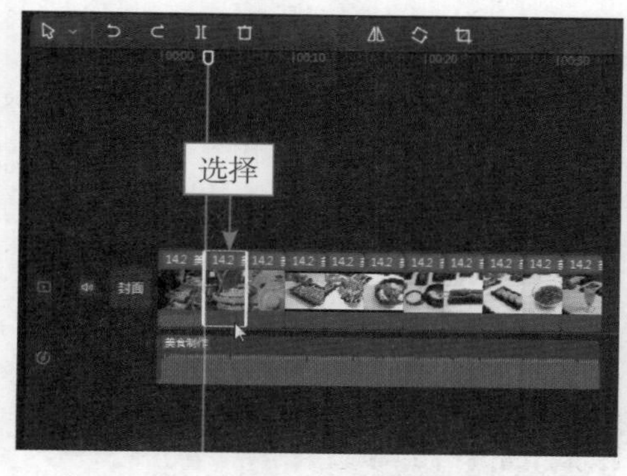

图 13-42　选择第 1 张美食照片素材

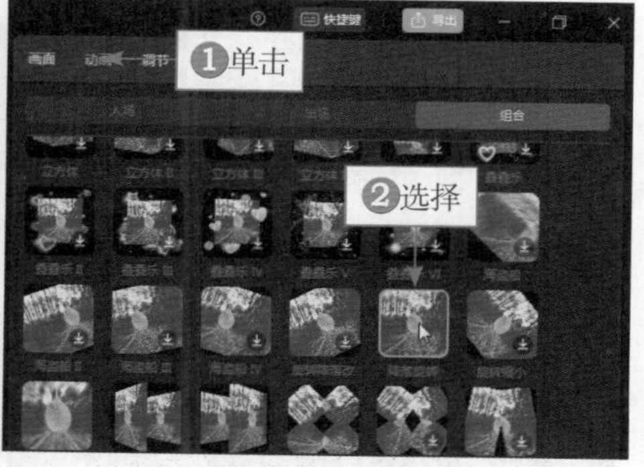

图 13-43　选择“降落旋转”组合动画

步骤 3 在时间线面板中选择第 2 张美食照片素材，如图 13-44 所示。

步骤 4 选择“旋转缩小”组合动画，如图 13-45 所示，为剩下的

8张照片素材依次添加“下降向左”“碎块滑动Ⅱ”“回弹伸缩”“回弹伸缩”“缩放”“形变缩小”“荡秋千”“荡秋千Ⅱ”组合动画。

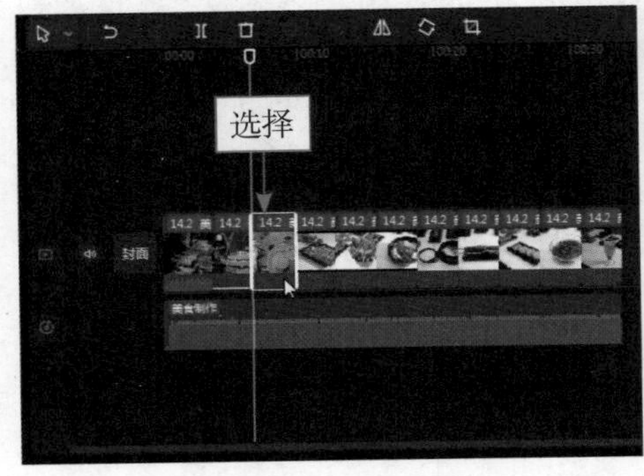

图 13-44　选择第 2 张美食照片素材

图 13-45　选择“旋转缩小”组合动画

专家指点：相较于添加“入场”动画和“出场”动画，添加“组合”动画就不用设置动画时长，而且样式较多，是让照片动起来的一种比较方便和快捷的方式。

13.2.3　添加广告宣传文本

接下来要制作的是美食广告短片主体对应的宣传文本，主要有片头文本和店铺特色介绍文本，在片头文本中还可以添加相应的美食贴纸，使视频内容更加丰富，下面介绍具体的操作方法。

扫码看教学视频

步骤 1　拖动时间指示器至视频起始位置，❶单击“文本”按钮；❷添加一个默认文本，如图 13-46 所示。

步骤 2　在时间线面板中调整“默认文本”的时长，使其末端对齐第 1 段素材的末尾位置，如图 13-47 所示。

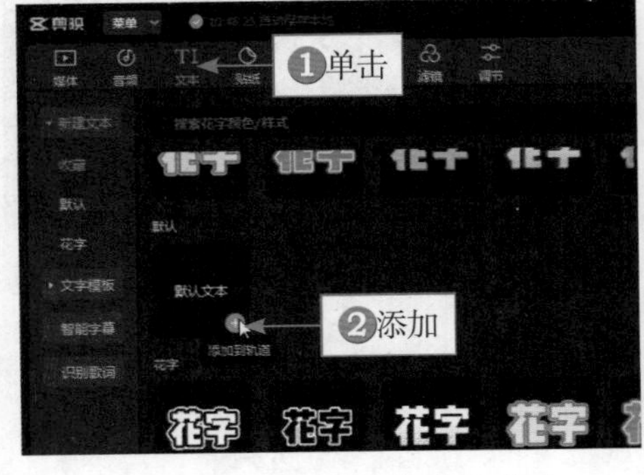

图 13-46　添加一个默认文本

图 13-47　调整“默认文本”的时长

步骤 3 ❶更改文字内容；❷选择合适的字体，如图 13-48 所示。

图 13-48 选择合适的字体

步骤 4 ❶设置“字间距”参数为 2；❷调整文字的大小和位置，具体的“缩放”和“位置”参数如图 13-49 所示。

图 13-49 调整文字的大小和位置

步骤 5 ❶单击“动画”按钮；❷选择“逐字显影”入场动画；❸设置“动画时长”为 1.0 s，如图 13-50 所示。

步骤 6 ❶切换至“出场”选项卡；❷选择“渐隐”动画，如图 13-51 所示。

步骤 7 ❶在视频起始位置单击“贴纸”按钮；❷切换至“美食”选项卡；❸添加一款美食贴纸，如图 13-52 所示。

图 13-50　设置“动画时长”为 1.0s

图 13-51　选择“渐隐”动画

▶▷ 步骤 8　调整贴纸的时长，使其末端对齐第 1 段素材的末尾位置，如图 13-53 所示。

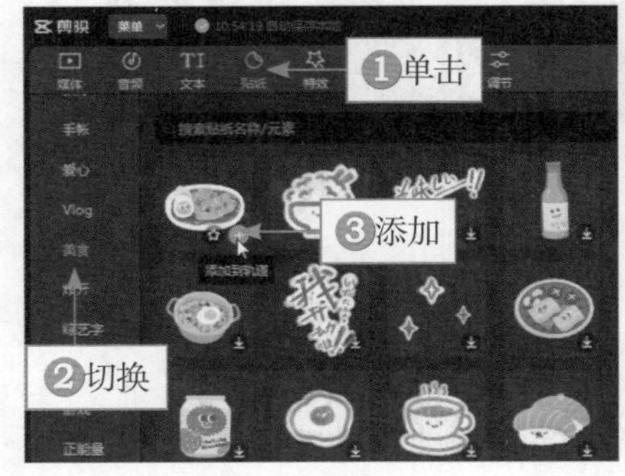

图 13-52　添加一款美食贴纸

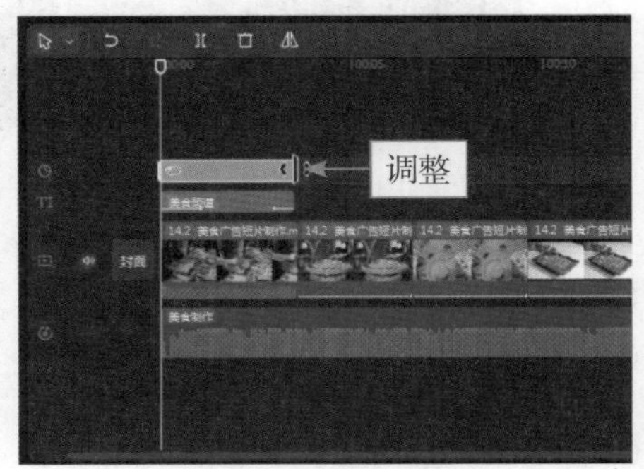

图 13-53　调整贴纸的时长

▷▷ 步骤 9　❶调整贴纸的大小和位置；❷单击“动画”按钮；❸选择“弹入”入场动画，如图 13-54 所示。

图 13-54　选择“弹入”入场动画

▷▷ 步骤 10　❶切换至“出场”选项卡；❷选择“渐隐”动画，如图 13-55 所示。

图 13-55　选择“渐隐”动画

▷▷ 步骤 11　在第 2 段素材的位置上添加一段“默认文本”，时长约和第 2 段素材的时长一样，如图 13-56 所示。

▷▷ 步骤 12　❶输入文字内容；❷选择合适的字体；❸选择一款预设样式，如图 13-57 所示。

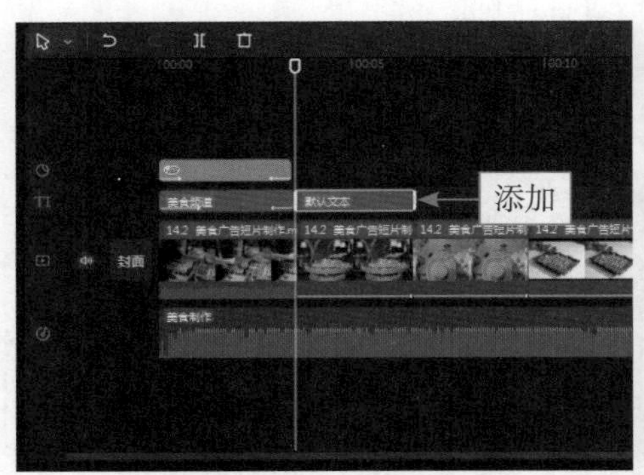

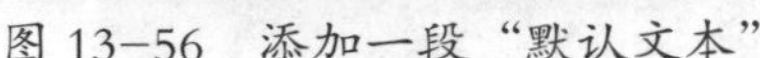
图 13-56　添加一段“默认文本”

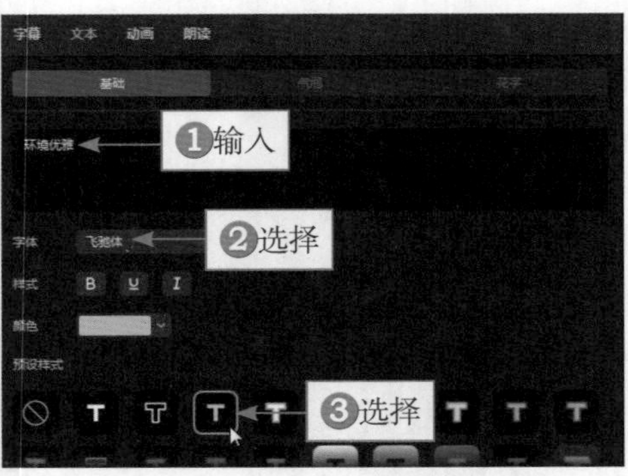

图 13-57　选择一款预设样式

▶▷ 步骤 13　❶调整文字的位置；❷单击“动画”按钮；❸选择“模糊”入场动画，如图 13-58 所示。

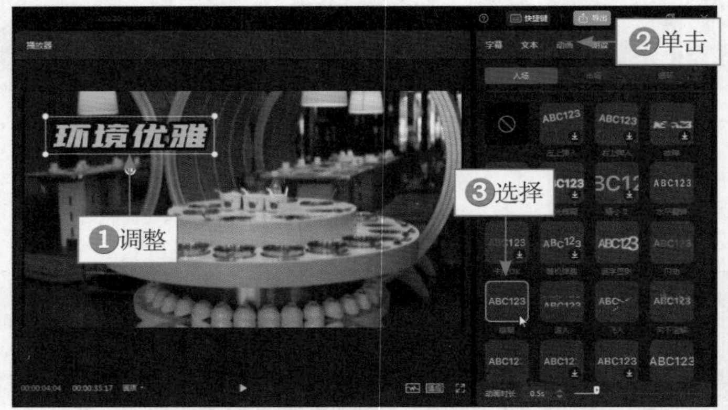

图 13-58　选择“模糊”入场动画

▶▷ 步骤 14　❶切换至“出场”选项卡；❷选择“溶解”动画，如图 13-59 所示。

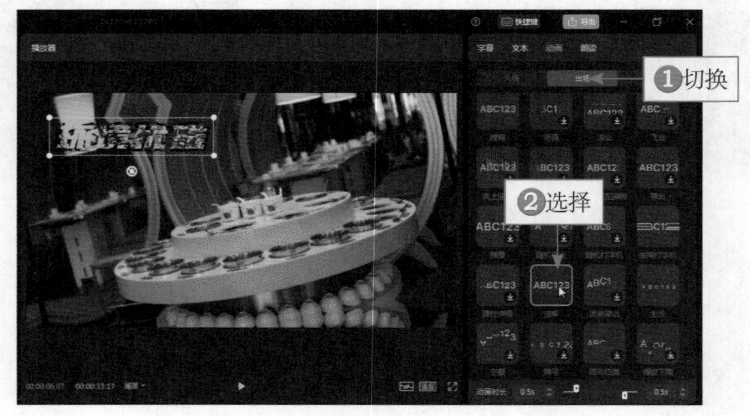

图 13-59　选择“溶解”动画

▷▷ 步骤 15　复制该段文本粘贴至第 3 段素材的轨道位置上，如图 13-60 所示。

▷▷ 步骤 16　更改文案内容，调整其位置，如图 13-61 所示。

图 13-60　复制文本粘贴至相应的位置

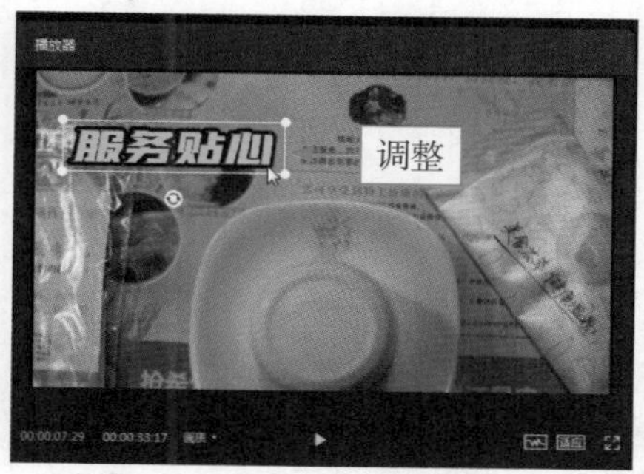

图 13-61　调整文字的位置

▷▷ 步骤 17　剩下的照片素材也是用与上相同的操作方法添加文案文本，部分文案样式如图 13-62 所示。

图 13-62　部分文案样式

13.2.4　制作美食短片片尾

美食广告短片的片尾需要在片尾展示门店的名称及宣传口号，比如欢迎顾客光临等口号，下面介绍制作美食短片片尾的操作方法。

扫码看教学视频

步骤 1　拖动时间指示器视频末尾位置，如图 13-63 所示。

步骤 2　❶单击“文本”按钮；❷在“文字模板”选项卡中展开“美食”选项区；❸添加一款文字模板，如图 13-64 所示。

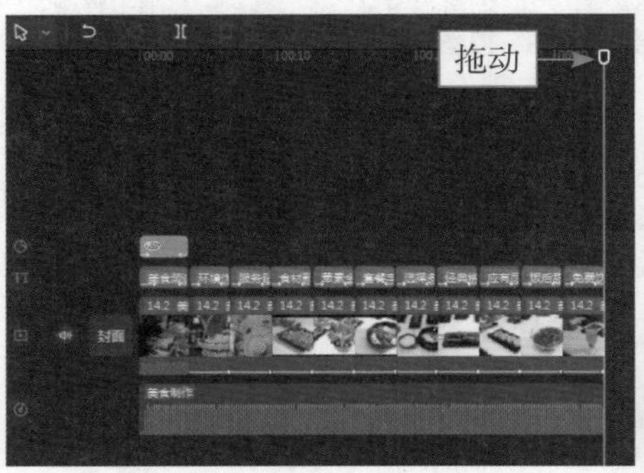

图 13-63　拖动时间指示器视频末尾位置

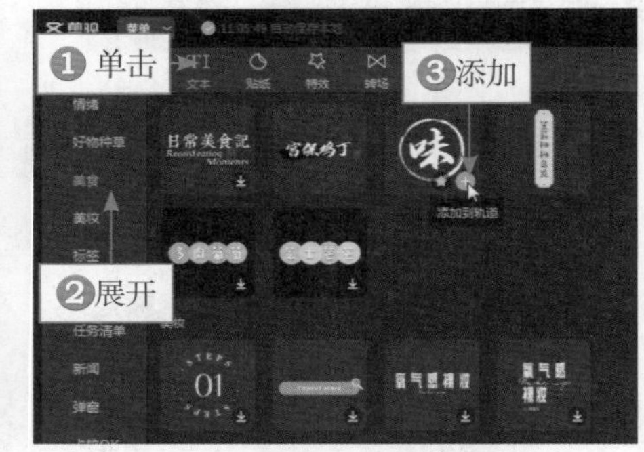

图 13-64　添加一款文字模板

步骤 3　❶更改文字内容；❷调整文字的大小和位置，如图 13-65 所示。

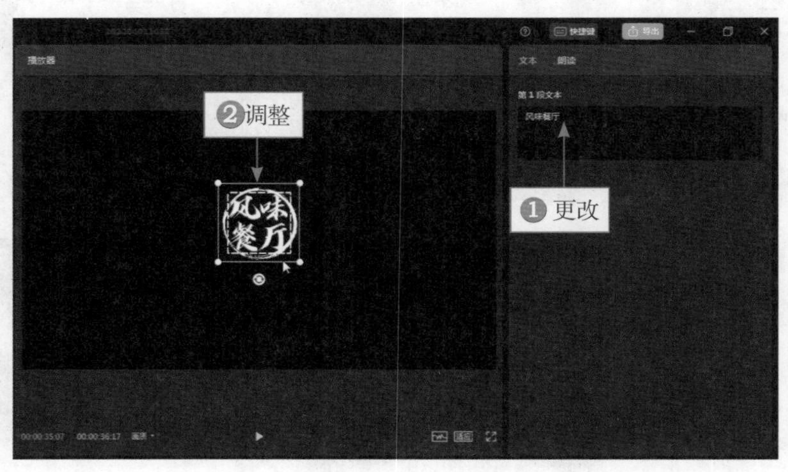

图 13-65　调整文字的大小和位置

步骤 4　❶再添加一段文本，输入文字内容并调整其大小、位置；❷单击“动画”按钮；❸选择“故障打字机”入场动画，如图 13-66 所示。

图 13-66 选择“故障打字机”入场动画

▶▷ 步骤 5 ❶同时单击“贴纸”按钮；❷在“美食”选项卡中添加一款火锅贴纸，如图 13-67 所示。

▶▷ 步骤 6 调整贴纸的大小和位置，如图 13-68 所示。

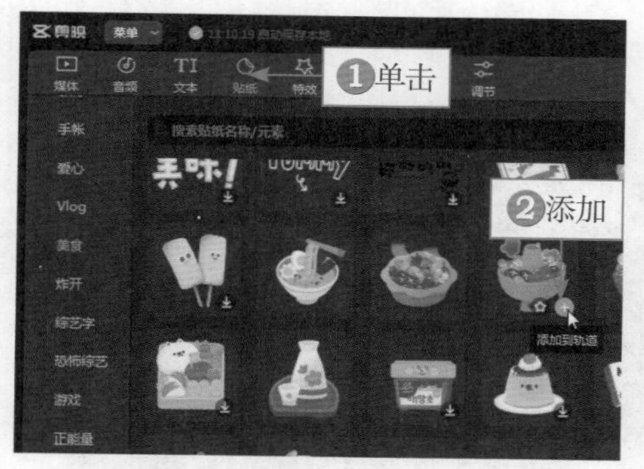

图 13-67 添加一款火锅贴纸

图 13-68 调整贴纸的大小和位置

> 专家指点：在“美食”贴纸选项卡中有很多种贴纸样式，添加美食贴纸能让文字看起来不再单调。

13.2.5 制作画面氛围特效

最后为视频添加一些氛围特效，让画面看起来更加耀眼夺目，下面介绍制作画面氛围特效的操作方法。

扫码看教学视频

▶▷ 步骤 1 拖动时间指示器至视频起始位置，❶单击“特效”按钮；❷切换至“氛围”选项卡；❸添加“星火炸开”特效，如图 13-69 所示。

▶▷ 步骤 2 拖动时间指示器至“星火炸开”特效的末尾位置，继续添加“星火”特效，如图 13-70 所示。

图 13-69 添加“星火炸开”特效

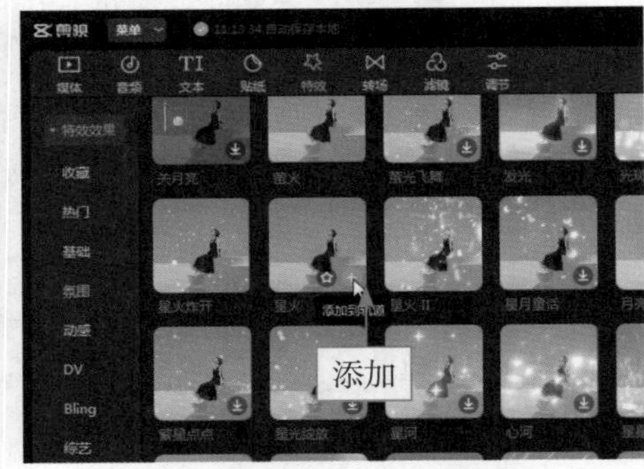

图 13-70 添加“星火”特效

▶▷ 步骤 3 调整“星火”特效的时长，使其末端对齐最后一段照片素材的末尾位置，如图 13-71 所示。

▶▷ 步骤 4 在“星火”特效的末尾位置继续添加“星火Ⅱ”特效，如图 13-72 所示。

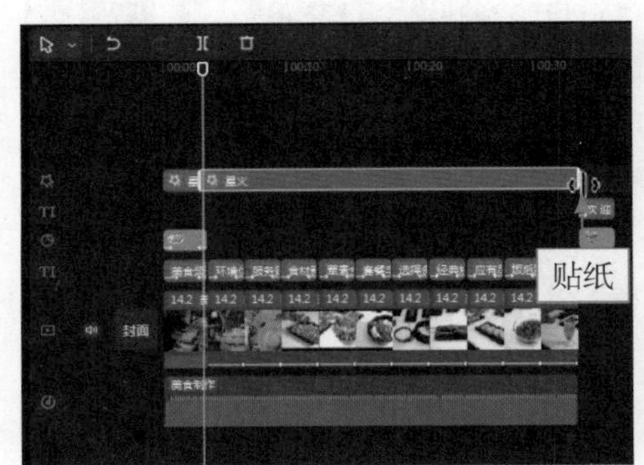

图 13-71 调整“星火”特效的时长

图 13-72 添加“星火Ⅱ”特效

▶▷ 步骤 5 添加特效之后的时间线面板如图 13-73 所示。

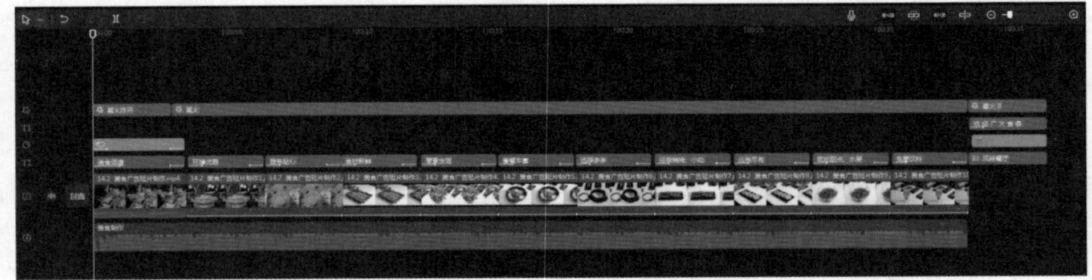

图 13-73 添加特效之后的时间线面板

读者意见反馈表

亲爱的读者：

感谢您对中国铁道出版社有限公司的支持，您的建议是我们不断改进工作的信息来源，您的需求是我们不断开拓创新的基础。为了更好地服务读者，出版更多的精品图书，希望您能在百忙之中抽出时间填写这份意见反馈表发给我们。随书纸制表格请在填好后剪下寄到：**北京市西城区右安门西街8号中国铁道出版社有限公司大众出版中心 张亚慧收（邮编：100054）**。或者采用**传真（010-63549458）**方式发送。此外，读者也可以直接通过电子邮件把意见反馈给我们，E-mail地址是：**lampard@vip.163.com**。我们将选出意见中肯的热心读者，赠送本社的其他图书作为奖励。同时，我们将充分考虑您的意见和建议，并尽可能地给您满意的答复。谢谢！

所购书名：______________________

个人资料：

姓名：______________性别：__________年龄：__________文化程度：______________

职业：____________________电话：________________E-mail：__________________

通信地址：____邮编：________________

您是如何得知本书的：

□书店宣传 □网络宣传 □展会促销 □出版社图书目录 □老师指定 □杂志、报纸等的介绍 □别人推荐

□其他（请指明）________________

您从何处得到本书的：

□书店 □邮购 □商场、超市等卖场 □图书销售的网站 □培训学校 □其他

影响您购买本书的因素（可多选）：

□内容实用 □价格合理 □装帧设计精美 □带多媒体教学光盘 □优惠促销 □书评广告 □出版社知名度

□作者名气 □工作、生活和学习的需要 □其他

您对本书封面设计的满意程度：

□很满意 □比较满意 □一般 □不满意 □改进建议

您对本书的总体满意程度：

从文字的角度 □很满意 □比较满意 □一般 □不满意

从技术的角度 □很满意 □比较满意 □一般 □不满意

您希望书中图的比例是多少：

□少量的图片辅以大量的文字 □图文比例相当 □大量的图片辅以少量的文字

您希望本书的定价是多少：

本书最令您满意的是：

1.

2.

您在使用本书时遇到哪些困难：

1.

2.

您希望本书在哪些方面进行改进：

1.

2.

您需要购买哪些方面的图书？对我社现有图书有什么好的建议？

您更喜欢阅读哪些类型和层次的书籍（可多选）？

□入门类 □精通类 □综合类 □问答类 □图解类 □查询手册类 □实例教程类

您在学习计算机的过程中有什么困难？

您的其他要求：